西门子 WinCC 组态软件
工程应用技术

姜建芳　主编

机械工业出版社

本书以 SIEMENS WinCC 7.0 作为教学目标软件,在讲解组态软件基础知识的同时,注重理论与工程实践相结合,将组态软件控制技术的思想和方法以及工程实例融合到本书内容中,便于读者在学习过程中理论联系实际,较好地掌握组态软件基础知识和工程设计方法。

　　本书内容包括基础知识和工程设计及应用两部分。基础理论部分包括 WinCC 的组态、WinCC 变量记录系统、图形编辑器、消息系统、报表系统以及脚本系统等;工程设计及应用部分包括系统诊断、WinCC 选件、PLC 控制工程实例等。

　　本书可作为高等院校电气控制、机电工程、计算机控制、自动化相关专业的教学用书,也可作为大专院校学生及工程技术人员的培训和自学用书。

　　本书配套的相关软件、文档资料、视频学习文件以及授课用电子课件等资源,需要的教师可登录 www.cmpedu.com 免费注册,审核通过后下载,或联系编辑索取(微信:18515977506,电话 010-88379753)。

图书在版编目（CIP）数据

西门子 WinCC 组态软件工程应用技术 / 姜建芳主编. —北京:机械工业出版社,2015.6(2025.1 重印)
ISBN 978 - 7 - 111 - 50543 - 3

Ⅰ. ①西… Ⅱ. ①姜… Ⅲ. ①软件开发 Ⅳ. ①TP311.52

中国版本图书馆 CIP 数据核字（2015）第 173902 号

机械工业出版社(北京市百万庄大街 22 号　邮政编码 100037)
责任编辑:时　静　　责任校对:郐　敏
中煤(北京)印务有限公司印刷
2025 年 1 月第 1 版·第 11 次印刷
184mm×260mm·23.5 印张·583 千字
标准书号:ISBN 978 - 7 - 111 - 50543 - 3
定价:59.80 元

电话服务　　　　　　　　　网络服务
客服电话:010-88361066　　机 工 官 网:www.cmpbook.com
　　　　　010-88379833　　机 工 官 博:weibo.com/cmp1952
　　　　　010-68326294　　金 书 网:www.golden-book.com
封底无防伪标均为盗版　　　机工教育服务网:www.cmpedu.com

前　言

监控与数据采集系统（HMI/SCADA）是控制系统的重要组成部分，为操作人员提供了良好的人机交互界面，实现了对自动化生产过程的监控。组态软件为监控与数据采集系统提供了友好的开发环境与运行环境，目前已广泛应用于工业生产的各个领域。

本书是《西门子 S7-300/400 PLC 工程应用技术》的姊妹篇，内容上以 SIEMENS WinCC V7.0 作为教学组态软件，在讨论组态软件的基本组成、作用及功能的同时，注重把组态软件控制技术的设计思想和方法以及工程实例融合到本书的讨论内容中。本书在讨论组态软件基础知识时，特别注重与工程实践相结合，具有工程性与系统性相结合的特点，便于读者在学习中理论联系实际，较好地掌握组态软件的基础知识与工程应用技术。

全书共 17 章，第 1~3 章为组态软件及 WinCC 基础知识部分，内容包括绪论、全集成自动化与 WinCC 和 WinCC 的系统组态；第 4~14 章为 WinCC 功能部分，内容包括项目管理器、变量创建与通信设置、组态画面、过程值归档、消息系统、报表系统、脚本系统、用户管理、WinCC 数据库、系统诊断和文本库；第 15、16 章为 WinCC 高级功能，内容包括WinCC 选件和智能工具；第 17 章为 WinCC 工程应用实例。

为了便于读者学习和查阅相关技术参数及内容，本书附有实验指导书。同时，本书还提供配套光盘、电子教案等。

本书由姜建芳主编，曹琼兴、耿旭东、徐慧、杨晨晨、周尚书、钟广海参加了编写和校对工作。

由于编者水平有限，编写时间仓促，书中难免存在缺点、不妥之处，恳请广大读者批评指正。

作者 E-mail：jiangjianfang@mail.njust.edu.cn。

编者

目　录

前言

第1章　绪论 ……………………………………………………………………………………… 1

第2章　全集成自动化与 WinCC …………………………………………………………………… 9

2.1　工业自动化及全集成自动化 ……………………………………………………………… 9

2.1.1　TIA 的统一性 ……………………………………………………………………… 9

2.1.2　TIA 的开放性 ……………………………………………………………………… 11

2.2　全集成自动化的体系结构 ……………………………………………………………… 11

2.3　WinCC 系统概述 ………………………………………………………………………… 13

2.3.1　WinCC 简介 ………………………………………………………………………… 13

2.3.2　WinCC 的体系结构 ………………………………………………………………… 13

2.3.3　WinCC 的性能特点 ………………………………………………………………… 16

2.3.4　WinCC V7.0 的新特性 ……………………………………………………………… 18

2.4　WinCC 的安装、卸载及授权 …………………………………………………………… 18

2.4.1　WinCC V7.0 的安装要求 …………………………………………………………… 18

2.4.2　安装 WinCC V7.0 的硬件要求 …………………………………………………… 19

2.4.3　安装 WinCC V7.0 的软件要求 …………………………………………………… 19

2.4.4　WinCC V7.0 的安装步骤 …………………………………………………………… 20

2.4.5　WinCC V7.0 的卸载 ………………………………………………………………… 25

2.4.6　WinCC V7.0 的授权 ………………………………………………………………… 25

2.5　获取资料、软件和帮助 ………………………………………………………………… 26

2.6　习题 ………………………………………………………………………………………… 26

第3章　WinCC 的系统组态 ……………………………………………………………………… 27

3.1　单用户系统 ………………………………………………………………………………… 27

3.2　多用户系统 ………………………………………………………………………………… 27

3.3　分布式系统 ………………………………………………………………………………… 28

3.4　中央归档服务器/长期归档服务器系统 ………………………………………………… 30

3.5　冗余系统 …………………………………………………………………………………… 31

3.6　Web 客户机系统 ………………………………………………………………………… 35

3.7　本章小结 …………………………………………………………………………………… 36

3.8　习题 ………………………………………………………………………………………… 37

第4章　项目管理器 ……………………………………………………………………………… 38

4.1　打开 WinCC 项目管理器 ………………………………………………………………… 38

4.2　关闭 WinCC 项目管理器 ………………………………………………………………… 38

4.3 WinCC 项目管理器的结构 ·· 39

4.4 项目类型 ·· 41

4.5 创建项目 ·· 42

4.6 激活项目 ·· 54

4.7 复制项目 ·· 55

4.8 移植项目 ·· 55

4.9 应用实例 ·· 56

4.10 习题 ·· 60

第 5 章 变量创建与通信设置 ·· 61

5.1 变量组态基础 ·· 61

5.1.1 变量管理器 ·· 61

5.1.2 变量的功能类型 ··· 61

5.1.3 变量的数据类型 ··· 63

5.2 WinCC 的通信 ·· 64

5.2.1 WinCC 的通信结构 ·· 65

5.2.2 WinCC 与 SIMATIC S7 PLC 的通信 ·································· 66

5.3 WinCC 变量的创建和编辑 ·· 72

5.3.1 创建外部变量 ··· 73

5.3.2 创建内部变量 ··· 74

5.3.3 创建变量组 ·· 75

5.3.4 创建结构变量 ··· 77

5.3.5 创建系统信息变量 ·· 80

5.4 WinCC 变量的导入和导出 ·· 81

5.4.1 "WinCC Smart Tools" 智能工具导入/导出变量 ······················ 81

5.4.2 "WinCC Configuration Tool" 在 Microsoft Excel 中导入/导出变量 ··· 82

5.5 习题 ·· 84

第 6 章 组态画面 ·· 85

6.1 WinCC 图形编辑器 ·· 85

6.1.1 图形编辑器的组成 ·· 86

6.1.2 图形编辑器的基本操作 ·· 89

6.2 组态过程画面 ·· 91

6.2.1 设计过程画面的结构 ··· 91

6.2.2 设计过程画面的布局 ··· 92

6.2.3 画面对象 ·· 92

6.2.4 控件 ·· 95

6.2.5 WinCC 图库 ·· 97

6.3 过程画面的动态化 ··· 98

6.3.1 画面动态化基础 ··· 98

6.3.2 变量连接 ·· 99

　　　　6.3.3　直接连接 ··· 101

　　　　6.3.4　动态对话框 ··· 105

　　　　6.3.5　C 动作 ·· 107

　　　　6.3.6　VBS 动作 ·· 109

　　　　6.3.7　动态向导 ··· 111

　　6.4　习题 ··· 113

第 7 章　过程值归档 ··· 114

　　7.1　过程值归档基础 ·· 114

　　　　7.1.1　过程值归档流程 ·· 114

　　　　7.1.2　过程值归档的方法 ··· 114

　　　　7.1.3　过程值的存储 ··· 116

　　7.2　在变量记录中组态过程值归档 ·· 116

　　　　7.2.1　变量记录编辑器 ·· 117

　　　　7.2.2　定时器组态 ·· 117

　　　　7.2.3　归档组态 ··· 118

　　　　7.2.4　创建并组态归档变量 ··· 121

　　7.3　过程值归档的输出 ··· 129

　　　　7.3.1　在画面中组态趋势控件 ·· 129

　　　　7.3.2　在画面中组态表格控件 ·· 130

　　　　7.3.3　在画面中组态标尺控件 ·· 131

　　7.4　习题 ··· 133

第 8 章　消息系统 ··· 134

　　8.1　消息系统概述 ··· 134

　　8.2　报警记录的组态 ·· 139

　　　　8.2.1　报警记录编辑器 ·· 139

　　　　8.2.2　报警记录中组态消息 ··· 140

　　　　8.2.3　组态消息归档 ··· 149

　　8.3　组态报警控件 ··· 151

　　8.4　报警控件在运行系统中的操作 ·· 156

　　　　8.4.1　报警系统的运行要求 ··· 156

　　　　8.4.2　运行期间操作报警控件 ·· 156

　　8.5　习题 ··· 158

第 9 章　报表系统 ··· 160

　　9.1　报表 ··· 160

　　9.2　页面布局编辑器 ·· 161

　　9.3　构建页面布局的对象 ··· 162

　　9.4　行布局 ·· 164

　　9.5　打印作业 ··· 165

　　9.6　组态运行期间的报表消息 ·· 168

9.6.1　编辑运行系统页面布局 ………………………………………… 168

9.6.2　从消息列表输出运行系统数据 ………………………………… 171

9.7　组态变量记录运行报表 ………………………………………………… 172

9.8　通过 ODBC 打印数据库的数据 ………………………………………… 175

9.9　WinCC 报表标准函数的使用 …………………………………………… 177

9.10　习题 …………………………………………………………………… 177

第 10 章　脚本系统 …………………………………………………………… 178

10.1　脚本系统概述 ………………………………………………………… 178

10.2　ANSI-C 脚本（C-Script） …………………………………………… 179

10.2.1　C 脚本基础 …………………………………………………… 179

10.2.2　ANSI-C 脚本开发环境 ……………………………………… 184

10.2.3　在函数和动作中使用 DLL ………………………………… 197

10.3　VB 脚本 ……………………………………………………………… 197

10.3.1　VBS 基础 ……………………………………………………… 197

10.3.2　VBS 开发环境 ………………………………………………… 200

10.3.3　激活 VBS 动作 ……………………………………………… 210

10.3.4　VBScript 应用 ………………………………………………… 210

10.4　VBA …………………………………………………………………… 219

10.4.1　VBA 的概述 …………………………………………………… 220

10.4.2　VBA 编辑器 …………………………………………………… 220

10.4.3　VBA 应用 ……………………………………………………… 222

10.5　习题 …………………………………………………………………… 226

第 11 章　用户管理 …………………………………………………………… 227

11.1　WinCC 用户管理器 …………………………………………………… 227

11.1.1　用户管理器概述 ……………………………………………… 227

11.1.2　用户管理器结构 ……………………………………………… 228

11.2　组态用户管理 ………………………………………………………… 231

11.2.1　创建用户组和用户 …………………………………………… 231

11.2.2　添加授权 ……………………………………………………… 232

11.2.3　插入和删除授权 ……………………………………………… 233

11.3　为画面对象分配访问权限 …………………………………………… 233

11.4　组态用户登录和注销的对话框 ……………………………………… 234

11.4.1　使用热键 ……………………………………………………… 234

11.4.2　使用按钮 ……………………………………………………… 235

11.5　使用与用户登录相关的内部变量 …………………………………… 235

11.6　使用附件——变量登录 ……………………………………………… 236

11.6.1　计算机分配 …………………………………………………… 236

11.6.2　组态 …………………………………………………………… 236

11.6.3　分配用户 ……………………………………………………… 237

11.7 远程操作 ·· 237

11.8 习题 ·· 237

第 12 章 WinCC 数据库 ··· 238

12.1 WinCC 数据库概述 ··· 238

12.2 WinCC 归档数据库结构 ··· 238

12.3 WinCC 历史记录归档的路径和名称 ····························· 239

12.4 WinCC 归档数据的备份 ··· 240

12.5 在 Microsoft SQL Server 2005 中查看 WinCC 归档数据 ······· 240

12.6 在 WinCC 趋势中以 CSV 格式保存归档数据 ·················· 241

12.7 习题 ·· 242

第 13 章 系统诊断 ·· 243

13.1 TIA 诊断 ·· 243

13.2 WinCC 诊断 ·· 245

13.2.1 脚本诊断 ·· 245

13.2.2 通信诊断 ·· 255

13.3 习题 ·· 256

第 14 章 文本库 ·· 257

14.1 创建多语言项目 ·· 257

14.1.1 WinCC 中的语言支持 ··· 257

14.1.2 多语言组态环境 ·· 258

14.1.3 多语言项目创建步骤 ·· 259

14.2 文本库和文本分配器 ·· 260

14.2.1 文本库的使用 ·· 260

14.2.2 文本分配器的使用 ··· 261

14.3 图形编辑器中的多语言画面 ·· 263

14.3.1 图形编辑器中多语言画面描述 ······························· 263

14.3.2 组态图形编辑器中多语言画面 ······························· 263

14.4 报警记录中的多语言消息 ··· 264

14.4.1 与语言有关的消息对象 ·· 264

14.4.2 组态报警记录中的多语言消息 ······························· 264

14.5 运行系统中的语言选择 ··· 264

14.5.1 设置运行系统计算机的启动组态 ····························· 264

14.5.2 组态语言切换 ·· 265

14.6 习题 ·· 265

第 15 章 WinCC 选件 ·· 266

15.1 WebNavigator ·· 266

15.1.1 WinCC WebNavigator Server 系统结构 ····················· 266

15.1.2 WebNavigator 安装条件 ······································ 269

15.1.3 SIMATIC WinCC/WebNavigator Server V7.0 SP1 的安装 ···· 269

　　　15.1.4　组态 Web 工程 ……………………………………………………… 270

　15.2　DataMonitor …………………………………………………………………… 275

　　　15.2.1　DataMonitor 的安装要求 ……………………………………………… 275

　　　15.2.2　安装 DataMonitor …………………………………………………… 277

　　　15.2.3　DataMonitor 的组件安装 ……………………………………………… 278

　　　15.2.4　DataMonitor V7.0 的新增功能 ………………………………………… 279

　　　15.2.5　组态 DataMonitor 服务器 ……………………………………………… 280

　　　15.2.6　DataMonitor 客户端上的 DataMonitor 起始页 ……………………… 287

　15.3　ConnectivityPack ………………………………………………………………… 288

　　　15.3.1　ConnectivityPack 概述 ………………………………………………… 288

　　　15.3.2　WinCC OLE DB 访问 …………………………………………………… 289

　　　15.3.3　OPC 访问 ………………………………………………………………… 291

　　　15.3.4　连通站 …………………………………………………………………… 293

　15.4　用户归档选件 …………………………………………………………………… 295

　15.5　习题 ……………………………………………………………………………… 297

第 16 章　智能工具 ……………………………………………………………………… 298

　16.1　WinCC 智能工具简介 …………………………………………………………… 298

　16.2　WinCC 智能工具安装 …………………………………………………………… 298

　16.3　变量导出/导入工具 ……………………………………………………………… 299

　16.4　变量模拟器 ……………………………………………………………………… 300

　16.5　动态向导编辑器 ………………………………………………………………… 301

　16.6　WinCC 文档查看器 ……………………………………………………………… 304

　16.7　WinCC 交叉索引助手 …………………………………………………………… 305

　16.8　WinCC 通信组态器 ……………………………………………………………… 306

　16.9　WinCC 组态工具 ………………………………………………………………… 307

　16.10　WinCC 归档组态工具 …………………………………………………………… 310

　16.11　习题 ……………………………………………………………………………… 314

第 17 章　WinCC 工程应用实例 ……………………………………………………… 315

　17.1　被控对象的分析与描述 ………………………………………………………… 315

　17.2　系统总体设计 …………………………………………………………………… 316

　　　17.2.1　系统硬件设计 …………………………………………………………… 317

　　　17.2.2　系统软件设计 …………………………………………………………… 321

　17.3　监控软件设计 …………………………………………………………………… 329

　17.4　系统调试 ………………………………………………………………………… 341

　17.5　技术文档整理 …………………………………………………………………… 344

　17.6　习题 ……………………………………………………………………………… 344

附录　实验指导书 ……………………………………………………………………… 345

　附录 A　基础实验 …………………………………………………………………… 345

　　　实验一　系统组态与项目创建实验 ………………………………………………… 345

　　　实验二　通信设置、变量创建与组态监控画面实验 ······················· 347

　　　实验三　过程值归档实验 ·· 349

　　　实验四　消息报警与报表应用实验 ·· 350

　　　实验五　用户管理与脚本应用实验 ·· 351

　　　实验六　数据库与数据归档应用实验 ······································ 352

　附录 B　综合实验　连续搅拌釜式反应器（CSTR）综合应用实验 ············· 354

　附录 C　系统设计实验　蒸汽锅炉交互系统设计 ···························· 358

参考文献 ·· 364

第1章 绪 论

本章学习目标

  了解组态软件的功能、构成及发展历程，理解组态软件的地位与作用，明确本课程的学习目标。

  随着计算机技术和网络技术的飞速发展，工业自动化水平不断提高，监控系统作为工业自动化中的重要组成部分也得到了普及与发展。为了适应监控系统设计过程对通用性、灵活性和开放性的要求，组态软件秉承着"面向对象"的设计理念应运而生，并逐步发展至今。目前，组态软件已经走入石油、电力、钢铁、化工、机械等多种工业领域。因此，掌握组态软件控制技术尤为重要。

1. 概述

  "组态"这一概念源于"Configuration"，意思是使用软件工具对计算机及软件的各种资源进行配置，达到使计算机或软件按照预先设置自动执行特定任务并满足使用者要求的目的。在组态概念出现之前，工业监控系统的设计是靠专业人员根据其具体功能通过编写程序（如使用 BASIC、C、FORTRAN 等）来实现的，开发周期长，工作量大，一旦工业被控对象发生变动，就必须对其进行大量的修改。因此，"组态"这一思想越来越受到自动化技术人员的重视，组态软件伴随着这一需求而出现，解决了早期工业监控系统设计方法上的弊端。

  组态软件，又称监控组态软件，在国外一般称为 SCADA（Supervisory Control and Data Acquisition）或 HMI/MMI（Human Machine Interface/Man Machine Interface）软件，即监控和数据采集软件或人机接口软件，主要是指一些用来完成数据采集与过程控制的专用软件，它以计算机为基本工具，为数据采集、过程监控及生产控制提供了基础平台和开发环境。组态软件可快速组态控制系统过程画面，并提供强大的数据管理和通信功能，使用户可以方便、快速地构建工业自动控制系统监控功能。

  组态软件伴随 DCS 系统的出现而被熟知，而典型分布式工业网络控制系统通常可分为设备层、控制层、监控层和管理层四个层次结构，如图 1-1 所示。其中设备层负责将物理信号转换成数字或标准的模拟信号，控制层完成对线程工艺过程的逻辑控制，监控层通过对多个控制设备的集中管理，以完成监控生产运行过程，而管理层则是对生产数据进行管理、统计和查询等。其中，控制层的运行主要通过 PLC 实现，而监控层对生产过程的监控、数据管理及通信主要由组态软件负责。因此，组态软件逐步发展成为工业自动化领域中广泛使用的通用性软件，目前已经应用于企业信息管理系统、管理和控制一体化、远程诊断和维护以及互联网数据整合等各个领域。

  组态软件的设计思想是面向对象的思想，通过对功能需求的模块化设计使得组态软件中拥有大量的程序模块和对象。用户只需在此基础上进行二次开发。具体来说，就是根据被控对象及控制系统的要求，在组态软件中选择相应的模块或对象，设置正确的参数，生成并运行组态好的用户程序。组态不仅与软件有关，还与硬件有关，没有软硬件的配合，组态也就没有意义了。因此，开发商在开发软件开发平台的同时，也会生产各种规格的硬件模块，用户在使用时只需按要求进行硬件模块的连接，继而在软件开发平台上进行开发。这种软件的二次开发工作就称为组态，相应的软件开发平台就称为组态软件。计算机控制系统在完成组态之前只是一些硬件和软件的集合体，只有通过组态，才能使其成为一个具体的满足生产过程需要的应用系统。

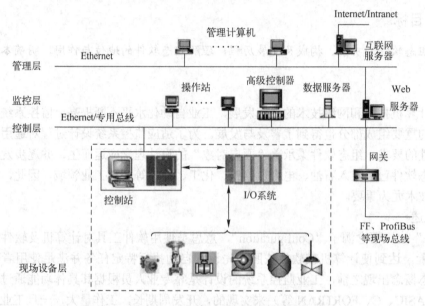

图 1-1　分布式工业网络控制系统

2. 组态软件的地位与作用

由组态软件来组态监控系统为自动化工程人员带来了极大的便利，监控系统作为自动控制系统的一部分，承担着三大基本职责：

1）人机交互：作为操作人员与控制系统交互信息的平台，允许用户根据系统实时信息发出控制指令以调整控制系统的运行状态。

2）数据采集及监控：采集来自自动化现场的各种信息，在组态软件中将这些信息进行存储、运算等各种处理，并且根据这些数据的处理结果对现场的设备进行合理的控制，使系统能够正常地运行。

3）通信：组态软件需要与系统进行通信，以便实时掌握现场的各种信息。

组态软件作为监控系统的设计工具保障了整个控制系统在以上三方面的正常运行。

3. 组态软件的组成

目前，世界上有不少专业厂商生产和提供各种组态软件产品，仅国产组态软件就多达30种以上，各厂家生产的组态软件从设计理念到设计构架都不尽相同。然而，实现对工业自动化过程的监控及数据的采集，通过友好的人机交互界面向操作人员显示重要信息及控制接口是组态软件的基本功能要求。这些功能是由"系统开发环境"和"系统运行环境"共同实现的，这两部分子系统共同搭建起组态软件的整个体系结构，系统开发环境和系统运行环境之间的联系纽带是实时数据库，三者之间的关系如图1-2所示。

图 1-2　组态软件结构示意图

（1）系统开发环境

系统开发环境（组态环境）是自动化工程设计工程师为实施其控制方案，在组态软件的支持下进行应用程序的系统生成工作所必须依赖的工作环境。通过建立一系列用户数据文件，生成最终的图形目标应用系统，供系统运行环境运行时使用。系统开发环境由若干个组态程序组成，如图形界面组态程序、实时数据库组态程序等。

组态软件的系统开发环境部分现场是用户看不到或者不关心的，该部分为自动化工程设计工程师提供一个应用程序搭建平台。

（2）系统运行环境

在系统运行环境（运行环境）下，目标应用程序被装入计算机内存并投入实时运行。系统运行环境由若干个运行程序组成，如图形界面运行程序、实时数据库运行程序等。组态软件支持在线组态技术，即在不退出系统运行环境的情况下，可以直接进入组态环境并修改组态，使修改后的组态直接生效。

自动化工程设计工程师最先接触的一定是系统开发环境，通过一定工作量的系统组态和调试，最终将目标应用程序在系统运行环境投入实时运行，完成一个工程项目。

通过以上介绍，从图 1-3 可看出组态软件的开发系统和运行系统既相互独立又相互联系，用户只有恰当地选择和使用两者，系统才能达到既节约监控系统成本又较好地完成自动化过程监控任务的目的。但是只有通过两者的紧密配合才能实现对自动化过程的监控任务。为了方便用户在不具备复杂编程技术的基础上，组态符合自身需求的监控系统，组态软件为用户提供了多种多样可供选择的功能。用户可通过开发系统选择或组合这些功能，完成监控系统的组态，并最终在运行系统中将监控任务付诸实际。组态软件功能构成如图 1-3 所示。

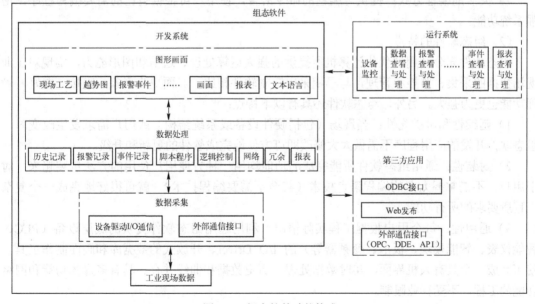

图 1-3　组态软件功能构成

4. 组态软件的功能与特点

（1）组态软件的功能

经过三十几年的发展，市面上的组态软件基本上都能实现工业自动化系统所需的监控、管理和数据采集等功能，而且用户只需通过简单的操作与设置就可以完成整个监控系统的组态过程。组态软件基本具备以下几方面的功能：

1）过程画面的组态：组态软件借助 Windows 操作系统良好的图形性能为工程设计人员提供了简洁美观的过程画面组态功能。目前，大部分的组态软件都内置大量的图形控件和对象，包括过程值归档、报警消息、报表等，方便工程开发人员根据控制系统的需要搭建相应的数据采集监控系统。这种设计方法将设计者从繁冗的前台设计工作中解脱出来，集中精力于系统功能的开发与完善。

2）系统数据存档：利用微软数据库实现系统中数据的存储，结合过程值归档、消息报警等功能完成数据的记录与读取，在系统运行出现故障时，可以及时提供详细历史资料，帮助找出故障原因。通过对数据的质量统计分析，还可以提高自动化系统的运行效率，提升产品质量。

3）对运行状态进行监控：通过对报警功能的组态，可以让系统在超出期望状况时发出报警信息，及时通知工作人员。

4）通信功能：通过硬件组态及软件组态可实现与各种下层硬件设备的通信，各种PLC、DCS、仪表、智能模块和办卡等设备都可以与组态软件进行通信，并且组态方式简单，不需要编写复杂的通信协议。

5）信息汇总：对工业现场的数据按照事先设定的要求进行逻辑运算等处理，将结果返回给控制系统，协助控制系统完成它们所不擅长的复杂的运算控制功能。

6）用户权限管理：周密的系统安全防范，对不同的操作者，赋予不同的操作权限，保证整个系统的安全可靠运行。

7）灵活的编程方式：提供可编程的命令语言，使用户可根据自己的需要编写程序，增强系统功能。

（2）组态软件的特点

组态软件充分利用现代化计算机所提供的强大运算处理、通信和图形能力，实现对工业现场数据的采集、监控和管理，与早期采用定制软件相比，界面更为形象、直接、友好，管理功能也更为强大。另外，组态软件还具有以下特点：

1）延续性和可扩充性：当现场（包括硬件设备或系统结构）或用户需求发生改变时，组态软件开发的应用程序不需做太大修改即可方便地完成软件的更新和升级。

2）封装性：通用组态软件所能完成的功能均用一种方便用户使用的方法包装起来，对于用户，不需掌握太多的编程语言技术（甚至不需要编程技术），就可很好地完成一个复杂工程所要求的所有功能。

3）通用性：每个用户根据工程实际情况，利用通用组态软件提供的底层设备（PLC、智能仪表、智能模块、板卡、变频器等）的 I/O Driver、开放式的数据库和画面制作工具，就可完成一个具有人机界面、实时数据处理、历史数据和曲线并存、具有多媒体功能和网络功能的工程，不受行业限制。

5. 组态软件的发展趋势

在组态软件出现之前，大部分用户是通过第三方软件（如 VB、VC、DELPHI、PB 或 C）编写人机交互界面，这种设计方法存在着开发周期长、工作量大、维护困难以及扩展性差等缺点。为了满足不断升级的用户需求，并进一步将工程设计人员从大量的底层编程工作中解脱出来，组态软件应运而生。

世界上第一款组态软件 InTouch 在 20 世纪 80 年代中期由美国的 Wonderware 公司开发，随后 Onespec、FIX 等国外软件如雨后春笋般出现，并于 80 年代末至 90 年代初进入我国。然而在 90 年代中期之前，组态软件在我国国内的应用并不普及，且组态软件的功能相对简单，主要是以单机应用为主，能够满足当时多数监控应用的要求，让自动化业界感受到了计算机技术给自动化控制所带来的深刻影响。

20 世纪 90 年代中后期，国产的组态软件问世了。随着经济的发展和信息化时代的到来，人们对组态软件的重视程度越来越高，组态软件已成为工业过程控制中不可或缺的重要组成部分之一。

进入 21 世纪以来，随着计算机技术的发展，组态软件从传统工业自动化领域开始走向生活的方方面面，在农业、环保、航空等各行各业都有组态软件的推广应用。另外，互联网技术在工业过程控制领域的应用越来越多，远程管理、维护、监控、诊断等功能需求对组态软件提出了新的要求。

概括起来，组态软件的发展趋势主要包括以下几个方面：

（1）数据通信

通信是控制系统中信息交互的基础，通常厂商开发的组态软件会提供各种通信方式供用户根据自身软、硬件情况进行选择。这种方式使工程人员在设计控制系统的过程中拥有更多选择空间。但是，厂商提供的通信方式必须与硬件相匹配，这导致程序设计人员必须掌握各种硬件及组态方法，甚至自己编写接口驱动程序；每当厂商推出一种新的通信方式，程序设计人员就必须重新进行学习。因此，一种统一的通信方式是大势所趋。

OPC 是一个工业标准，由 OPC 国际基金组织提出，它定义了一个开放接口，在工业客户机和服务器之间进行数据交换。OPC 规范基于 Microsoft 的 OLE/（Active X）COM&DCOM 技术，提供了在分布式系统下，软件组件交互和共享数据的完整的解决方案。在支持 OPC 的系统中，数据的提供者作为服务器（Server），数据请求者作为客户（Client），服务器和客户之间通过 DCOM 接口进行通信，而无需知道对方内部实现的细节。OPC 通过开放的标准实现开放连接，大大简化了一种设备间互联、开发 I/O 设备驱动软件的工作量，为工程设计人员提供了便利。

目前，该技术已被广泛的接受，大多数仪表及控制厂商支持该标准。随着支持 OPC 的组态软件和硬件设备的普及，以及市场对统一化通信方式的需求的不断提高，OPC 将逐渐走入工业自动化的方方面面。

（2）可扩展性

可扩展性能方便地为系统增加新的功能，而不用对原有的系统进行大的修改。这种增加的功能可能来自于组态软件开发商、第三方软件提供商或用户自身。增加功能最常用的手段是 ActiveX 组件的应用，目前还只有少数组态软件能提供完备的 ActiveX 组件引入功能及实现引入对象在脚本语言中的访问。

（3）开放性

随着管理信息系统和计算机集成制造系统的普及，生产现场数据的应用已经不仅仅局限于数据采集和监控。在生产制造过程中，需要现场的大量数据进行流程分析和过程控制，以实现对生产流程的调整和优化。而传统组态软件厂商提供的功能有限，无法满足某些用户的特定需求。开放性正是组态软件应对该问题的解决方案，使得组态软件与第三方软件进行集成和协调，显著提高了系统的监控和数据管理能力。

（4）Internet 技术深化

Internet 技术的发展，推进了互联网时代的到来，网络化已经成为一种势不可挡的潮流冲击着各行各业。目前，组态软件的使用仍极大地受限于局域网之内，远远没能打破地理因素的限制，实现局域网与 Internet 的自由融合，市面上的组态软件已拥有一定的远程维护和监视功能，但对 Internet 的利用还十分有限，功能有待完善。组态软件能否从原有的局域网运行方式跨越到支持 Internet，是摆在所有组态软件开发商面前的一个重要课题。随着客户需求的不断提高，组态软件正向着实现远程数据监控、管理、组态、诊断、调试及控制等功能的方向发展。

（5）组态软件的控制功能

随着以工业 PC 为核心的自动控制集成系统技术的日趋完善和工程技术人员使用组态软件水平的不断提高，用户对组态软件的要求已不再侧重于画面，而是要考虑一些实质性的应用功能，如软件 PLC、先进过程控制策略等。

随着企业提出的高柔性、高效益的要求，以经典控制理论为基础的控制方案已经不能适应，以多变量预测控制为代表的先进控制策略的提出和成功应用之后，先进过程控制受到了过程工业界的普遍关注。先进过程控制（Advanced Process Control，APC）是指一类在动态环境中，基于模型、充分借助计算机能力，为工厂获得最大利润而实施的运行和控制策略。先进控制策略主要有双重控制及阀位控制、纯滞后补偿控制、解耦控制、自适应控制、差拍控制、状态反馈控制、多变量预测控制、推理控制及软测量技术、智能控制（专家控制、模糊控制和神经网络控制）等，尤其智能控制已成为开发和应用的热点。目前，国内许多大企业纷纷投资，在装置自动化系统中实施先进控制。国外许多控制软件公司和 DCS 厂商都在竞相开发先进控制和优化控制的工程软件包。可以看出，能嵌入控制和优化控制策略的组态软件必将受到用户的极大欢迎。

6. 常用的组态软件

随着工业自动化行业对 SCADA 系统需求的不断扩大，市面上出现了各种不同类型的组态软件以满足不同用户的需求。按照使用对象来分类，可以将组态软件分为两类：一类是专用的组态软件，另一类是通用的组态软件。

专用组态软件主要是由集散控制系统厂商和 PLC 厂商专门为本公司自动化系统开发的组态软件，例如 Simens 公司的 WinCC、GE 公司的 Cimplicity、Rockwell 公司的 RSView 等。

通用组态软件并不特别针对某一类特定的系统，如万维公司的 InTouch，开发者可以根据需要选择合适的软件和硬件来构成自己的计算机控制系统。

下面介绍常用的几种组态软件。

（1）国外组态软件

1）InTouch：InTouch 是世界上第一款组态软件，也是最早进入中国市场的组态软件。在 20 世纪 80 年代末 90 年代初，基于 Windows3.1 的 InTouch 软件曾让我们耳目一新，并且 InTouch 提供了丰富的图库。但早期的 InTouch 软件采用 DDE 方式与驱动程序通信，性能较差，最新的 InTouch7.0 版已经完全基于 32 位的 Windows 平台，并且提供了 OPC 支持。

2）iFIX：Intellution 公司以 FIX 组态软件起家，1995 年被爱默生收购，现在是爱默生集团的全资子公司，FIX6.x 软件提供工控人员熟悉的概念和操作界面，并提供完备的驱动程序（需单独购买）。20 世纪 90 年代末，Intellution 公司重新开发内核，并将重新开发的新的产品系列命名为 iFIX。在 iFIX 中，Intellution 提供了强大的组态功能，将 FIX 原有的 Script 语言改为 VBA（Visual Basic for Application），并且在内部集成了微软的 VBA 开发环境。为了解决兼容问题，iFIX 里面提供了程序 FIX Desktop，可以直接在 FIX Desktop 中运行 FIX 程序。Intellution 的产品与 Microsoft 的操作系统、网络进行了紧密的集成。Intellution 也是 OPC（OLE for Process Control）组织的发起成员之一。iFIX 的 OPC 组件和驱动程序同样需要单独购买。目前，iFIX 等原 intellution 公司产品均归 GE 智能平台（GE-IP）.

3）Citech：悉雅特集团（Citect）是世界领先的提供工业自动化系统、设施自动化系统、实时智能信息和新一代 MES 的独立供应商。悉雅特集团的 Citech 也是较早进入中国市场的产品。Citech 具有简洁的操作方式，但其操作方式更多的是面向程序员，而不是工控用户。Citech 提供了类似 C 语言的脚本语言进行二次开发，但与 iFIX 不同的是，Citech 的脚本语言并非是面向对象的，而是类似于 C 语言，这无疑为用户进行二次开发增加了难度。

4）WinCC：西门子自动化与驱动集团（A&D）是西门子股份公司中最大的集团之一，是西门子工业领域的重要组成部分。Siemens 的 WinCC 也是一套完备的组态开发环境，Siemens 提供类 C 语言的脚本，包括一个调试环境。WinCC 内嵌 OPC 支持，并可对分布式系统进行组态。

5）Movicon：Movicon 由意大利自动化软件供应商 PROGEA 公司开发。该公司自 1990 年开始开发基于 Windows 平台的自动化监控软件，可在同一开发平台完成不同运行环境的需要。特色之处在于完全基于 XML，又集成了 VBA 兼容的脚本语言及类似 STEP-7 指令表的软逻辑功能。

6）GENESIS 64：来自美国著名独立组态软件供应商，创立于 1986 年。在 HMI/SCADA 产品和管理可视化开发领域一直处于世界领先水平，ICONICS 同时也是微软的金牌合作伙伴，其产品是建立在开放的工业标准之上的。2007 年推出了业内首款集传统 SCADA、3D、GIS 于一体的组态软件 GENESIS 64。

（2）国内组态软件

1）ForceControl（力控）：由北京三维力控科技有限公司开发，核心软件产品初创于 1992 年，是国内较早出现的组态软件之一，其内置独立的实时历史数据库支持 Windows/UNIX/Linux 操作系统。目前，力控软件在国内组态软件市场有一定的占有率。

2）KingView（组态王）：由北京亚控科技发展有限公司开发，该公司成立于 1997 年。1991 年开始创业，1995 年推出组态王 1.0 版本，在市场上广泛推广 KingView6.53、KingView6.55 版本，每年销量在 10000 套以上，在国产软件市场中市场占有率第一。

3）MCGS：由北京昆仑通态自动化软件科技有限公司开发，市场上主要是搭配硬件销售。

4）iCentroView：由上海宝信软件股份有限公司开发。平台支持：权限管理、冗余管理、集中配置、预案联动、多媒体集成、主流通信协议通信、GIS 等，并拥有自身研发的实时数据库，为数据挖掘与利用提供必要条件。能够实现对底层设备的实时在线监测与控制（设备启停、参数调整等）、故障报警、事件查询、统计分析等功能。

5）QTouch：由著名的 QT 类库开发而成，完全具有跨平台和统一工作平台特性，可以跨越多个操作系统，如 Unix、Linux、Windows 等，同时在多个操作上实现统一工作平台，即可以在 Windows 上开发组态，在 Linux 上运行等。QTouch 是 HMI/SCADA 组态软件，提供嵌入式 Linux 平台的人机界面产品。

6）INEPEC（易控）：易控组态软件由北京九思易自动化有限公司开发，是业界第一套完全构架在.NET 平台上的新一代组态软件。

7. 课程性质及任务

本课程是一门集通信技术、计算机技术以及控制技术为一体的专业课，具有很强的实践性。本课程的主要内容是讲解组态软件的地位、作用及应用，旨在使学生掌握组态工业过程控制监控系统的设计方法，同时着重介绍 SIMATIC WinCC 的系统组态、画面组态和通信组态等具体操作。此外，还介绍了 TIA 故障诊断及 PLC 控制系统的设计方法，最后讲解了组态软件控制系统的工程实例，使读者理解组态软件控制系统工程设计思想和方法。

市面上组态软件很多，要掌握组态软件控制技术的精髓，必须选一款强大的组态软件来进行实践教学。本书强调理论联系实际，通过 SIMATIC WinCC 帮助读者在学习过程中建立起对知识点的形象认知，更好地理解组态软件控制技术。

通过对本课程系统、全面的学习，读者应掌握组态软件控制技术的理论知识，锻炼并提高读者的设计、管理和维护组态软件控制系统的工程技术能力，本课程的任务主要包括：

1）了解组态软件的结构、作用及其在工业自动化中的地位与应用。

2）理解系统组态的意义，掌握不同 WinCC 项目的组态方法。

3）了解全集成自动化的体系结构及 WinCC 与其他各组成部分之间的关系。

4）掌握画面组态、消息组态以及报表等各功能部件的使用方法。

5）掌握组态软件控制系统的设计方法以及维护方法。

第 2 章　全集成自动化与 WinCC

本章学习目标

了解西门子全集成自动化概念；了解 WinCC 的产生、定义及特点；理解 WinCC 的组成；了解 WinCC 的发展趋势；学习 WinCC 软件的安装、卸载等。

2.1　工业自动化及全集成自动化

随着工业自动控制理论、计算机技术和网络通信技术的飞速发展，各类控制系统竞争日益激烈，用户对工业自动化过程控制系统的可靠性、复杂性、功能的完善性、人机界面的友好性、数据分析和管理的快速性、系统安装调试和运行维护的方便性等方面都提出了越来越高的要求，即各类控制系统之间的数据调用日益频繁，要求实时性和开放性越来越强。西门子自动化与驱动集团作为全球自动化领域技术、标准与市场的领导者，为了响应这一市场需求，在 1996 年提出了全集成自动化的概念。全集成自动化技术（Totally Integrated Automation，TIA）是西门子自动化技术与产品的核心思想和主导理念。

全集成自动化立足于一种新的概念以实现工业自动化控制任务，解决现有的系统瓶颈。它将所有的设备和系统都完整地嵌入到一个彻底的自动控制解决方案中，采用共同的组态和编程、共同的数据管理和共同的通信。应用这种解决方案可以大大简化系统的结构，减少大量接口部件，克服上位机和工业控制器之间、连续控制和逻辑控制之间、集中控制和分散控制之间的界限。西门子全集成自动化概念如图 2-1 所示。

2.1.1　TIA 的统一性

西门子的全集成自动化可以为所有的自动化应用提供统一的技术环境和开发的网络。

通过全集成自动化，可以实现从自动化系统及驱动技术到现场设备整个产品范围的高度集成，其高度集成的统一性主要体现在以下三个方面：

（1）统一的数据管理

全集成自动化技术采用统一的数据库，西门子各工业软件均从一个全局共享的统一的数据库中获取数据，这种统一的数据库、统一的数据管理机制使得所有的系统信息都存储于一个数据库中，而且仅需输入一次，不仅可以减少数据的重复输入，还可以降低出错率，提高系统诊断效率。

（2）统一的组态和编程

在全集成自动化中，所有的西门子工业软件都可以相互配合，实现了高度统一、高度集成，组态和编程工具也是统一的，只需从全部列表中选择相应的项对控制器进行编程、组态HMI、定义通信连接或实现动作控制等操作。

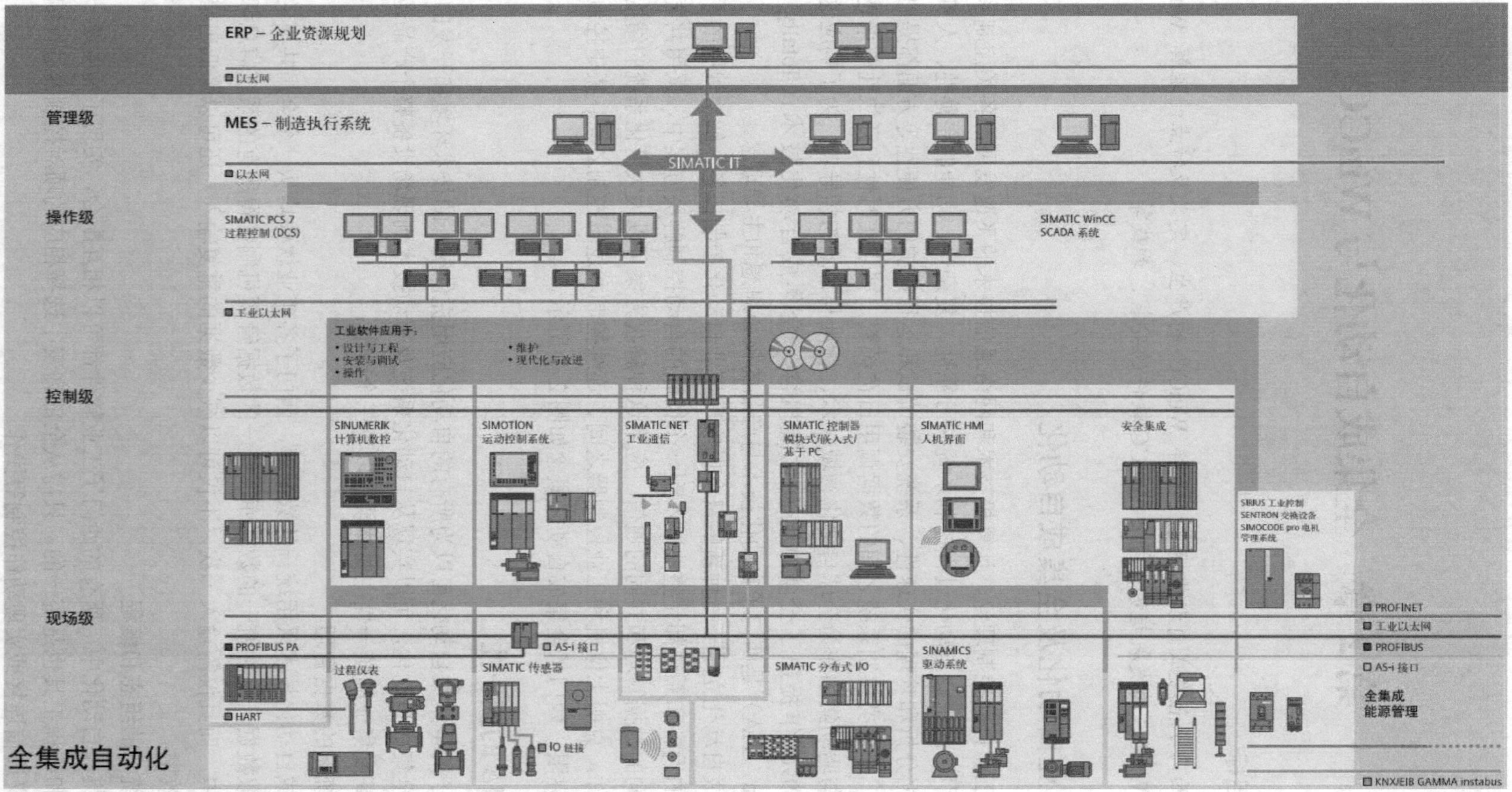

图 2-1 西门子全集成自动化概念图

（3）统一的通信

全集成自动化实现了从现场级、控制级到管理级协调一致的通信，所采用的总线能适合于所有应用，以太网和带 AS-i 总线的 PROFIBUS 网络是开关和安装技术集成的重要扩展，而 EIB 用于楼宇系统控制的集成。集中式 I/O 和分布式 I/O 用相同的方法进行组态。

2.1.2　TIA 的开放性

自动化发展到今天，已经从单一自动化、系统自动化向全厂自动化、集团自动化方向转变。西门子将工业以太网技术引入全集成自动化，在产品上集成以太网接口，使以太网进入现场级，从而实现元件自动化。而工业以太网是业界广泛接受的通信标准，所以西门子的全集成自动化是高度开放的。其高度的开放性主要体现在以下几个方面：

（1）对所有类型的现场设备开放

对于现场设备的开放，TIA 可通过 PROFIBUS 来实现；对于开关类产品和安装设备还可以通过 AS-i 总线接入自动化系统中；楼宇自动化与生产自动化则可以通过 EIB 来实现开放性。

（2）对办公系统开放并支持 Internet

TIA 与办公自动化应用及 Internet/Intranet 之间的连接是基于 Ethernet 通过 TCP/IP 来实现的。TIA 采用 OPC 接口，可以建立所有基于 PC 的自动化系统与办公应用之间的连接。

（3）对新型自动化结构开放

自动化领域中一个明显的技术趋势是带有智能功能的技术模块组成的自动化结构。通过 PROFINET，TIA 可以与带有智能功能的技术模块相连，而不必关心它们是否与 RPOFIBUS 或者以太网相连接。通过新的工程工具，TIA 实现了对这种结构的简单而集成化的组态。

2.2　全集成自动化的体系结构

全集成自动化具有开放式、可扩展、模块化和协调一致的硬件和软件架构，其体系结构分为水平集成和垂直集成两方面。

1．TIA 的垂直集成

如图 2-2 所示，全集成自动化体系结构分为四个自动化层级，TIA 实现了从管理级到现场级协调一致的通信，降低了工程人员的软件开发时间，减少接口数量并降低工程费用，提高了自动化系统的智能。

（1）现场级

现场级拥有最多的组件。从简单的异步电机（驱动器）、传感器或过程仪表、过程分析仪到可用于分布式自动化系统设计的产品（如 ET200 分布式 I/O）。

（2）控制级

控制级的产品可控制 PLC 控制器或允许操作人员通过操作面板（HMI）来操作和监视自动化过程。

（3）操作级

操作级为用户提供整个自动化系统的全局视图。控制系统（DCS）或一个 SCADA 系统

（WinCC）为车间管理人员提供预期的、相关的、精炼的各种形式的信息。WinCC 作为西门子开发的组态软件，功能十分强大，TIA 的集成化设计方案无疑给 SCADA 系统的设计提供更多的便利性和可能性。

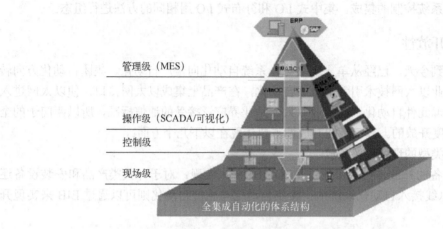

图 2-2　TIA 体系结构（垂直集成）

（4）管理级

管理级代表了自动化系统与客户 REP 系统之间的交互关系。经济数据和自动化数据（现场级）之间的关系对中型和大型生产线向车间管理人员提供相关信息和决策至关重要。

2．TIA 的水平集成

水平集成也称水平一致性，如图 2-3 所示，指的是集成化系统结构从整个生产过程中读取由原料入库到产品出库期间所有数据的能力。水平集成读取数据的过程对用户透明。

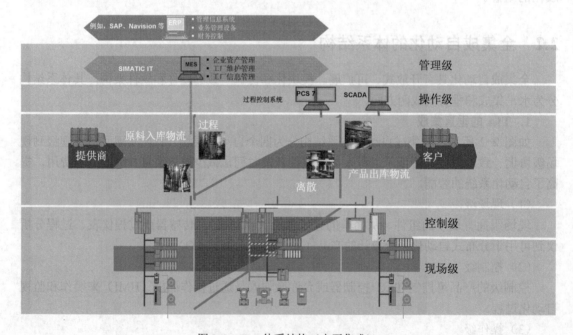

图 2-3　TIA 体系结构（水平集成）

TIA 将所有的设备和系统都完整地嵌入到一个彻底的自动控制解决方案中，通过相同的工程组态、诊断和产品，节省了设备和资源，使得自动化信息透明化。

2.3 WinCC 系统概述

SIMATIC WinCC 是全集成自动化的重要组成部分，它为工业自动化过程中 HMI/SCADA 系统的建立、运行及维护提供了良好的支持。WinCC 作为操作级的核心部分，不仅为操作人员提供了友好的人机交互系统与数据采集监控系统，也为管理级和控制级之间的信息交互提供了沟通渠道。由此看来，WinCC 在全集成自动化体系结构中起着承上启下的关键作用，是整个控制系统进行统一管理、统一组态、统一通信的技术保障。

通常，从组态的角度来看，WinCC 为用户提供了三种监控系统的解决方案：

1）使用标准的 WinCC 资源的组态。

2）利用 WinCC 通过 DDE、OLE、ODBE 和 ActiveX 使用现有的 Windows 应用程序。

3）开发嵌入 WinCC 中的用户自己的应用程序（用 Visual C++或 Visual Basic 语言）。

从某些方面看，WinCC 可以廉价和快速地组态 HMI/SCADA 系统，从其他方面看它是可以无限延伸的系统平台。WinCC 的模块化和灵活性为规划和执行自动化任务提供了全新的可能性。

下面通过 WinCC 软件来全面了解和学习组态软件。

2.3.1 WinCC 简介

西门子公司于 1996 年推出了一款 HMI/SCADA 软件——SIMATIC WinCC，WinCC 是 Windows Control Center 的简写，它是第一个完全基于 32 位内核的过程监控系统，刚进入世界工控组态软件市场就被美国《Control Engineering》杂志评为最佳 HMI 软件，并以很短的时间发展成为第三个在世界内成功的 SCADA 软件，在欧洲更是无可争议的第一。

WinCC 是西门子在自动化领域中的先进技术与 Microsoft 相结合的产物，其性能全面、系统开放，集成了 SCADA、组态、脚本语言、MS 数据库和 OPC 等先进技术。它除了支持西门子的自动化系统外，还可以与 AB、Modicon、GE 等公司的系统连接，通过 OPC 方式，还可以与更多的第三方控制器进行通信，这种开放式的设计思想使得 WinCC 拥有相当好的扩展性和灵活性，得到了市场的认可。

作为 SIMATIC 全集成自动化中重要的一环，WinCC 确保与西门子的自动化系统——SIMATIC S5、S7 和 505 等系列 PLC 间通信的简便性、高效性。这种组态方式不仅减少了工作量、降低了出错率，还保证了全集成自动化体系结构的正常运作。

2.3.2 WinCC 的体系结构

WinCC Explorer 集合了操作单用户或者多用户系统所有必要的数据，允许用户使用很少的操作就可以查看 WinCC 应用及其数据。从外观和操作来看，WinCC Explorer 类似于 Windows 中的资源管理器。

WinCC 浏览器的体系结构如图 2-4 所示。

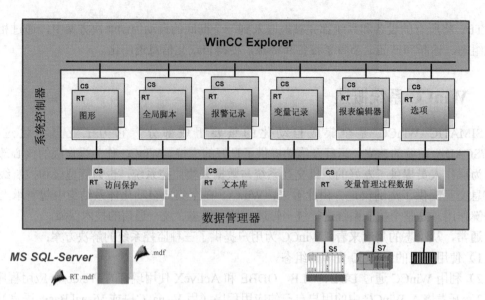

图 2-4　WinCC 浏览器的体系结构

WinCC 采用模块化的设计结构，为过程数据的可视化、报表、采集和归档以及为用户自由定义应用程序的协调集成提供了系统模块。这些功能模块分为基本功能与扩展功能。其中扩展功能又分为 WinCC 选件与 WinCC 附件。

1. WinCC 基本功能

（1）变量管理器

变量管理器（Tag Management）用于管理 WinCC 项目中所有的变量和通信驱动程序。

（2）图形编辑器

图形编辑器（Graphic Designer）用于创建过程画面，是 HMI 系统的重要部分。

（3）变量记录

变量记录（Tag Logging）用于组态和管理过程值归档。

（4）报警记录

报警记录（Alarm Logging）负责采集和归档报警消息。

（5）报表编辑器

报表编辑器（Report Designer）负责报表布局的组态与报表的打印工作。

（6）全局脚本

全局脚本（Global Script）允许工程设计人员根据项目要求编写全局脚本，WinCC 提供两种脚本：ANSI-C 和 VBScript。

（7）文本库

文本库（Text Library）用于编辑不同语言版本下的文本消息。

（8）用户管理器

用户管理器（User Administrator）用来分配、管理和监控用户对 WinCC 组态系统和运行系统的访问权限。

（9）交互引用

交互引用（Cross-Reference）负责检索在画面、函数、归档和消息中所使用的变量、函数、OLE 对象和 ActiveX 控件等。

2．WinCC 扩展功能

扩展功能用于对 WinCC 基本软件功能的扩展，能够满足用户的特殊需求。WinCC 扩展功能分为以下 8 类：

（1）可扩展工厂组态的选件

1）WinCC/ Server：用来将一个单用户解决方案扩展成一种最多有 12 个 WinCC 服务器和每个服务器有 32 个客户机的功能强大的（分布式）客户机/服务器系统。

2）WinCC/Central Archive Server（CAS 中央归档服务器）：基于微软 Microsoft SQL Server 2005 专业数据库。可扩展至最多 120000 个归档变量的集中过程数据归档。

3）WinCC/Web Navigator：可以通过互联网或者公司的企业网或者 LAN 实现工厂的可视化，并对工厂进行操作，而无需改变 WinCC 项目。使用 Thin Client（瘦客户机）解决方案，还可以稳定地连接本地设备和移动客户端。

4）WinCC/远程控制系统：通过 WAN（广域网）灵活地将配备有 SIMATIC 自动化组件的远程终端设备集成到整个工厂的集中过程可视化系统。

（2）提高系统可用性的选件

1）WinCC/Redundancy：并行运行两个单站系统或服务器，确保两个单站系统或服务器应用程序中的数据一致性。如果发生故障，客户机可以自动切换到未受损的单站系统或服务器。

2）WinCC/ProAgent：为过程可视化系统增加诊断能力。ProAgent 完全集成在 SIMATIC 诊断系统中，并针对 SIMATIC S7-300 和 S7-400 进行了优化。

3）SIMATIC 维护站：对来自工厂自动化系统的维护信息进行可视化。从控制器到网络组件，乃至开关、保护和控制设备及驱动器。

（3）工厂智能选件

1）WinCC/DataMonitor：通过具有互联网能力的标准工具，在任何办公 PC 上显示和评估当前的过程状态和历史数据。

2）WinCC/连通性软件包和 WinCC/连通站：用于通过 OPC HAD 或者 OLE-DB 访问 WinCC 归档系统的历史数据，以及通过 OPC A&E 传输/确认消息。

3）WinCC/IndustrialDataBridge 工业数据桥：通过 OLE-DB 和 OPC DA 利用可配置的标准软件链接到外部数据库、办公应用程序和 IT 系统。

4）WinCC/DowntimeMonitor 停机监视：用于检测和分析面向机器或者面向生产线的生产设施，以便提高工厂的关键绩效指标。

（4）SCADA 扩展选件

1）WinCC/用户归档：允许应用用户归档，其中相关的数据保存在数据记录中。WinCC 及其自动化伙伴（例如 SIMATIC S7 PLC）可以访问这些数据记录，并进行相互之间的数据交换，实现诸如配方之类的功能。

2）WinCC/Calendar Scheduler 日历调度及事件提醒：通过采用类似 Microsoft Outlook 中的日历调度的方式扩展 WinCC 基本系统的人机交互功能，如基于日历实现变量赋值或执行脚本动作、通过邮件发送报警消息等。

（5）能源管理选件

1）用于 WinCC 的 SIMATIC powerrate：是一个确保从供电到负载实现透明能耗的

WinCC 选件。软件会持续采集、归档电能数据，并进行进一步的处理。

2）WinCC/B.Data：WinCC/B.Data 使用户可以在控制、规划和电能购买方面实现最优化、经济高效的运行能源管理。

（6）跟踪和确认选件

1）WinCC/Audit：用于监视记录操作员在运行系统中的操作，以及在 Audit trails 和 Project Versioning 的帮助下记录项目在工程组态阶段的变化。

2）WinCC/ChangeControl：是 WinCC/Audit 的子集，用于在工程组态期间跟踪 WinCC 项目的变化，包括文档管理和项目版本记录。

3）SIMATIC Logon：用于中央、交叉工厂用户的管理，集成在 Windows 用户管理系统中，为管理员和用户等级提供了多种安全机制。随 WinCC V7 SIMATIC Logon 一起启动，是 WinCC 基本软件的一部分。

（7）批处理选件

SIMATIC BATCH for WinCC：为在过程工业上实现批处理提供了一个解决方案。SIMATIC BATCH for WinCC 作为捆绑软件提供，其中包括 SIMATIC BATCH 和 WinCC 组件。

（8）系统扩展选件

1）WinCC/IndustrialX：使用 ActiveX 技术进行过程可视化。通过组态向导可以轻松地生成自己的控件。

2）WinCC/ODK（开放式开发套件）：描述了可以用于访问组态和运行时系统数据和功能的开放式编程接口。

2.3.3　WinCC 的性能特点

1．创新软件技术的使用

WinCC 基于最新反战的软件技术。与 Microsoft 的密切合作保证用户能获得将来不断创新的技术。WinCC V7 支持 Windows XP SP3、Windows Vista、Windows 2003 Server SP2 操作系统平台。

2．包括所有 SCADA 功能在内的客户机/服务器系统

即使最基本的 WinCC 系统仍能提供生成可视化任务的组件和函数，生成画面、脚本、报警、趋势和报表的编辑器由最基本的 WinCC 系统组件建立。其中基本系统中的历史数据归档以较高的压缩比进行长期数据归档，并具备数据导出和备份功能。

3．便捷高效的组态系统

WinCC 是一个模块化的自动化组件，支持大范围的组态可能性，从单用户系统和客户机/服务器系统到具有多台服务器的冗余分布式系统。

4．全新的选件和附加件

基于开放式编程接口，已开发众多 WinCC 选件（由西门子 A&D 开发）和 WinCC 附加件（由西门子内部和外部合作伙伴开发）。如 WinCC/Web Navigator、WinCC CAS（中央归档服务器）和工厂智能组件 WinCC/DataMonitor、WinCC/Connectivity Pack、WinCC/IndustrialDataBridge 等。

5．实时数据库的使用

WinCC V7 使用 Microsoft SQL Server 2005 作为历史数据归档。可以使用 ODBC、DAO、OLE_DB 和 ADO 方便地访问归档数据，WinCC V7 可以用 Microsoft Excel 打开已保

存的归档数据。

6．强大的标准接口

WinCC 提供了 ActiveX、DDE、OLE、OPC 服务器和客户机等接口或控件，可以很方便地与其他应用程序交换数据。

7．使用方便的脚本语言

WinCC 支持 ANSI-C 和 Visual Basic 两种脚本语言。整个 WinCC 系统通过完整和丰富的编程系统实现了双向的开放性。

8．开放的 API 编程接口

开放的 API 编程接口可以访问 WinCC 的模块。所有的 WinCC 模块都有一个开放的 C 编程接口（C-API），即可以在用户程序中集成 WinCC 的部分功能。

9．在线向导组态

WinCC 提供了大量的向导来简化组态工作。在调试阶段还可以进行在线修改。

10．可选择语言的组态软件和在线语言切换

WinCC 软件是基于多语言设计的。即可以在英语、德语、法语以及其他众多的亚洲语言之间进行选择，也可以在系统运行时选择所需要的语言。

11．提供所有主要 PLC 系统、TDC 系统的通信通道

作为标准，WinCC 支持所有连接 SIMATIC S5/S7/FM458/TDC 控制器的通信通道，还包括 PROFIBUS DP、DDE 和 OPC 等非特定控制的通信通道。此外更广泛的通信通道可以由选件和附加件提供。

12．与基于 PC 的控制器 SIMATIC WinAC 的紧密接口

软/插槽 PLC 和操作、监控系统在一台 PC 上相结合无疑是一个面向未来的概念，在此前提下，WinCC 和 WinCCAC 实现了西门子公司基于 PC 的强大的自动化解决方案。

13．SIMATIC PCS7 过程控制系统中的 SCADA 部件

SIMATIC PCS7 是西门子的 DCS 系统。基于过程自动化，从传感器、执行器到控制器，再到上位机，自下而上形成完整的 TIA（全集成自动化）架构。PCS7 并不简单地等同于 Step7+WinCC，PCS7 主要由 Step7、CFC、SFC、Simatic Net、WinCC、PDM 等软件和高端 S7-400 CPU 等硬件组成。可见 WinCC 是组成 SIMATIC PCS7 重要的 SCADA 部件。

14．全集成自动化的部件

全集成自动化（Totally Integrated Automation，TIA）集成了西门子公司的自动化系统软硬件产品，统一归在 SIMATIC 商标之下，包括 SIMATIC Maneger、SIMATIC PLC、SIMATIC HMI、SIMATIC NET、SIMATIC I/O。它们均称为 TIA 部件或组件，WinCC 是西门子人机交互 SIMATIC HMI 部件中产品之一，它可与属于 SIMATIC 产品家族的其他部件无缝结合协调工作，同时也支持其他厂商的自动化系统。西门子 DCS 系统 PCS7 过程可视化使用标准的 SIMATIC HMI 部件，因此 WinCC 是 PCS7 操作员站的重要组成部分。

15．集成到 MES 和 ERP

通过标准化接口，WinCC 可与其他 IT 解决方案交换数据。这超越了自动化控制过程，将范围扩展到工厂监控级，为公司管理 MES（制造执行系统）和 ERP（企业资源计划）提供管理数据。

2.3.4　WinCC V7.0 的新特性

SIMATIC WinCC V7.0 大大增强了基本系统及其选件的功能。

1. WinCC 基本系统的创新

1）具有 Windows Vista 主题风格和外观的运行界面。

2）全新控件：趋势、报警、配方等。

3）基于对象的编程模式，面板技术。

4）免费集成高级用户管理工具 SIMATIC Logon。

5）增强的安全性，支持 Windows 防火墙和病毒扫描。

2. WinCC 工厂智能选件的创新

1）WinCC/DataMonitor 支持报表发布和网页定制功能。

2）全新选件：WinCC/DowntimeMonitor，可以检测并分析机器和工厂的停机时间。

3）全新选件：WinCC/ProcessMonitor，管理信息系统，支持在线质量分析。

4）WinCC/Connectivity Pack，提供访问分布式系统中数据的方便接口。

5）全新选件：WinCC/Connectivity Station，任何一台 Windows 计算机都可以通过 Connectivity Station 访问分布式系统的数据。

3. 针对 WinCC 选件的更新

1）WinCC/Web Navigator，集成在全厂集中用户管理系统中的 Web 客户端。

2）WinCC/Central Archive Server，集中处理并提供数据归档。

3）WinCC/Audit，集成项目版本管理工具。

4）新特点：WinCC/Change Control，可以跟踪组态的更改。

5）WinCC/Redundancy，可以同步消息状态和内部变量。

6）新特点：SIMATIC Maintenance Station，用于系统的高效维护。

2.4　WinCC 的安装、卸载及授权

2.4.1　WinCC V7.0 的安装要求

安装 WinCC 之前，先要检查计算机系统的软硬件条件是否满足 WinCC 所必需的安装条件。

对于按照要求安装好的或者默认的 Windows 操作系统，避免对系统做出如下更改：

1）控制面板中的进程和服务的改动。

2）Windows 任务管理器中的改动。

3）Windows 注册表中的改动。

4）Windows 安全策略中的改动。

安装 WinCC 软件前，首先检查以下各项是否满足条件：

1）操作系统。

2）用户权限。

3）图形分辨率。

4）Internet Explorer。

5）MS 消息队列。

6）SQL Server。

7）预定的完全重启（冷重启）。

2.4.2 安装 WinCC V7.0 的硬件要求

安装 WinCC V7.0 的硬件要求见表 2-1。

表 2-1 硬件的要求

硬 件	操作系统	最 小 值	推 荐 值
CPU	Windows XP	客户机：Intel Pentium Ⅲ；800MHz 单用户系统：Intel Pentium Ⅲ；1GHz	客户机：Intel Pentium 4；2GHz 单用户系统：Intel Pentium 4；2.5GHz
	Windows 7	客户机：　Intel Pentium 4；2.5GHz 单用户系统：Intel Pentium 4；2.5GHz	客户机：Intel Pentium 4；3GHz/双核 单用户系统：Intel Pentium 4；3.5GHz/ 双核
	Windows Server 2003	单用户系统：Intel Pentium Ⅲ； 1GHz 服务器：Intel Pentium Ⅲ；1GHz 中央归档服务器：Intel Pentium 4； 2.5GHz	单用户系统：Intel Pentium 4；3GHz 服务器：Intel Pentium 4；3GHz 中央归档服务器：Intel Pentium 4； 3GHz/双核
工作内存	Windows XP	客户机：512MB 单用户系统：1GB	客户机：≥1GB 单用户系统：2GB
	Windows 7	客户机：1GB 单用户系统：2GB	客户机：2GB 单用户系统：2GB
	Windows Server 2003	单用户系统：1GB 服务器：1GB 中央归档服务器：2GB	单用户系统：2GB 服务器：2GB 中央归档服务器：>2GB
硬盘上的可用内存（分别用于安装和使用 WinCC）		客户机：1.5GB/服务器：>1.5GB 客户机：1.5GB/服务器：　2GB/中央归档服务器：40GB	客户机：>1.5GB/服务器：2GB 客户机：>1.5GB/服务器：10GB/中央归档服务器：不同硬盘上有两个各为80GB 的可用空间
虚拟内存		1.5 倍工作内存	1.5 倍工作内存
Windows 打印机、假脱机程序内存		100MB	>100MB
图形卡		16MB	32MB
颜色深度		256	最高32 位
颜色质量			
分辨率		800×600 像素	1024×768 像素

2.4.3 安装 WinCC V7.0 的软件要求

1. 操作系统

（1）WinCC V7.0 单用户项目和客户机项目

1）Windows 7 Professional SP1 、Windows 7 Ultimate SP1、和 Windows 7 Enterprise SP1。

2）Windows XP Professional SP3。

（2）WinCC V7.0 服务器

1）Windows 2003 Server SP2 和 Windows 2003 Server R2 SP2。

2）Windows 2008 Server SP2 和 Windows 2008 Server R2 SP2。

3）Windows XP Professional SP3（最多三个客户机，只能用于无冗余的 Runtime）。

在 WinCC 多用户系统中，也可以在 Windows Server 2003 上运行单用户系统和客户机。本身没有项目的客户机不能在 Windows Server 2003 计算机上运行。

使用多个服务器时，所有服务器均应运行 Windows Server 2003/2008 标准版/企业版。

2．消息队列

WinCC V7.0 需要 Windows 消息队列服务。

3．Microsoft SQL Server 2005（WinCC V7.0 无需单独安装）

WinCC V7.0 要求使用 32 位版的 Microsoft SQL Server 2005 SP4 数据库。WinCC V7.0 安装期间将自动安装 SQL 服务器。随 Microsoft SQL Server 2005 还要安装必需的连通性组件。

4．Internet 浏览器

WinCC 需要 Microsoft Internet Explorer V6.0 SP1 及以上版本。

5．过程通信驱动程序 SIMATIC NET（WinCC V7.0 无需单独安装）

安装 WinCC V7.0 期间选择安装程序"SIMATIC NET PC Software 2008"。

2.4.4　WinCC V7.0 的安装步骤

支持 WinCC V7.0 SP3 的操作系统有 Windows XP Professional、Windows 7 和 Windows Server，本书仅以 Windows XP Professional 操作系统为例讲述。

安装 WinCC V7.0 SP3 的基本步骤是先安装消息队列，再安装 Microsoft SQL Server，最后安装 WinCC。以下详细介绍安装过程。

1．消息队列的安装

1）在 Windows XP Professional 操作系统的"开始"菜单中，单击"开始"→"控制面板"命令，弹出"控制面板"界面，双击"添加或删除程序"图标，弹出"添加或删除程序"窗口，如图 2-5 所示，在左侧菜单栏中，单击"添加/删除 Windows 组件"按钮，打开"Windows 组件向导"对话框。

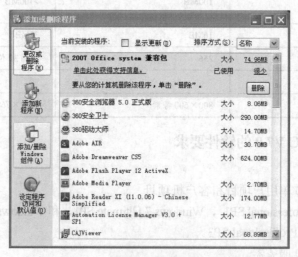

图 2-5　"添加或删除程序"窗口

2）选择"消息队列"组件，打开"Windows 组件向导"对话框。勾选"消息队列"选项，如图 2-6 所示，再单击"下一步"按钮，安装"消息队列组件"。

3）当"消息队列组件"安装完成后，会弹出如图 2-7 所示的对话框，单击"完成"按钮关闭向导。

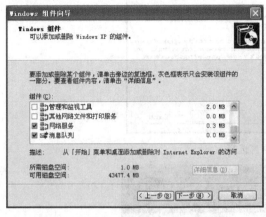

图 2-6 "Windows 组件向导"对话框　　　　图 2-7 "Windows 组件向导"对话框

2．安装 WinCC V7.0

WinCC V6.0 软件的 Microsoft SQL Server 和 WinCC 是两个软件包，而 WinCC V7.0 软件变成一个软件包，但安装顺序不变，仍然先安装 Microsoft SQL Server，再安装 WinCC，以下详述安装过程。

1）将安装光盘插入光驱中，双击"Setup.exe"文件，弹出如图 2-8 所示的界面，选择安装语言，单击"Next"按钮，弹出如图 2-9 所示的界面，单击"Next"按钮。

2）弹出的产品注意事项如图 2-10 所示，单击"Yes，I would like to read the notes"，如图 2-11 所示，选择"I accept the conditions…"并单击"Next"，或者直接单击"Next"。

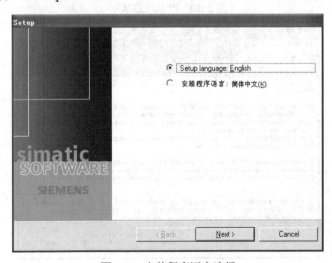

图 2-8　安装程序语言选择

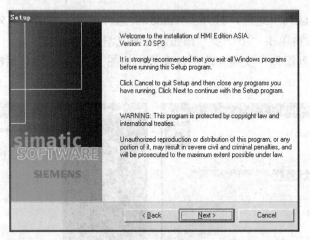

图 2-9 语言选择

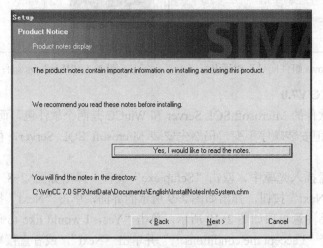

图 2-10 产品注意事项

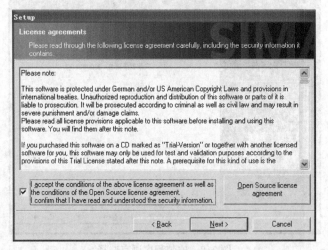

图 2-11 注意事项

3）选择产品语言，以选"English"和"Chinese"为例，如图 2-12 所示。

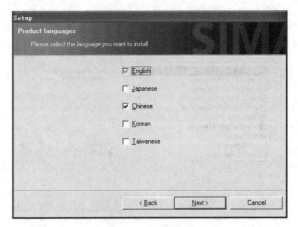

图 2-12　产品语言

4）选择安装类型。有两种安装类型，即数据包安装和自定义安装（本例选择数据包安装），数据包安装是基本安装类型，单击"Next"按钮，如图 2-13 所示。

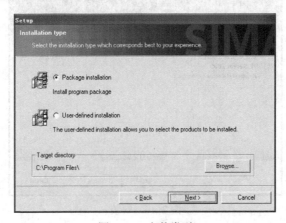

图 2-13　安装类型

5）选择安装组件。选择"WinCC Installation"组件，如图 2-14 所示，单击"Next"按钮，弹出"Programs to be installed"的界面，选择组件的类型为"WinCC V7.0 SP1 Standard"，单击"Next"按钮，如图 2-15 所示。

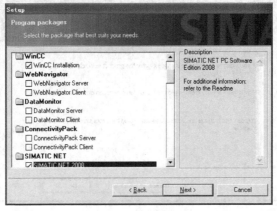

图 2-14　选择安装组件

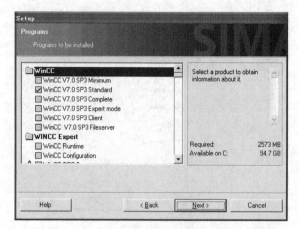

图 2-15　安装组件的类型

6）按照提示进行下一步，单击"Install"，开始安装，如图 2-16 所示。

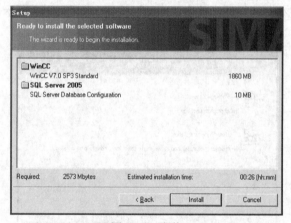

图 2-16　安装

7）按照提示进行下一步，WinCC 软件的安装是通过授权的，但一般安装时选择稍后传递密钥，单击"Next"，如图 2-17 所示。安装时间长短与计算机的配置有关，安装后重启计算机。

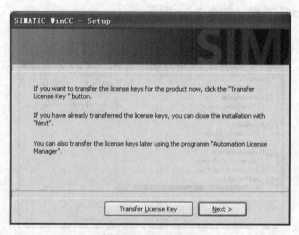

图 2-17　传递密钥

2.4.5　WinCC V7.0 的卸载

在计算机上，既可以完全删除 WinCC，也可只删除单个组件，例如语言或组件。WinCC V7.0（包括 WinCC V7.0 以下版本）的卸载步骤如下：

1）在操作系统的开始菜单中，打开"设置"→"控制面板"→"添加或删除程序"。

2）选择所需的条目，并单击"删除"按钮。

3）选择要删除的组件或者语言。如果已安装了 WinCC 选件，请删除所有 WinCC 选件，然后删除 WinCC。

4）按屏幕上的说明进行操作。

2.4.6　WinCC V7.0 的授权

使用 WinCC 需要安装授权，授权类似一个"电子钥匙"，用来保护西门子公司和用户的权益，没有经过授权的软件是无法使用的。如果要在另一台机器中使用授权，授权文件可以再传回到软件上。

授权分为标准授权和紧急授权两种。标准授权使用时间无限制，可以在硬盘或网络驱动器上安装，不能在 USB 存储器上安装，保存在黄色或者红色的软盘上；紧急授权使用时间限制为 14 天，从首次启动相应软件开始计时，当标准授权损坏并修复期间，可以使用紧急授权代替。

WinCC 基本系统分为完全版和运行版。完全版包括运行和组态版的授权，运行版仅有WinCC 运行的授权。运行版可以用来显示过程信息、控制过程、报告报警事件、记录测量值和打印报表等。根据所连接的外部过程变量数量的多少，WinCC 完全版和运行版都有 5 种授权规格：128 点、256 点、1024 点、8K 点和 64K 点变量（Power Tags）。Power Tags 是指过程连接到控制器的变量，无论何种数据类型，只要给此变量命名并连接到外部控制器，都被当作一个变量。相应的授权规格决定所连接的过程变量的最大数目，即如果购买的 WinCC 具有 1024 个Power Tags 授权，则 WinCC 项目在运行状态下，最多只能有 1024 个过程变量。过程变量的数目和授权使用的过程变量数目显示在 WinCC 管理器的状态栏中。内部变量不受点数限制。

WinCC 选件都有相应的授权文件，使用时需要购买并安装在计算机上。

最新版西门子授权管理软件为 Automation License Manager 3.0，如图 2-18 所示。

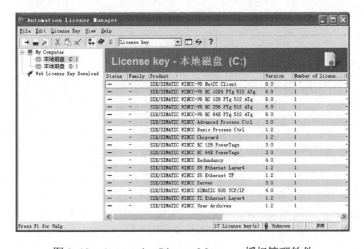

图 2-18　Automation License Manager 授权管理软件

在 Automation License Manager 3.0 中可以对许可证进行传送、升级、网络传送、网络共享以及离线传送等操作。

为避免丢失授权和许可证密钥，需要注意以下事项：

1）在格式化、压缩或恢复驱动器以及安装新的操作系统之前，将硬盘上的授权转移至软盘或其他盘中。

2）当卸载、安装、移动或升级密钥时，应先关闭任务栏可见的所有后台程序，如防病毒程序、磁盘碎片整理程序、磁盘检查程序、硬盘分区以及压缩和恢复等。

3）使用优化软件优化系统或加载硬盘备份前，保存授权和许可证密钥。

4）授权和许可证密钥文件保存在隐藏目录"AX NF ZZ"中。

2.5 获取资料、软件和帮助

可以在西门子自动化与驱动集团的中文网站 http://www.ad.siemens.com.cn/下载西门子的 PLC 资料。在该网站的主页中单击"支持中心"，然后单击"下载中心"，就可以进入各种工控产品的中英文说明书、使用手册、产品介绍和相关软件的下载页面；也可以直接访问 http://www.ad.siemens.com.cn/download/页面；还可以在网站 www.f108.com 下载更多的西门子 PLC 资料和软件。

另外可在"支持中心"的"技术论坛"中获得各种产品的技术支持，包括常见问题的解答以及软件补丁等。

2.6 习题

1. 说明全集成自动化的水平集成和垂直集成的含义。
2. 列举 WinCC 基本软件包中的 7 个编辑器，并描述各编辑器的功能。
3. 在 PC 上安装 WinCC V7.0 SP3 的软硬件要求及步骤有哪些？
4. WinCC 编辑器或部件提供的标准接口有哪些？

第3章　WinCC 的系统组态

本章学习目标

　　了解 WinCC 的典型系统组态模式（包括单用户系统、多用户系统、分布式系统、中央归档服务器、集中长期归档服务器、冗余系统、Web 客户机系统）及其组态方法；了解不同系统组态模式的应用场合。

3.1　单用户系统

　　单用户系统（Single-User Dystem）是最简单的组态模式，适合配置于生产领域或者用于操作与监控大型项目内的独立子过程或部分设备。单用户系统具备独立的控制和可视化系统组件，组态时通过过程总线（如 MPI、PROFIBUS-DP 和 Industrial Ethernet 等）连接到自动化系统（Automation System）。单用户系统中运行 WinCC 项目的站在系统中称作操作站（Operator Station），它有自己的过程通信、画面和归档以及各种选件用于连接到自动化系统。此外，单用户系统项目还可作为一个 OPC 服务器与其他系统通信。典型的单用户系统如图 3-1 所示。

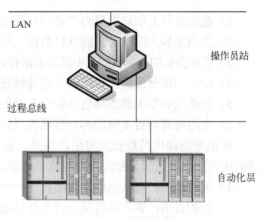

图 3-1　单用户系统

3.2　多用户系统

　　多用户系统（Multi-User System）由一台服务器和多个操作员站（客户机）组成。通常用于小型系统（即数据不需要分布到多个服务器的情况下）组态带有过程驱动器连接的单服务器。多用户系统应用在不同的操作控制台上显示与同一过程相关的不同信息或者从多个位置来操作过程。多个操作员站通过过程驱动器连接访问服务器上的项目。客户机和服务器使用 LAN 或 ISDN 进行连接，采用标准 TCP/IP 协议进行通信，过程总线用于将服务器连接到自动化系统。典型多用户系统如图 3-2 所示。

　　多用户系统是基于客户机/服务器原理，不需要组态客户机。服务器负责实现所有公共功能：连接自动化系统，协调客户机，为客户机提供过程值、归档数据、消息、画面和协议。每增加一台客户机都将增加服务器的工作负载。组态多用户系统中的服务器，可进行如下操作：

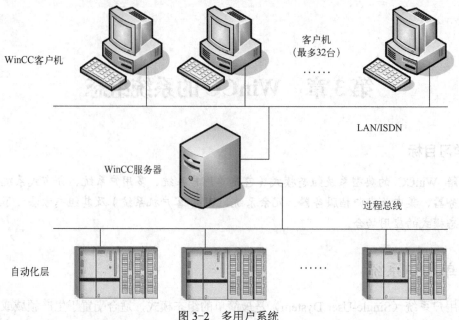

图 3-2　多用户系统

1）在服务器上创建类型为"多用户项目"的新项目。

2）在服务器上组态必需的项目数据（如画面、归档、变量等）。

3）在服务器的计算机列表中添加要进行远程监视的客户机，设置客户机的计算机属性。

4）给客户机分配操作权限，以便能够进行远程组态。

5）激活服务器上的数据包自动导入功能。

6）在服务器项目中组态客户机属性（如起始画面、锁定组合键等）。

所组态的操作员授权只与用户相关，而与计算机无关。 因此，对于以相同的用户名登录的所有操作员站所分配的操作授权都有效。服务器提供了下列可用的操作员授权：

1）远程组态：可从远程工作站打开一个服务器项目，并对其进行完全访问。

2）远程激活：客户机可从远程工作站激活一个服务器项目，包括在运行时。

3）仅查看：授权的 Web 客户机对系统进行监控，这种操作员授权与其他客户机的组态无关。

对于多用户系统，可组态多个客户机用于显示运行系统中一个服务器的视图。客户机专门接收一个服务器的数据，没有任何单独的组态。因此，对于组态多用户系统中的客户机只需满足如下要求：多用户系统中的客户机和服务器的操作环境要匹配，并且二者必须在相同的工作组和域内。

为了操作客户机/服务器模式，必须安装 WinCC Basis System、WinCC Option 服务器版的许可证以及 Microsoft Windows 2003 服务器版操作系统。对于一台客户机，使用最小的运行系统许可证（Runtime 128）就足够。

3.3　分布式系统

分布式系统（Distributed System）同样是基于客户机/服务器原理，系统中的客户机能够访问多个服务器，同时服务器也可作为客户机访问其他服务器。在分布式系统中整个工程项目的任务或者应用程序可以分配在多个服务器中，减少了加载到每台服务器上的负载，提高了整个系统的稳定性和可靠性。如果在 WinCC 系统中组态了分布式系统，则可根据过程步骤或功能，通过相应的组态在服务器中分配过程任务：

1）从技术分配的角度来讲，每个服务器将接管系统中技术上有限的区域，例如某一印刷或烘干单元。

2）就功能上的分配来说，各个服务器将接管某一任务，例如可视化、归档、发出报警等。

因此，分布式系统可有效地应用于操作和监视大型系统。例如由多个操作员站和监视站（客户机）完成同一任务的大型系统，或者需要将不同操作和监视任务分布到多个操作员站（如用于显示一个系统的全部消息的中央客户机）。分布式系统的典型组态示意图如图 3-3 所示。

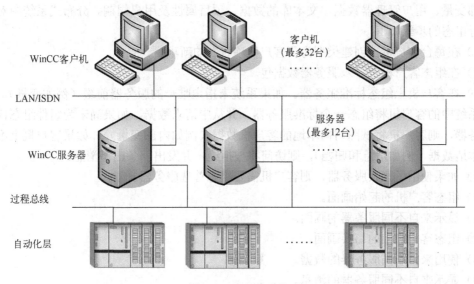

图 3-3　分布式系统

分布式系统的主要特征是对需要显示多个服务器上不同视图的客户机进行单独的客户机项目组态。在运行期间，分布式系统中的每台客户机均可显示多达 12 个不同服务器或冗余服务器对中的数据。例如一台客户机可以同时显示服务器 1 和服务器 2 的消息，显示并写入服务器 3 的过程值，显示服务器 4 的画面等。分布式系统中的各个客户机将使用基准画面和某些本地数据单独进行组态。需要显示过程数据的服务器数据可以从服务器传送到客户机，并可在必要时自动进行更新。

在组态相关的客户机之前先组态客户机/服务器系统中的服务器。为了显示不同服务器上的数据，服务器前缀（例如服务器名称）在分布式系统内必须是唯一的。在分布式系统中的每台服务器需要一个服务器授权（WinCC Server License），每台客户机可用多个服务器上的视图来组态客户机。系统的实际分布需要通过相应的组态来完成，完整的视图则由客户机实现。根据实际需要还可以为每台服务器构造冗余服务器，但需要一个冗余服务器授权（WinCC Redundancy Server License）。组态分布式系统中服务器的步骤如下：

1）在每个服务器上创建类型为"多用户项目"的新项目。

2）在每个服务器上组态必需的项目数据（如画面、归档、变量等）。根据分类的不同

（如技术/功能方面）也可能涉及特定的项目数据（例如只有归档）。组态每个服务器的计算机属性中的相应选项卡（例如启动列表、参数列表和运行系统等）。

3）具有远程组态能力的客户机必须在服务器上的计算机列表中注册。

4）给客户机分配操作权限，以启用远程组态。

5）手动或自动导出服务器组态数据包。

6）组态客户机上的客户机项目。

7）使客户机可利用服务器数据（数据包）。

分布式系统中的客户机可根据服务器上各自的操作授权来完成下列操作：监控或者操作过程、在服务器上进行项目的远程组态、在服务器上进行项目的远程激活和取消激活。每个客户机都有其自己的组态，并在客户机数据库中本地存储了许多面向管理客户机的数据，例如局部变量、用户管理器数据、文本库的数据、项目属性及用户周期。分布式系统中对客户机进行组态的步骤如下：

1）在每台客户机上创建类型为"客户机项目"的新项目。

2）在组态客户机上导入服务器数据包。

3）在客户机上组态标准服务器。如果系统未指定唯一的服务器前缀（例如变量），则分布式系统中的客户机将组态一个标准服务器，并从中请求数据。如果尚未为组件组态任何标准服务器，则客户机将试图访问本地的客户机数据（例如内部变量）。如果客户机上不存在任何本地数据（例如消息和归档），则访问将被拒绝，并发出一条出错消息。

4）如果使用了冗余服务器，则客户机需要组态首选服务器。

5）组态客户机的起始画面。

6）显示来自不同服务器的画面。

7）组态客户机上的切换画面。

8）使用来自不同服务器的数据。

9）显示来自不同服务器的消息。

10）组态多个服务器消息的消息顺序报表。

3.4 中央归档服务器/长期归档服务器系统

WinCC 中央归档服务器（WinCC Central Archive Server，WinCC CAS）用于集中归档多台 WinCC 服务器和其他数据源的重要过程数据。WinCC 客户机可访问系统的全部数据，而与这些数据是位于 WinCC CAS 上还是仍位于各 WinCC 服务器上无关，数据访问是透明的。这样，用于分析和可视化的过程数据可用于整个公司。WinCC 过程图像也可通过 WinCC 趋势控件或 WinCC 报警控件显示数据。在网络连接失败时，数据会在 WinCC 服务器上进行缓冲，进一步也可使用冗余 WinCC CAS。因而在将数据传送到中央归档服务器时，可始终确保数据安全。WinCC 客户机或连通站是系统的中央访问点，连通站可充当系统数据的服务器。WinCC 客户机也可用作 Web Navigator 服务器或 Data Monitor 服务器，包含在 Data Monitor 中的 Web Center 可更好地显示及评估数据。

WinCC 长期归档服务器（WinCC Long-Term Archive Server）用于定时备份过程值归档数据库的文件副本。长期归档服务器可以利用不连接到过程的服务器来实现，而具有连接到过程的服务器则可将归档备份传送至长期归档服务器。外部设备可以采用多种方法来访问交换长期归档服务器中的归档数据：

1）用 WinCC/DataMonitor WebEdition 选件中基于浏览器的 DataView 进行远程访问（LAN、WAN、Internet）。

2）用 WinCC OLE-DB 提供者访问。

3）在 WinCC 运行系统上复制数据库文件。

4）使用 WinCC 过程画面来访问。

典型的中央归档服务器/长期归档服务器系统的组态示意图如图 3-4 所示。

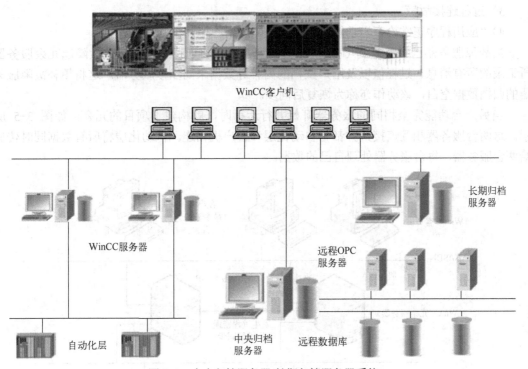

图 3-4 中央归档服务器/长期归档服务器系统

3.5 冗余系统

冗余系统（Redundant Systems）由两台功能相同的服务器组成。一台服务器是主服务器，另一台是冗余伙伴服务器。通常在未出现故障的操作状态下，主服务器处于"主机"状态，而冗余伙伴服务器处于"备用机"状态。客户机如果已经组态了首选服务器，则将被连接到首选服务器上，否则将被连接到主服务器。一旦两台服务器都在运行，将激活过程连接监控，同时将周期性地确定主服务器和冗余伙伴服务器的故障逻辑连接的数目。如果主服务器的故障逻辑连接比冗余伙伴服务器的多，则主服务器的状态将变为无效（即故障）。客户机将切换到冗余伙伴服务器，该服务器变为"主机"状态。这样，所有过程值和消息将在两台服务器上进行处理和归档，使得在客户机上操作和监控过程几乎不会发生中断。因此，冗余系统增加了系统的可用性，这种系统能在服务器出现故障情况下保证过程数据和消息的归档不会中断。

冗余服务器可集成到多用户系统或分布式系统中。冗余系统中的服务器将在运行系统中互相监控，以便尽早识别出现故障的伙伴服务器。如果某台服务器出了故障，则客户机将自动从出现故障的服务器切换到仍然激活的服务器上，处于激活状态的服务器将继续对 WinCC 项目的所有消息和过程数据进行归档。下列因素会导致服务器的切换：

1）服务器的网络连接出现故障。

2）服务器出现故障。

3）过程连接故障。

4）"应用程序正常检查"功能已检测到故障应用程序并触发切换。

当故障服务器已经恢复到可操作状态时，WinCC 将通过传递从发生故障起冗余服务器所记录的所有消息、过程值以及用户归档的内容等数据来同步该服务器。这将填补故障服务器的归档数据空白，该动作亦称为恢复后同步。

当另一台功能完全相同的服务器开始并行运行时，就构建了项目的冗余，如图 3-5 所示。这两台服务器相互连接，并都与自动化层和客户机相连。自动化层将所有数据同时传递给两台服务器，每台服务器处理自己的数据。

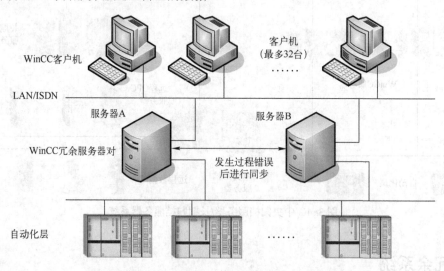

图 3-5　冗余系统

在组态 WinCC 冗余系统时，WinCC 冗余选件可提供以下功能：

1）当出现故障的服务器恢复在线后，消息、过程值以及用户归档自动同步。

2）过程连接出错后，消息、过程值和用户归档自动同步。

3）内部消息在线同步。

4）内部变量在线同步（变量同步）。

5）用户归档在线同步。

6）在某台服务器出现故障时，客户机自动切换到冗余服务器上。

7）用于将项目复制到冗余服务器的"项目复制器"。

8）在过程连接出现故障时自动切换客户机。

9）对 WinCC 应用程序进行监控的"应用程序正常检查"功能。

WinCC 冗余系统的组态步骤如下：

1）设置网络中的服务器和客户机。在每台计算机上安装网络，并为每台计算机赋予一个唯一的名称，以便可以在网络上方便地识别。

2）设置用户。安装网络后，必须在每台计算机上设置用户帐号。

3）安装许可证。必须为每台服务器安装许可证。

4）组态服务器上的项目。在组态 WinCC 冗余时，将设置默认主服务器、冗余伙伴服务器、切换时的客户机行为以及归档同步的类型。

5）复制项目。为避免必须第二次组态冗余伙伴服务器，"项目复制器"可将项目从一台服务器复制到另一台。

注意：在复制项目前，请根据实际情况组态需要的同步用户归档。因为需要同步的用户归档数越大，同步过程需要的时间越长，系统负载就越大。建议在默认主站上创建服务器数据包（用"服务器数据"编辑器）。如果正在复制到现有的项目，则该项目是不能打开的。同时，请确保计算机上有足够的内存可供复制项目。

6）组态客户机。为了使用冗余，请按照下列步骤组态客户机：

① 在"服务器数据"编辑器中载入服务器（默认主站）的数据包。

② 在"服务器数据"编辑器中根据需要设定首选服务器，并激活数据包自动更新功能。

7）激活冗余服务器。可按如下方法激活 WinCC 冗余功能：首先激活已组态的主站服务器，然后启动其已存在的客户机。一旦它们处于激活状态，就激活第二台服务器及其已存在的客户机。最后完成第一个同步过程，该同步的停止时间包括激活第一个服务器和第二个服务器之间的时间间隔。

注意：在启动冗余服务器时，必须在激活冗余伙伴服务器之前完成第一个服务器的启动。在服务器初始启动时，不必激活客户机。当该服务器完全启动后，才可激活冗余伙伴服务器。一旦完全取消激活一个冗余服务器对，在重新激活时必须遵循指定的顺序。第一个激活的服务器为最后一个取消激活的服务器。在取消激活冗余服务器之前，第二个服务器必须正常、无错地工作（例如无未决的过程链接错误）。必须在取消激活之前完成归档同步。如果在第一个服务器的存档同步完成之前取消激活第二个服务器，则可能会出现数据丢失。在启动时频繁在激活/取消激活之间进行切换，此时应特别注意此点。

下面举例说明在冗余系统中出现过程连接错误时的切换过程。

在正常操作状态下，设备由冗余服务器 A 和 B 以及三台客户机组成。客户机 1 将服务器 A 作为其首选服务器，客户机 2 无首选服务器，而客户机 3 则将服务器 B 作为其首选服务器，状态如图 3-6 所示。

在服务器 A 上出现过程连接错误时，且该错误没有出现在服务器 B 上。服务器 A 上的故障逻辑连接的数目比服务器 B 上的多。因此，服务器 A 将接收"故障"状态，客户机 1 和 2 将切换到冗余服务器 B，切换过程如图 3-7 所示。

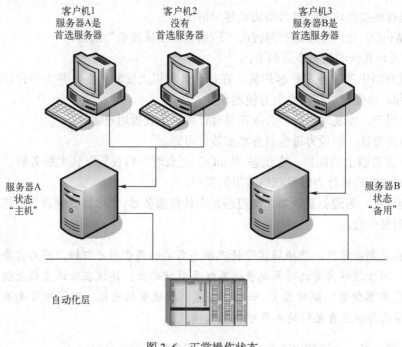

图 3-6　正常操作状态

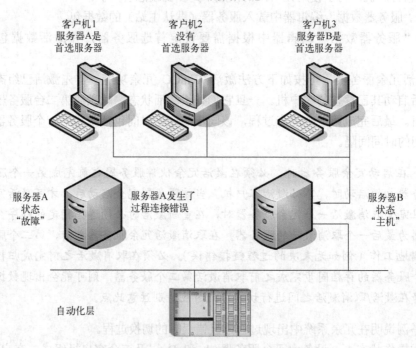

图 3-7　服务器 A 上出现过程连接错误

当服务器 A 上的过程连接错误已经清除时，服务器 A 随后将处于"备用机"状态。结果，客户机 1 将切换到服务器 A，因为它已将服务器 A 指示为首选服务器。客户机 2 将仍然保持与服务器 B 的连接，因为冗余切换后，服务器 B 已成为主服务器，且客户机 2 没有任何首选服务器，如图 3-8 所示。

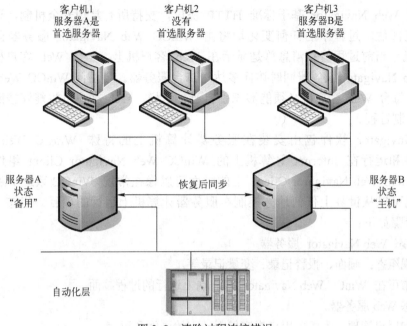

图 3-8　清除过程连接错误

3.6　Web 客户机系统

在组态 Web 客户机系统（Web Client System）时需用到 WinCC 选件包 WinCC Web Navigator。WinCC Web Navigator 将使用户能够通过 Intranet/Internet 以"控制和监视"主题开发一个解决方案，从而可以使用 WinCC 标准工具非常快速和便捷地通过 Internet/Intranet 来分配用户自动化系统的控制和监视功能。WinCC Web Navigator 支持当前 Internet 安全方法，并提供向导以辅助用户完成任务。典型的 Web 客户机系统组态示意图如图 3-9 所示。

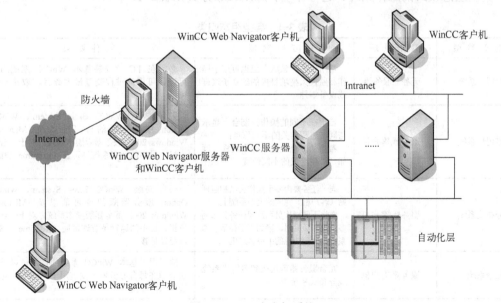

图 3-9　Web 客户机系统

WinCC Web Navigator 基于标准 HTTP 协议，支持所有常规安全机制，这意味着可执行跨系统评估。过程中的任何变化均将由 WinCC Web Navigator 服务器自动通知给 Web 客户机。当前过程值和消息总是显示在 Web 客户机上。一台 Web 客户机可以通过 WinCC Web Navigator 服务器同时访问多达十二台服务器。当访问 WinCC Web Navigator 服务器时，每台 Web 客户机必须能够识别自己。这样，Web 客户机将能够按照其访问权限监控或控制过程。

Web Navigator 软件包由安装在服务器计算机上的特殊 WinCC Web Navigator Server 组件和运行在 Internet 计算机上的 WinCC Web Navigator Client 组件组成。对显示在 WinCC Web Navigator Client 上的画面可以像在常规 WinCC 系统中那样进行控制，这样就可以从世界上任何地方控制在服务器计算机上运行的项目。组态 Web 客户机系统的步骤如下：

（1）组态 Web Navigator 服务器

1）常规组态：画面、报警记录、变量记录等。

2）发布可在 WinCC Web Navigator 客户端上运行的过程画面。

3）组态 Web 服务器。

4）组态用户管理，为相关用户指定权限、起始画面和语言。

（2）组态 Web Navigator 客户端

1）组态 MS Internet Explorer 安全设置。

2）使用 MS Internet Explorer 访问 Web 服务器，安装 WinCC Web Navigator Client。

3）使用 WinCC ViewerRT。

3.7 本章小结

典型组态模式的工作原理、运行环境和应用领域分类见表 3-1。

表 3-1 典型组态归类

组态类型	工作原理	应用领域	软件要求
单用户系统	无独立服务器	常用于生产领域，但也可用于操作和监控大型项目内的独立子过程或设备零件	必须在 PC 上安装基本 WinCC 系统的许可证。可用的过程变量最大数目将取决于许可证
多用户系统	服务器/客户机	希望在不同的操作控制台上显示与同一过程相关的不同信息；希望从多个位置来操作过程，例如，沿生产线的不同位置	必须安装 WinCC Basis System、WinCC Option 服务器版的许可证以及 Microsoft Windows 2003 服务器版操作系统。对于一台客户机，最小的运行系统许可证（Runtime 128）就已经足够
分布式系统	服务器/客户机	同一任务要由多个操作员站和监视站（客户机）完成的大型系统上；要将不同操作员和监视任务分布到多个操作员站时，诸如用于显示一个系统的全部消息的中央客户机	必须安装 WinCC Basis System、WinCC Option 服务器版的许可证以及 Microsoft Windows 2003 服务器版操作系统。对于一台客户机，最小的运行系统许可证（Runtime 128）就已经足够
冗余系统	服务器/客户机	冗余服务器可集成到多用户系统或分布式系统中	除了用于基本 WinCC 系统的许可证以外，还必须在每台服务器上安装用于 WinCC 冗余选件的许可证

组态类型	工作原理	应 用 领 域	软 件 要 求
Web 客户机系统	服 务 器 /Web 客户机	在只能通过 Internet 或内部网建立远程访问时； 为了辅助进行移动的远程诊断和故障修正 为了以低廉的成本建立大量的客户机； 在应用具有分散型结构或仅仅零星地访问过程信息的情况下； 为了实现瘦客户机解决方案，使用终端/服务器技术，诸如用于移动解决方案的手提式电脑、PDA 或现场操作员站和操作面板； 为了通过 Internet 或内部网上的 WinCC 在线/归档数据支持 Excel 评估。Data Monitor 用于评估	若是 WinCC Web Navigator 服务器操作，除了用于基本 WinCC 系统的许可证以外，还必须在服务器上安装用于 WinCC Web Navigator 的许可证 有可供 3、10、25 或 50 台同时访问 Web 服务器的客户机使用的许可证。Web Navigator 客户机可以同时访问多台不同的 Web Navigator 服务器； 有一个专门用于远程诊断的单机许可证，仅用于偶尔访问 Web 服务器。这种情况下的 Web Navigator 许可证在客户机上（Web Navigator 诊断客户机），该客户机至多可同时访问 12 台服务器。客户机上不一定要安装基本 WinCC 系统的许可证； WinME、WinNT、Win2000、和 WinXP 操作系统支持 Web 客户机。客户机上必须安装 Internet Explorer 6 或更新的版本。客户机不必分别安装，只需通过网络从其 Web Navigator 服务器获取基本组件

注：服务器/客户机结构也称 C/S 结构，服务器/Web 客户机结构也称 B/S 结构。

3.8 习题

1. 简述多用户系统与分布式系统的区别。
2. 简述中央归档服务器和长期归档服务器的作用。
3. 简述冗余系统的工作原理。
4. 总结本章几种典型组态的搭建环境。
5. 总结本章几种典型组态的应用场合。

第4章 项目管理器

本章学习目标

了解 WinCC 项目管理器的结构，了解 WinCC 项目类型及文件结构，掌握 WinCC 项目的创建、编辑及运行，深入理解不同项目类型间的差异，根据项目工程要求正确地创建 WinCC 项目。

4.1 打开 WinCC 项目管理器

采用下列方式均可打开 WinCC 项目管理器：

1）从 Windows 开始菜单。

2）通过单击 Windows 项目管理器中的 WinCCExplorer.exe 文件。

3）使用 Windows 桌面上的快捷方式。

4）在 Windows 项目管理器中使用项目文件 <项目>.MCP。

5）使用自动启动。

6）使用自动启动中已打开的项目。

在计算机上只能启动 WinCC 一次。在 WinCC 项目管理器已经打开时，如果尝试再次将其打开，该操作将不会被执行，且没有出错信息。用户可继续在所打开的 WinCC 项目管理器中正常工作。

在首次启动 WinCC 时，将打开没有项目的 WinCC 项目管理器。每当再次启动 WinCC 时，上次最后打开的项目将再次打开。

使用组合键<Shift>和<Alt>，可避免 WinCC 立即打开项目。当启动 WinCC 时，同时按下<Shift>键和<Alt>键，保持键按下不动，直到出现 WinCC 项目管理器窗口。这时 WinCC 项目管理器打开，但不打开项目。

如果退出 WinCC 运行系统时激活了项目，则重新启动 WinCC 时，项目将在运行系统中再次打开。

如果关闭项目，并打开另一个上次在激活状态下已经打开过的项目，则 WinCC 将再次打开运行系统中的项目。

使用组合键<Shift>和<Ctrl>，可避免 WinCC 立即激活运行系统。当启动 WinCC 时，同时按下<Shift>键和<Ctrl>键，保持键按下不动，直到在 WinCC 项目管理器中完全打开和显示项目。WinCC 打开前一个项目，但不启动运行系统。

4.2 关闭 WinCC 项目管理器

如果激活运行系统，或如果已经打开 WinCC 编辑器，则可单独关闭 WinCC 项目管理器。如果项目已经激活，则项目将仍然打开和激活。所打开的编辑器将不关闭。再次打开WinCC 项目管理器可通过 Windows 开始菜单或桌面上的快捷方式来打开。

不管项目是否打开，都可关闭 WinCC 项目管理器。相关的 WinCC 进程将继续在后台运行。当再次打开 WinCC 项目管理器时，WinCC 将不需要重新装载项目数据，而资源管理器几乎可立即打开。

退出 WinCC 可采用下列方式：

1）使用 WinCC 项目管理器菜单栏中的"Exit"菜单命令。

2）使用 WinCC 项目管理器菜单栏中的"ShutDown…"菜单命令。

3）单击"关闭"按钮。

4）使用所激活项目中的 C 动作。

启动之后，WinCC 将始终打开上一次退出之前所打开的项目。如果退出 WinCC 时，项目已经激活，则在运行系统中项目将再次打开。

4.3　WinCC 项目管理器的结构

WinCC 项目管理器的主界面由以下元素组成：标题栏、菜单栏、工具栏、浏览窗口、数据窗口和状态栏，如图 4-1 所示。

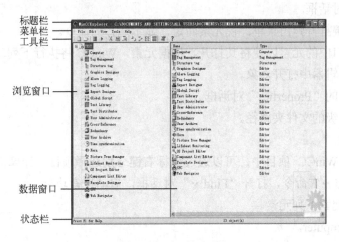

图 4-1　项目管理器

1．标题栏

WinCC 的标题栏显示当前打开的项目的路径和项目是否处于激活状态。

2．菜单栏和工具栏

WinCC 项目管理器的菜单栏包括 Windows 资源管理器中所使用的大多数命令。

1）"Activate"菜单栏：在菜单栏的"File"下，可激活或取消激活项目。"Activate"或"Deactivate"等同工具栏中的 ▶ 和 ■ 按钮。

2）"Language"菜单栏：在菜单栏工具下，用于项目管理器的浏览窗口中英文切换。

3）"Status of Diver Connections"菜单项：在菜单栏的工具下，当项目运行时，查看所有建立的通道单元的连接状态及变量读/写信息。

4）"Status of Server Connections"菜单项：对于多用户项目，在客户机上可以查看与服务器的连接状态。

5）"Status of Client Connections"菜单栏：对于多用户项目，在服务器上可以查看与所有客户机的连接状态。

3．状态栏

WinCC 状态栏显示与编辑有关的一些提示。

"Computer"状态显示文件的当前路径。

"Tag Management"状态显示文件的当前路径。

其他编辑器状态显示所选编辑器的对象数。

4．浏览窗口和数据窗口

在 WinCC 项目管理器的浏览窗口和数据窗口中都可以进行工作。浏览窗口包含 WinCC 项目管理器中的编辑器和功能的列表。双击列表或使用弹出菜单，可打开浏览窗口中的元素。

单击浏览器窗口中的编辑器或文件夹，数据窗口将显示属于编辑器或文件夹的元素。所显示的信息将随编辑器的不同而变化。使用鼠标右键，可显示元素的弹出菜单，并打开元素的"Properties"对话框。

使用鼠标右键打开弹出菜单。视元素而定，显示选择的命令。

双击数据窗口中的元素以便将其打开。根据元素，WinCC 将执行下列动作之一：

1）在相应编辑器中打开对象。

2）打开对象的"Properties"对话框。

3）显示下一级的文件夹路径。

5．搜索功能

在已打开的 WinCC 项目中，可以通过鼠标右键分别选择项目，计算机或变量管理器弹出菜单中的"Find…"命令，打开"Find…"对话框，启动搜索功能。

可在项目中搜索下列元素。

1）Client Computer。

2）Server Computer。

3）Diver Connections。

4）Channel Unit。

5）Logical Connection。

6）Tag Group。

7）Tag。

可根据名称或修改日期进行搜索。"*"字符可用作通配符。可替换名称开始或结束处的任何字符，如图 4-2 所示。

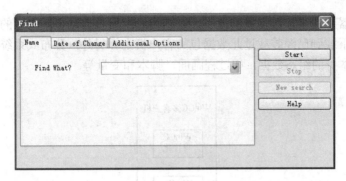

图 4-2 "Find"对话框

4.4 项目类型

WinCC 是模块化的可扩展的系统，项目类型有单用户项目、多用户项目和客户机项目。

用户在创建项目时，可根据项目的实际需求选择项目类型，也可创建项目后在"Project Properties"中更改项目类型。

1. 单用户项目

单用户项目用于实现单用户系统，整个系统中只有一台计算机进行工作，运行 WinCC 项目的计算机在系统中称为操作站（OS），实际上是进行数据处理的服务器和操作员输入站。其他计算机不能通过 WinCC 访问该项目。

实际上，单用户项目在自动化网络系统中，除了在监控级有一台计算机作为 WinCC 项目服务器外不存在项目客户机，其他的，例如与控制级的通信连接等，与多用户项目没有区别。

2. 多用户项目

多用户项目用于创建多用户系统或分布式系统的服务器项目。如果系统架构为多用户系统，则无需在客户机上创建单独的客户机项目。如果系统是具有多个服务器的分布式系统，则必须在客户机上创建单独的客户机项目，这种情况同样适用于只想访问一个服务器但又需要客户机上的附加组态数据的情况。

3. 客户机项目

如果在 WinCC 中创建了多用户项目，则随后必须创建对服务器进行访问的客户机，并在用作客户机的计算机上创建一个客户机程序。

如果组态的是多用户系统的客户机，则该客户机只访问一台服务器。由于 WinCC 项目在服务器上，所有的数据也在服务器上，客户机上没有单独的客户机项目，因此，必须在服务器的 WinCC 项目中将客户机添加到该项目的计算机列表中，客户机的计算机属性也是在服务器上进行组态的。

如果组态的是分布式系统的客户机，即该客户机可以访问系统中的多台服务器，则应该在客户机上创建一个客户机项目，并组态其项目属性，客户机项目示意图如图 4-3 所示。由于分布式系统中系统的组态数据和运行数据分布在不同的服务器上，因此需要在这些服务器上创建各自的数据包，并将其自动或手动装载到需要访问它们的客户机上。其装载过程只需一次，如果服务器上的组态数据被修改了，则 WinCC 可以自动更新对应的数据包，并将更新的数据包自动下载到已经装载过此数据包的客户机上。另外，分布式系统的客户机项目还可以保存客户机本身的组态数据，如过程画面、脚本和变量等。

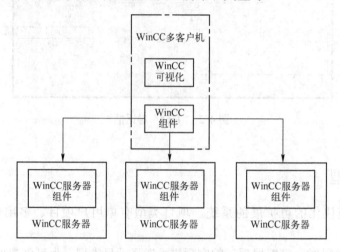

图 4-3 客户机项目示意图

对于 WinCC 客户机，存在下面两种情况：

1）具有一台或多台服务器的多用户系统。客户机访问多台服务器，运行系统数据存储在不同的服务器上。多用户项目中的组态数据位于相关服务器上，客户机上的客户机项目可以存储本机的组态数据如画面、脚本和变量等。在这样的多用户系统中，必须在每个客户机上创建单独的客户机项目。

2）只有一台服务器的多用户系统客户机访问一台服务器。所有数据均位于服务器上，并在客户机上进行引用。在这样的多用户系统中，不必在 WinCC 客户机上创建单独的客户机项目。

4.5 创建项目

SIMATIC WinCC 与 AS 站之间的通信组态包括两种方式：一种为独立组态方式，即将 AS 站和 OS 分别进行组态，他们之间的通信组态是通过 WinCC 中的变量通信通道来完成的，在相应的通信通道中定义变量，并设置变量地址来读写 AS 站的内容，这是大部分工程组态的方法；另一种方法就是集成组态方式，采用 STEP 7 的全集成自动化框架来管理 WinCC 工程，这种方式中 WinCC 不用组态变量和通信，在 STEP 7 中定义的变量和通信参数可以直接传输到 WinCC 工程中，工程组态的任务量可以减少一半以上，并且可以减少组态错误的发生。

使用集成组态方式，需要用到 WinCC 中的 AS-OS Engineering 组件，同时要求计算机中已经安装相应版本的 STEP 7 软件。在安装 WinCC 的过程中，AS-OS Engineering 组件默认是不安装的，如要使用集成组态方式，需要选择 AS-OS Engineering 组件与 WinCC 一起安装。

1. 在 WinCC 下创建项目

在创建项目路前，应该对项目进行初步规划，确定项目的组态方式、项目类型以及项目路径等。在开始规划项目的时候，应该已经确定整个系统的架构，即采用的是单用户系统、多用户系统还是分布式系统，然后明确当前创建的项目类型是单用户项目还是多用户项目或客户机项目，最后要确保持有所需选件的相应授权。明确创建 WinCC 项目的以上信息后，就可以开始创建新的项目了。

（1）启动 WinCC

用鼠标双击 Windows 桌面的"SIMATIC WinCC Explorer"图标或单击"开始"→"所有程序"→"SIMATIC"→"WinCC"→"WinCC Explorer"，可以启动 WinCC，进入 WinCC Explorer 即 WinCC 项目管理器。

如果是首次启动 WinCC，将弹出"WinCC Explorer"对话框，如图 4-4 所示，用户可以通过该对话框开始创建新项目或打开已经存在的项目。如果不是首次启动 WinCC，则 WinCC 会自动打开上次启动时最后打开的项目。如果希望启动 WinCC 项目管理器而不打开某个项目，则可以在启动 WinCC 的同时按（<Shift>+<ALT>）组合键并保持，直到出现 WinCC 项目管理器窗口。如果退出 WinCC 项目管理器前打开的项目处于激活状态（运行），则重新启动 WinCC 时将自动激活该项目（可通过同时按（<Shift>+<Ctrl>）组合键并保持取消自动激活）。

图 4-4 "WinCC Explorer"对话框

（2）新建项目

首次启动 WinCC 可以自动开始新建项目的过程，也可以在 WinCC 项目管理器窗口的工具栏单击新建图标或菜单栏选择"File"→"New"等方式开始新建 WinCC 项目。新建项目中最重要的工作是选择项目类型、设置项目名称和路径等。选择所需要的项目类型，并单击"OK"按钮进行确认。"Create a new project"对话框如图 4-5 所示。

（3）设置项目属性

在新生成的 WinCC 项目的基础上，或者在项目的组态基础上，或者在项目的组态过程中都可以对该项目的属性进行设置。在图 4-6 所示项目管理器的浏览窗口中，利用鼠标右键单击项目名称（Test），在弹出的菜单中选择"Properties"，即可进入"Project Properties"进行设置，如图 4-7 所示。

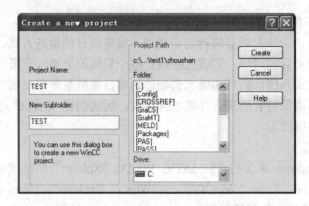

图 4-5 "Create a new project" 对话框

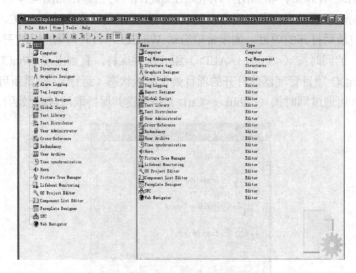

图 4-6 WinCC 项目管理器

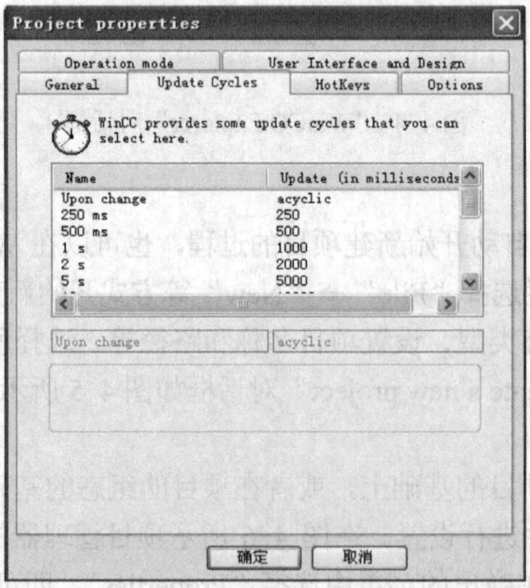

图 4-7 "Project properties" 对话框

"Project Properties"对话框常用的是"General"、"Update Cycles"、"Hotkeys"、"Options"、"Operation mode"以及"User Interface and Design"六个选项卡。"General"选项卡用于显示和编辑当前项目的一些常规信息，如项目类型、创建者、创建日期、修改者以及修改日期等；"Update Cycles"选项卡中可以查看项目的画面窗口和画面对象可设置的更新周期，用户还可以自定义 5 个范围在 100ms～10h 的更新周期，如图 4-7 所示；"Hotkeys"选项卡中可以定义 WinCC 用户登录和退出以及硬拷贝等操作的热键（快捷键）；"Options"选项卡提供了一些附加的项目选项供用户选择，例如 ES 上允许激活、使用激活的 XP 用户界面设计等。

（4）设置计算机属性

创建项目时，必须设置将在其上激活项目的计算机的属性。

对于多用户项目，如果在创建项目时没有添加访问服务器项目的客户机或还需要添加新的客户机，在项目管理器浏览窗口中，右键单击"Computer"，选择"New Computer…"→为新添加的客户机命名（要与客户机的计算机物理名称一致）。在多用户系统中，必须单独为每台创建的计算机（服务器和所有的客户机）设置属性。

设置计算机属性的方法是：右键单击 WinCC 项目管理器浏览窗口中的"Computer"，选择"Properties"，弹出"Computer list properties"对话框，如图 4-8 所示。也可以在 WinCC 项目管理器的数据窗口中显示所有的计算机的列表。在计算机列表中选择要设置属性的计算机，单击选择"Properties"会弹出"Computer properties"对话框，如图 4-9 所示。

图 4-8 "Computer list properties"对话框

图 4-9 "General"计算机属性

1）常规（General）（见图 4-9）

显示计算机名称和当前计算机的类型是服务器还是客户机，如图 4-9 所示。检查"Computer Name"输入框中是否输入了正确的计算机名称，也可在此更改计算机名称。WinCC 修改了计算机名称后，必须重新打开项目，才能接受更改后的计算机名称。

2）启动（Startup）（见图 4-10）

① 服务器计算机的启动属性

选择当前服务器计算机需要启动的运行系统——全局脚本运行系统、报警记录运行系统、变量记录运行系统、报表运行系统、图形运行系统、消息顺序报表/SEQROP 和用户归档。

图 4-10 "Startup" 计算机属性

② 客户机计算机的启动属性

选择当前客户机计算机需要启动的运行系统--全局脚本运行系统、报表运行系统、图形运行系统和消息顺序报表/SEQROP（其中报警记录运行系统、变量记录运行系统和用户归档在客户机上不可选，即在客户机上不能保存此三项运行系统的数据）。

3）参数（见图 4-11）（Parameters）

① 运行的语言设置（Language Setting at Runtime）

选择当前计算机运行时显示的语言。作为客户机的计算机属性，此项可选。

② 运行时的默认语言（Default Language at Runtime）

如果在 "Language Setting at Runtime" 中指定语言的相应译文不存在，那么选择用来显示图形对象文本的其他语言。作为客户机的计算机属性，此项不可选。

③ 禁止键（Disable Keys）

为了避免在运行系统中出现操作员错误，可禁止 Windows 系统典型的组合键。在复选框中打勾，就可以禁用运行系统中的相应组合键。作为客户机的计算机属性，此项可选。

④ PLC 时钟设置（PLC clock setting）

选择适用于 PLC 的时钟设置。作为客户机的计算机属性，此项不可选。

⑤ 运行时显示时间的时间基准（Time basis for time display in runtime）

选择运行系统和报表系统中的时间显示模式。可以选择 "Local time zone"、"Coordinated Universal Time（UTC）" 和 "Server's time zone"。

⑥ 中央时间和日期格式化（Central time and date formatting）

指定是应在各组件上组态日期和时间格式，还是应对所有组件强制使用 ISO 8601 格式。作为客户机的计算机属性，此项不可选。

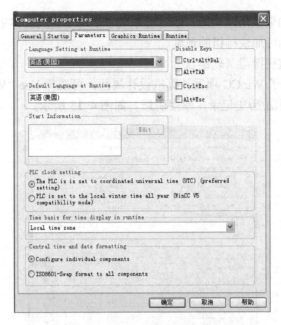

图 4-11 "Parameters" 计算机属性

4）图形运行系统（Graphics Runtime，WinCC V7.0 增加了独立的画面窗口选项）

此项设置可在创建过程画面完成后进行。可设置 WinCC 项目在当前计算机上的启动画面和窗口属性，如图 4-12 所示。根据项目实际情况，可对服务器和各个客户机设置不同的启动画面。

图 4-12 "Graphics Runtime" 计算机属性

在 WinCC V7.0 中新增加了独立的画面窗口选项，即运行系统多实例的功能。

5）运行系统（Runtime WinCC V7.0 增加了"设计设置"选项）

启动排错程序，如果激活此功能，当运行系统中启动了全局脚本中的 VB 脚本时，调试程序也将启动。该功能可加快排错的速度。

可设置是否启用监视键盘（软键盘）。

WinCC V7.0 增加了 WinCC 项目计算机设计属性。可选择 Use "WinCC Classic" design 禁用画面对象的背景画面/历史记录，禁用阴影。如图 4-13 所示。

图 4-13 "Runtime" 计算机属性

2. 采用 STEP 7 的全集成自动化框架创建 WinCC 项目

在 STEP 项目中，SIMATIC PC 站代表一台类似于自动化站 AS 的 PC，它包括自动化站 AS 需要的软件和硬件组件。为了能够将 WinCC 与 STEP 7 集成，需要在所建立的 PC 站中添加一个 WinCC 应用程序。WinCC 应用程序具有不用的类型，可根据需要进行选择，即：

1）多用户项目中的主站服务器，在 PC 站中的名称为 "WinCC Appl."。

2）多用户项目中用作冗余伙伴的备用服务器，在 PC 站中的名称为 "WinCC Appl.（Stby）"。

3）多用户项目中的客户机，在 PC 站中的名称为 "WinCC Appl.Client"。

WinCC 作为 PC 站集成于 STEP 7 中的组态步骤如下：

（1）在 SIMATIC Manager 中插入 SIMATIC PC 站

在 SIMATIC Manager 中插入 SIMATIC PC 站，将 PC 站的名称修改为 WinCC 工程所在的计算机名称，在 PC 站的硬件组态中分别加入通信卡（这里使用以太网通信，插入 IE General）和 WinCC 应用程序，在通信卡属性对话框中设置通信参数（以太网卡的 IP 地址设置为 WinCC 服务器的 IP 地址），如图 4-14 所示。

（2）在 PC 站中的 WinCC 应用程序下插入 OS

用鼠标右键单击刚建立的 PC 站中的 WinCC 应用程序，在出现的菜单中选择 "Insert New Object" → "OS"，并将 OS 名称更改为 WinCC 工程名称，系统自动在 STEP 7 工程的 "wincproj" 目录下建立所插入的 WinCC 应用程序，如图 4-15 所示。

图 4-14　PC 站硬件组态

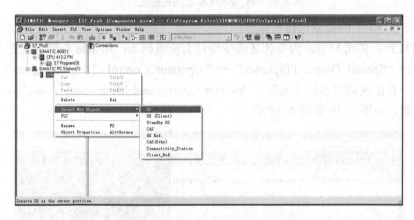

图 4-15　在 PC 站中建立 WinCC 工程

（3）建立 PC 站与 AS 之间的通信连接

利用网络配置工具建立 PC 站与 AS 之间的通信连接，设置连接类型，如果不建立连接，在 OS 编译时可选择使用 MAC 地址与 AS 连接，这里使用 S7 Connection 连接，如图 4-16 和图 4-17 所示。

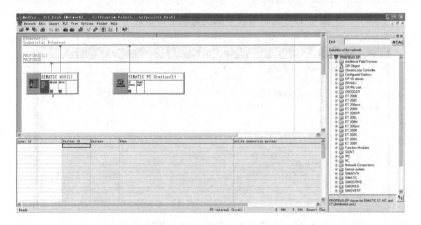

图 4-16　建立 PC 站与 AS 之间的连接

图 4-17　PC 站与 OS 之间的连接类型

（4）为 STEP 7 中的变量加传输标志

打开 STEP 7 的符号表，为要传递的变量打上传输标志，用鼠标右键选取变量，在出现的菜单中选择"Special Object Properties"→"Operator Control"→"Operator Control and Monitoring"，在出现的对话框中勾选"Operator Control and Monitoring"，确认后，变量前会出现绿色小旗，如图 4-18 和图 4-19 所示。

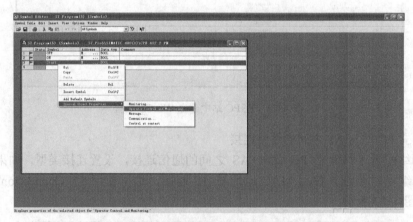

图 4-18　为符号表中的变量加上传输标志（1）

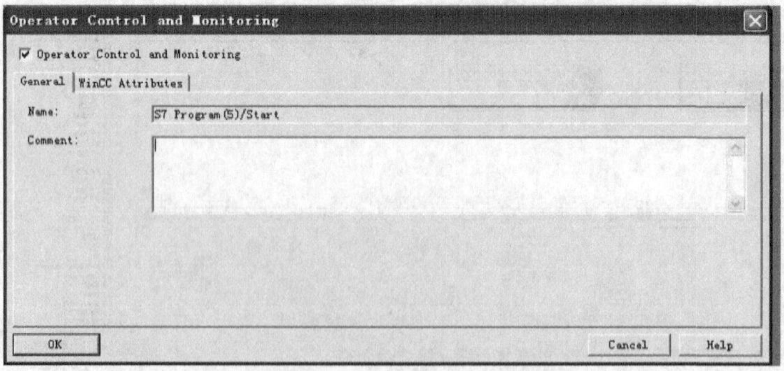

图 4-19　为符号表中的变量加上传输标志（2）

对于 DB 中定义的变量，如需要传递至 WinCC 中，首先需要对变量加上标志，打开 DB 块，在变量属性对话框的 Attribute 中输入"S7_m_c"，并设置 Value 为"true"，确认后，变量的后面会出现小旗标志，如图 4-20 和图 4-21 所示。

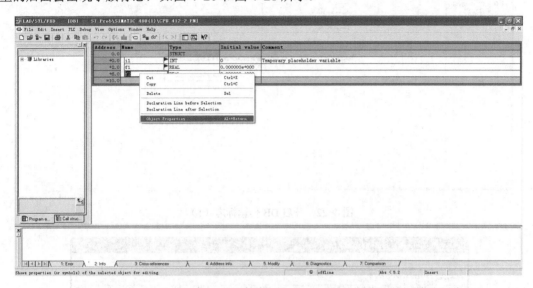

图 4-20　为 DB 中的变量加上标志（1）

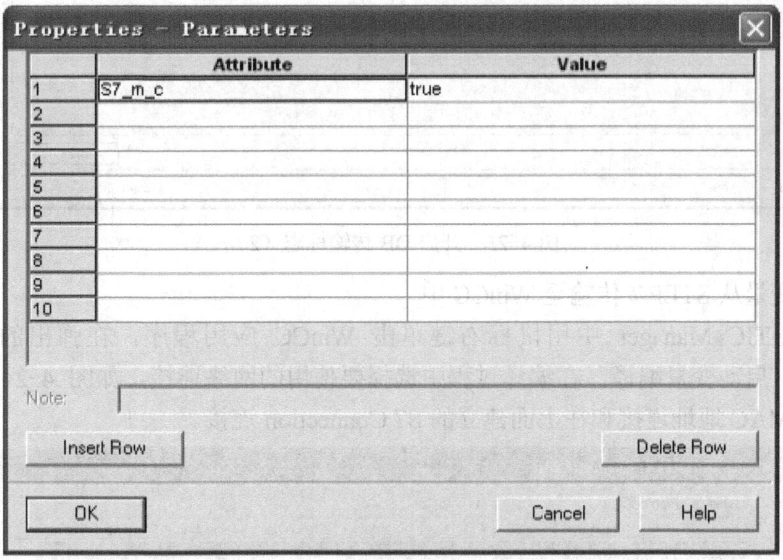

图 4-21　为 DB 中的变量加上标志（2）

DB 里的变量被标志后，必须启动 DB "Operator control and monitor"功能才能启动变量传输。在 SIMATIC Manager 窗口中用鼠标右键单击所需传送变量的 DB，在弹出的菜单中选择"Special Object Properties"→"Operator Control and Monitoring"，在弹出的对话框中将"Operator Control and Monitoring"复选框勾上。选中该复选框后，在"WinCC Attributes"选项卡中就可以查看所有被标志过的变量，如图 4-22 和图 4-23 所示。

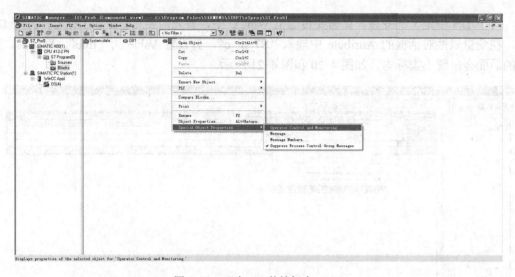

图 4-22 开启 DB 传输标志（1）

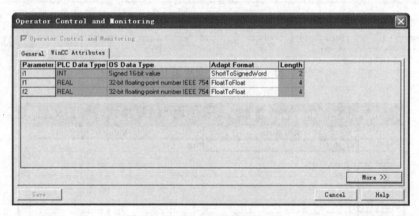

图 4-23 开启 DB 传输标志（2）

（5）将变量从 STEP 7 传输至 WinCC 中

在 SIMATIC Manager 中用鼠标右键单击 WinCC 应用程序，在弹出的菜单中选择
"Compling"，启动变量编译，在编译过程中选择要使用的网络连接，如图 4-24 所示，其中
包含了使用 MAC 地址连接和在上面建立的 S7 Connection 连接。

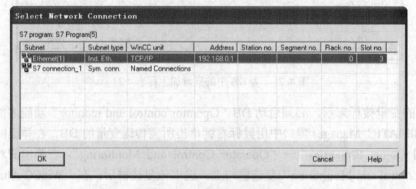

图 4-24 选择网络连接

在编译完成后，系统会提示编译是否成功，如果失败会弹出相应的记录文件，编译成功后，打开 WinCC 项目文件，系统已经在变量管理器里自动生成了相应的 WinCC 变量，通信接口同时也被自动生成，如图 4-25 所示。

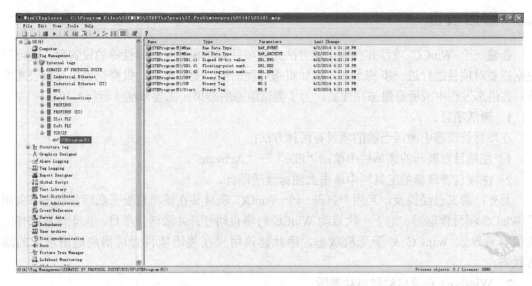

图 4-25　编译后为 WinCC 传输的变量

（6）设置目标计算机路径

在 STEP 7 中选择 WinCC 项目，打开对象属性对话框，如图 4-26 所示，在 "Target OS and Standby OS Computer" 选项卡中，可直接输入目标计算机的路径或通过 "Search" 按钮选择网络中 WinCC 应用程序所在计算机的文件夹。

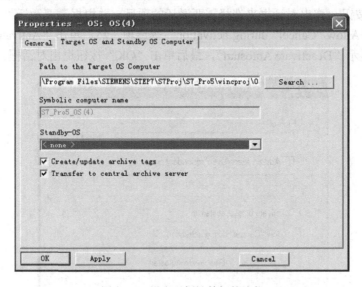

图 4-26　设定目标计算机的路径

确定 WinCC 应用程序所在的目标路径后，就可以在 STEP 7 中实现 WinCC 应用程序的下载功能，首先选择 WinCC 应用程序，在工具栏中选择 "Download" 按钮，在弹出的对话框中选择下载操作的范围，下载范围分为"The entire WinCC Project"和"Changes"，可根据实际情况进行选择。

4.6 激活项目

新建一个 WinCC 项目并按照上述方法完成项目属性和计算机属性等的设置后，就可以根据需要对项目进行进一步的组态，例如组态过程画面、变量记录、报警记录以及报表系统等。在组态过程中或所有组态完成后，为了测试组态的结果，需要激活（运行）项目。

1．激活项目

在项目管理器中激活当前的项目有两种方法：

1）在项目管理器的菜单栏中单击"File"→"Activate"。

2）在项目管理器的工具栏中单击▶图标激活项目。

另外，前文已经提及，当用户打开一个 WinCC 项目并在该项目处于激活的状态下关闭了 WinCC 项目管理器，则下一次启动 WinCC 时将自动打开并激活该项目。由于这种操作方式很容易导致 WinCC 处于死机状态，因此建议用户在关闭项目管理器前退出项目的激活状态。

2．Windows 系统启动时自动激活

当一个 WinCC 项目完成所有组态和测试正式交付现场运行时，有时为了避免没有授权的人员人为地进入 Windows 操作系统进行其他操作，需要 Windows 系统重新启动后自动打开并激活该 WinCC 项目（不打开项目管理器）。Windows 系统启动时自动激活 WinCC 项目的方法如下：在 Windows 桌面单击"开始"→"所有程序"→"SIMATIC"→"WinCC"→"AutoStart"，弹出"AutoStart 组态"对话框，如图 4-27 所示。在该对话框中，通过单击"Project"中的按钮━弹出对话框来选择需要激活的项目，并根据需要激活"Activate Project at Startup"和"Allow "Cancel" during activation"等选项，然后单击"Activate AutoStart"按钮，这时按钮显示"Deactivate Autostart"，最后单击"OK"按钮退出对话框。

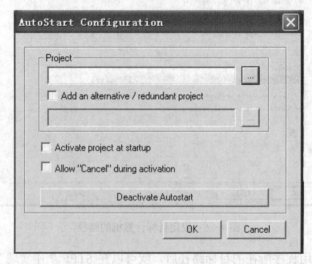

图 4-27 "AutoStart 组态"对话框

3．取消激活项目

取消激活项目实际上就是退出 WinCC 运行系统，方法有多种：

1）在项目管理器的菜单栏中单击"File"→"✔Activate"。

2）在项目管理器的工具栏中单击 ■ 图标。

3）在关闭项目管理器时选择"Close Project and exit WinCC Explorer"。

4）在过程画面中利用脚本动作组态一个按钮，在项目激活状态下，单击该按钮将执行取消激活项目的任务。

4.7 复制项目

复制项目是指将项目与所有重要的组态数据复制到同一台计算机的另一个文件夹或网络中的另一台计算机上。复制项目是通过项目复制器来完成的。使用项目复制器，只复制项目和所有组态数据，不复制运行系统数据。

通过选择"开始"→"所有程序"→"SIMATIC"→"WinCC"→"Tools"→"Project Duplicator"命令，打开"WinCC Project Duplicator"，如图 4-28 所示，单击上面的 ■ 按钮选择希望复制的项目，单击"Save As…"按钮，按照提示操作可对选择的项目进行复制，此复制项目名称可与原项目名称不同。

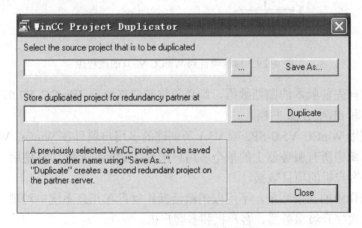

图 4-28　WinCC 项目复制器

冗余系统上的 WinCC 项目必须完全相同。如果创建了一套冗余系统，则每当主服务器项目进行了修改，必须对备份服务器上的项目进行同步更新。复制冗余服务器项目，不能使用 Windows 的复制粘贴功能，只能通过 WinCC 项目复制器。图 4-28 中，分别选择源项目和目的项目存储位置，单击"Duplicate"按钮，就开始复制冗余系统中的冗余服务器的项目。

4.8 移植项目

WinCC V7.0 与其以前的版本相比在数据组织方面有着显著的不同。WinCC V5.0 SP2 或 WinCC V5.1 中创建的项目在 V7.0 提供了一个项目移植器，用于自动移植项目的组态数据、运行系统数据和归档数据。

在进行项目移植之前，建议先将项目进行复制保存。移植项目到 WinCC V7.0 的流程图如图 4-29 所示。通过选择"开始"→"所有程序"→"SIMATIC"→"WinCC"→"Tools"→"Project Migrator"，打开"CCMigrator"对话框，按照向导的提示操作即可。

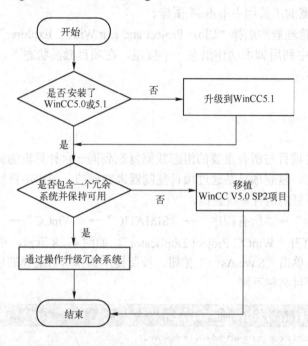

图 4-29 移植项目到 WinCC V7.0 的流程图

如果必须访问先前版本的归档数据，则必须将归档移植到 WinCC V7.0，使用项目移植器移植归档数据和 dBASE III 归档。

如果要使利用 WinCC V5.0 SP2 或 V5.1 所创建的多用户项目在 WinCC V7.0 中能够正常工作，则移植系统中所有服务器上的单个多用户项目。如果原来的项目使用了多客户机，则分别单独移植多客户机的项目数据。

对于正常操作中的冗余系统，不用取消激活操作就可在冗余系统中对项目进行升级。此时，将按规定的次序升级服务器、客户机和多客户机。

对于早于 WinCC V5.0 SP2 的 WinCC 版本所创建的项目，必须将系统先升级到 WinCC V5.1，并移植项目，再安装 WinCC V7.0，并使用项目移植器移植项目。

4.9 应用实例

WinCC 的基本组件是组态软件和运行软件。使用 WinCC 的运行软件，可监控生产过程。在运行项目前，需要先组态一个项目，步骤如下：

1）启动 WinCC 即启动 WinCC 项目管理器。

2）建立一个项目（选择项目类型是单用户项目、多用户项目还是客户机项目）。

3）选择及安装通信驱动程序。

4）定义变量。

5）建立和编辑过程画面。

6）组态过程值归档。

7）指定 WinCC 运行系统的属性。

8）对于多用户系统设置安全权限。

9）运行 WinCC 项目（激活画面）。

10）使用变量模拟器测试过程画面。

1. 启动 WinCC

方法一：选择"开始"→"程序"→"SIMATIC"→"WINCC"→"WinCC Explorer"，即可启动 WinCC 项目管理器。如图 4-30 所示。

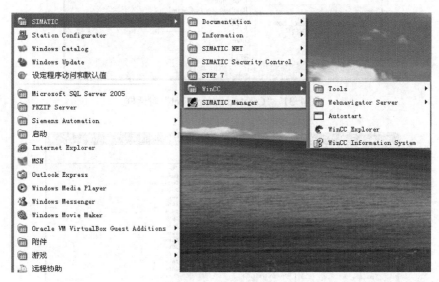

图 4-30　启动 WinCC 画面

方法二：双击安装 WinCC V7.0 后在桌面上的 WinCC 快捷图标。

方法三：在复制的 WinCC 项目文件夹中，或以前创建的 WinCC 项目文件夹中，双击图标即可启动此 WinCC 项目。

说明：无论用上述三种方法中的哪一种，如果不是新建项目，启动的 WinCC 项目是最后一次关闭的 WinCC 项目。

2. 建立一个新的多用户 WinCC 项目

创建一个项目名为"SHKF"的多用户项目。服务器名称为"ZHOUHSHAN"，路径为 C:\PROGRAM FILES\SIEMENS\WINCC\HMI_SHKF\SHKF.MCP。创建此项目的步骤如下：

1）选择"New"，弹出项目类型选择对话框，选择"Multi-User Project"。项目类型也可以后更改。

2）为新建项目命名并选择保存项目路径。选择项目类型后会弹出"Create a new project"对话框，"Project Path"选择"C:\PROGRAM FILES\SIEMENS\WINCC\"，"Project Name"中输入"SHKF"，"New Subfolder"命名为"HMI_SHKF"，如图 4-31 所示。单击

"Create"按钮后，弹出新建项目"SHKF"的项目管理器，如图 4-32 所示。其中"标题栏"显示新建项目的名称及路径。

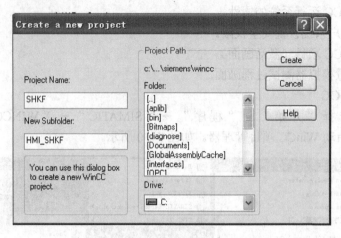

图 4-31　"Create a new project"对话框

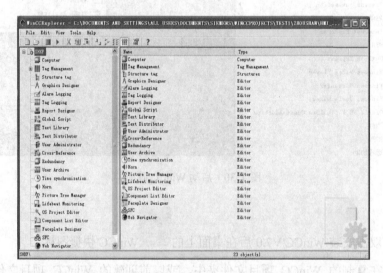

图 4-32　新建项目"SHKF"的项目管理器

单击项目管理器下的"Computer"，在项目管理器的右侧自动显示创建此项目的服务器的计算机名称及类型。

3．为"多用户项目"添加客户机

创建了多用户项目"SHKF"后，要添加访问服务器的客户机 CLIENT1，对于 Windows XP 操作系统的多用户服务器，最多可添加 3 台客户机，而对于 Windows Server 2003 操作系统的多用户服务器，最多可添加 32 台客户机。为多用户项目添加客户机的步骤如下：

1）为多用户项目"SHKF"添加客户机。在项目管理器下"Computer"中添加计算机名称为 CLIENT1（此添加的计算机名称应与所要连接的远程客户机的计算机名称一致）。

2）添加需要远程连接的客户机后，只要单击该项目管理器下"Computer"，在项目管理器的右侧会自动列出所创建的项目的服务器、客户机的计算机名称及类型，如图 4-33 所示。

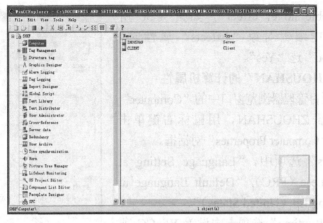

图 4-33　新建项目"SHKF"的计算机列表

4．设置项目属性

在项目管理器中选择浏览窗口，用鼠标右键单击项目名称"SHKF"选择属性，弹出"Project Properties"对话框。"General"和"Update Cycles"选项卡可以不做配置。

在"HotKeys"选项中，为多用户项目分配"Logon"热键（<Ctrl>+<F1>），"Logoff"热键（<Ctrl>+<F2>），如图 4-34 所示。即在组态一个多用户项目时，如果有些操作不是所有用户可用，而只为某些用户使用，应为不同的用户在"User Administrator"分配访问权限。用户在运行状态可通过"Logon"热键，输入登录名和登录密码获得已组态的访问权限。得到访问权限后，如果用户离开或希望退出访问权限时，使用"Logoff"热键以保护操作的安全权限。

对于 WinCC V7.0 新增的"Option"和"Operation mode"两个选项，采用其默认选项。

在"User Interface and Design"选项中，"Central Color Falette"画面中将用到的"Color Selection"，如图 4-35 所示。在画面首页编辑对象颜色属性时，单击"Color Selection"即出现"Central Color Falette"中已设计的 10 个项目"Color Selection"。

图 4-34　"HotKeys"选项界面

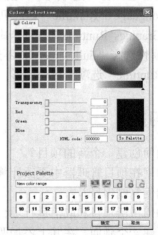

图 4-35　"Color Selection"的编辑画面

在"User Interface and Design"选项中，编辑"Active Design"。单击 为"Global Design Settings"添加新设计，单击 为新添加设计命名为"SHKF"。选择"Enable

Shadow"和"Enable hover effect",如图 4-36 所示。在画面设计中编辑对象"Effects"属性时,"Global color scheme"选"Yes"。

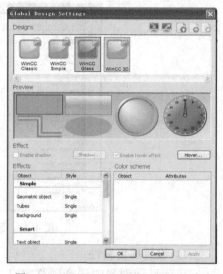

5. 服务器"ZHOUSHAN"的计算机属性

单击 WinCC 项目管理器浏览窗口中的"Computer"图标,选择服务器 ZHOUSHAN,用鼠标右键单击"Properties",打开"Computer Properties"对话框。

在"Parameters"选项中,"Language Setting at Runtime"选择 Chinese(PRC),"Default Language at Runtime"选择"English(United States)"。

在"Graphics Runtime"选项卡中设置 WinCC 项目在当前服务器 ZHOUSHAN 上的启动画面"Main",在窗口属性栏选择"Full Screen"。在 WinCC V7.0 中新增加了独立的窗口画面选项,如果选择"Hide main window"即实现运行系统多实例的功能。

图 4-36 "Global Design Settings"画面

在"Runtime"选项卡启动图形,全局脚本的 VBS 排错顺序,并显示出错对话框。因为在"Project Properties"中启用了阴影和悬停效果,所以此处"Design settings"中的"Use WinCC classic design","Disable background picture/history in picture object"和"Disable shadow"三个选项均不选。

不启用监视键盘(软键盘)。

6. 客户机"CLIENT1"的计算机属性

选择当前客户机 CLIENT1 计算机需要启动的运行系统,包括全局脚本运行系统、报表运行系统、图形运行系统和消息顺序报表/SEQROP(其中报警记录运行系统、变量记录运行系统和用户归档这三项在客户机上不可选,即在客户机上不能保存此三项运行系统的数据)等。

在"Parameters"选项中,"Language Setting at Runtime"选择"Chinese(PRC)","Default Language at Runtime"客户机不可选。

在"Graphics Runtime"选项卡中设置 WinCC 项目在当前客户机 CLIENT1 上的启动画面,窗口属性选择"Full Screen",不选择"Hide main window"。

在"Runtime"选项卡启动图形,全局脚本的 VBS 排错程序,并显示出错对话框。

4.10 习题

1. 如何创建一个新的项目?
2. 如何在项目管理器中更改计算机的名称?
3. 如何复制项目?
4. 如何激活项目和取消运行项目?
5. 新建一个画面,在其上添加两个 I/O 域,设置不同的类型并模拟演示。
6. WinCC 的变量有哪几种?区别是什么?
7. WinCC 的数据类型有哪些?
8. WinCC 的项目类型有哪些?

第5章 变量创建与通信设置

本章学习目标

了解 WinCC 项目中变量的作用及变量数据类型的分类，理解 WinCC 与 PLC 之间通信的原理及方法，掌握如何创建、使用和管理组态软件中的变量、变量组和结构变量。

5.1 变量组态基础

5.1.1 变量管理器

变量系统是组态软件非常重要的组成部分，WinCC 的变量系统是变量管理器（Tag Management）。WinCC 运行系统与自动化系统间的通信是依靠通信驱动程序来实现的，而自动化系统与 WinCC 项目间的数据交换是通过外部变量来实现的。在 WinCC 中，正是通过变量管理器来组态和管理项目所需要的变量和通信驱动程序。

5.1.2 变量的功能类型

1. 外部变量

外部变量就是过程变量，它有一个在 WinCC 项目中使用的变量名以及一个与外部自动化系统（如 PLC）连接的数据地址，外部变量正是通过其数据地址与自动化系统进行数据通信的。WinCC 可以通过外部变量采集外部自动化系统的过程数据，也可以通过外部变量控制外部自动化系统，即 WinCC 通过外部变量实现对外部自动化系统的监测和控制。

外部变量在其所属的通道驱动程序的通道单元下的连接目录下创建，外部变量的使用数量由 Power Tags 授权限制，最小是 128 个，最大是 256K 个（1K=1024），因此，用户必须根据项目的实际需要配置相应的 Power Tags 授权数目。

2. 内部变量

内部变量不连接到外部自动化系统，因此没有对应的过程驱动程序和通道单元，也不需要建立相应的通道连接。内部变量可以用于管理 WinCC 项目中的数据或将数据传送给归档。

内部变量在变量管理器的"内部变量"目录中创建，其创建的数目不受限制。

3. WinCC 系统变量

WinCC 系统预先定义好的以"@"字符开头的变量，称为系统变量。它们是由 WinCC 自动创建的，用户不能创建，但是可以读取它们的值。每个系统变量均有明确的定义，一般用来表示 WinCC 运行的状态。"内部变量"目录系统自带一些系统变量，其含义见表 5-1。另外，还包括 Script 和 TagLoggingRt 两个变量组，其中变量含义见表 5-2 和表 5-3。

表 5-1 系统变量含义

变量名称	类型	含义
@CurrentUser	文本变量 8 位字符集	当前用户
@DeltaLoaded	无符号 32 位数	指示下载状态
@LocalMachineName	文本变量 8 位字符集	本地计算机名称
@ConnectedRTClients	无符号 16 位数	连接的客户机数量
@RedundantServerState	无符号 16 位数	显示该服务器的冗余状态
@DatasourceNameRT	文本变量 16 位字符集	
@ServerName	文本变量 16 位字符集	服务器名称
@CurrentUserName	文本变量 16 位字符集	完整的用户名称

表 5-2 Script 变量组相关变量含义

变量名称	类型	含义
@SCRIPT_COUNT_TAGS	无符号 32 位数	通过脚本请求的变量的当前数值
@SCRIPT_COUNT_REQUESTS_IN_QUEUES	无符号 32 位数	请求的当前数量
@SCRIPT_COUNT_ACTIONS_IN_QUEUES	无符号 32 位数	正等待处理的动作的当前数目

表 5-3 TagLoggingRt 变量组相关变量含义

变量名称	类型	含义
@TLGRT_SIZEOF_NOTIFY_QUEUE	64 位浮点数	此变量包含 ClientNotify 队列中条目的当前数量，所有的本地趋势和表格窗口通过此队列接收当前数据
@TLGRT_SIZEOF_NLL_INPUT_QUEUE	64 位浮点数	此变量包含了标准 DLL 队列中条目的当前数量，此队列用于存储通过原始数据变量建立的值
@TLGRT_TAGS_PER_SECOND	64 位浮点数	此变量每秒周期性地将变量记录的平均归档率指定为一个归档变量
@TLGRT_AVERAGE_TAGS_PER_SECOND	64 位浮点数	此变量在启动运行系统后，每秒周期性地将变量记录的平均归档率的算术平均值指定为一个归档变量

4. S7 系统变量

基于 TIA（全集成自动化）的项目，在编译完成 OS 站后，STEP 7 会向 WinCC 传递系统变量，包括 PLC 变量、归档和报警等，S7 系统变量默认以 "S7$Program" 开头。

5. 系统信息变量

在 WinCC 的系统信息通道下，可建立专门记录系统信息的变量，系统信息功能包括：在过程画面中显示时间、通过在脚本中判断系统信息来触发事件、在趋势图中显示 CPU 负载、显示和监控多用户系统中不同服务器上可用的驱动器的空间、触发消息。

系统信息通道可用的系统信息如下：

1）日期、时间。

2）年、月、日、星期、时、分、秒、毫秒。

3）计数器。

4）定时器。

5）CPU 负载。

6）空闲驱动器空间。

7）可用的内存。

8）打印机监控。

6．脚本变量

脚本变量是在 WinCC 的全局脚本及画面脚本中定义并使用的变量。它只能在其定义所规定的范围内使用。

5.1.3 变量的数据类型

创建 WinCC 变量时，除了要给变量指定一个变量名外，还必须定义该变量的数据类型。由于外部变量通过数据地址与自动化系统的相应的数据区相关联，因此外部变量的数据类型必须与自动化系统中的数据类型相匹配，主要是占用存储空间的字节数以及取值范围要匹配。

WinCC 变量按照数据类型大致可以分为数值型变量、字符串型变量、文本参考型变量、原始数据类型变量和结构类型变量。

1．数值型变量

数值型变量是组态 WinCC 项目过程中最常用的数据类型。创建数值型外部变量时，WinCC 数值型变量的类型声明可能会与自动化系统中所使用的数据类型声明不一样，因此必须注意匹配问题。表 5-4 对比了各种数值型变量在 WinCC、STEP 7 以及 WinCC 的 C 脚本中创建时的类型声明。

表 5-4 数值型变量的 WinCC、STEP 7 和 C 脚本变量类型声明

变量类型名称	WinCC 变量	STEP 7 变量	C 脚本变量	取 值 范 围
二进制变量	Binary Tag	BOOL	BOOL	TRUE 和 FALSE(1 和 0)
有符号 8 位数	Signed 8-bit Value	BYTE	char	−128～127
无符号 8 位数	Unsigned 8-bit Value	BYTE	Unsigned char	0～255
有符号 16 位数	Signed 16-bit Value	INT	short	−32768～32767
无符号 16 位数	Unsigned 16-bit Value	WORD	Unsigned short,WORD	0～65535
有符号 32 位数	Signed 32-bit Value	DINT	int	−2147483648～2147483647
无符号 32 位数	Unsigned 32-bit Value	DWORD	Unsigned int,DWORD	0～4294967295
32 位浮点数	Floating-point 32-bit IEEE 754	REAL	float	±3.402823E+38
64 位浮点数	Floating-point 64-bit IEEE 754		double	±1.79769313486231E+308

2．字符串型变量

WinCC 使用的字符串型变量根据可表示的字符集分为 8 位字符集文本变量和 16 位字符集文本变量两种。

1）8 位字符集文本变量：该变量中必须显示的每个字符将为一个字节长。使用 8 位字符集，可显示 ASCII 字符集。

2）16 位字符集文本变量：该变量中必须显示的每个字符将为两个字节长。使用 16 位字符集，可显示 Unicode 字符集。

需要注意的是，对于字符串类型外部变量，必须指定该外部变量的长度。例如某个需要容纳 10 个字符的字符串型外部变量，若其数据类型为 8 位字符集文本变量，则其必须具有 10 个字符的长度，若为 16 位字符集文本变量，则必须具有 20 个字符的长度。

3．原始数据类型变量

原始数据类型变量是 WinCC 的一种允许用户自定义的数据类型变量，它多用于数据报文或用于从自动化系统传送数据块和将用户数据块传送到自动化系统。

外部和内部"原始数据类型"变量均可在 WinCC 变量管理器中创建。原始数据变量的格式和长度均不是固定的，其长度范围为 1～65535 个字节。它既可以由用户来定义，也可以是特定应用程序的结果。原始数据类型变量的内容是不固定的，只有发送者和接受者能解释原始数据变量的内容，WinCC 不能对其进行解释。

原始数据类型变量无法在 WinCC 的"图形编辑器"中显示，主要用于 WinCC 的以下功能模块中：

1）报警记录：用于与具有消息的自动化系统上的消息块进行数据交换，以及消息系统的确认处理。

2）全局脚本：使用"Get/SetTagRaw"函数进行数据交换。

3）变量记录：用于过程值归档中具有过程控制变量的过程控制归档。

4）用户归档：用于 WinCC 与自动化系统之间的作业、数据以及过程确认的传送。

4．文本参考型变量

文本参考型变量指的是 WinCC 文本库中的条目。只可将文本参考组态为内部变量。例如，当希望交替显示不同语言的文本块时，可使用文本参考型变量，并将文本库中条目的相应文本 ID 分配给该变量。

5．结构类型变量

结构类型同样是 WinCC 提供的一种自定义数据类型，类似于 C 语言的结构体类型，是一种复合数据类型，包括多个结构元素。通过使用结构类型，用户仅执行一个操作便能同时创建该结构类型的多个变量。使用结构类型可创建内部变量和外部变量。表 5-5 对结构类型变量涉及的几个概念进行了注解。

表 5-5　结构类型变量相关概念注解

概 念 名 称	定　　义
结构类型	描述具有相同属性的多个对象，属性由结构元素描述和定义，至少包含一个结构元素
结构元素	结构类型的组件，每一个结构元素描述一种属性，需配置结构元素名和数据类型
结构实例	通过结构类型创建的按照结构类型定义的对象，需指定实例名（类似于变量名）
结构变量	结构变量的模板是结构元素，结构变量的名称由所使用的结构实例名称和结构元素名称组成，中间由"."隔开

5.2　WinCC 的通信

WinCC 的通信主要是 WinCC 与自动化系统之间及 WinCC 与其他应用程序之间的通信。WinCC 与自动化系统之间的通信是通过过程总线来实现的；WinCC 与其他应用程序的通信，例如 Microsoft Excel、Matlab 等，借助于 OPC 接口来实现。WinCC 可以以 OPC 服务器的角色为这些应用程序提供数据，也可以以 OPC 客户端的身份访问这些应用程序的数据。

本节主要介绍 WinCC 与自动化系统之间的通信。

5.2.1　WinCC 的通信结构

WinCC 与自动化系统进行工业通信就是通过变量和过程值交换信息。WinCC 的通信结构如图 5-1 所示。

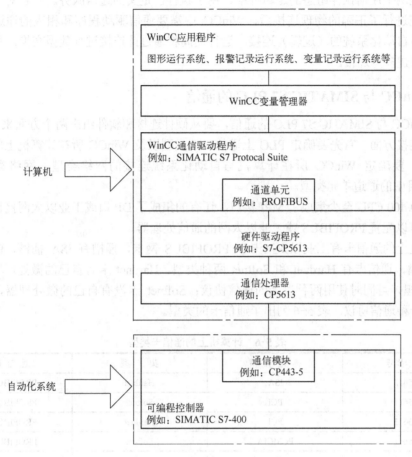

图 5-1　WinCC 通信结构图

WinCC 变量管理器在运行模式执行过程中管理 WinCC 变量，各种 WinCC 应用程序向变量管理器提出变量请求。为了采集过程值，变量管理器通过 WinCC 通信驱动程序向自动化系统发送请求报文，而自动化系统则在相应的响应报文中将所请求的过程值发送回WinCC。

1．通信驱动程序

通信驱动程序是用于在自动化系统和 WinCC 的变量管理器之间建立连接的软件组件。在 WinCC 中，提供了许多用于不同总线系统连接各自动化系统的通信驱动程序。每个通信驱动程序一次只能绑定到一个 WinCC 项目。

WinCC 中的通信驱动程序也称为"通道"，其文件扩展名为".chn"。计算机中安装的所有通信驱动程序都位于 WinCC 安装目录的子目录"\bin"中。

2．通道单元

每个通信驱动程序针对不同的通信网络会有不同的通道单元。

65

每个通道单元相当于与一个基础硬件驱动程序的接口，进而也相当于与 PC 中的一个通信处理器的接口，因此，每个使用的通道单元必须分配到各自的通信处理器。

3．连接（逻辑）

连接是两个通信伙伴组态的逻辑分配，用于执行已定义的通信服务。一旦对 WinCC 和自动化系统进行了正确的物理连接后，WinCC 中需要通信驱动程序和相应的通道单元来创建和组态与自动化系统的（逻辑）连接。运行期间将通过此连接进行数据交换。每个通道单元下可以创建多个连接。

5.2.2　WinCC 与 SIMATIC S7 PLC 的通信

对 WinCC 与 SIMATIC S7 PLC 的通信，要从硬件连接和软件组态两个方面来考虑。

硬件连接方面，首先要确定 PLC 上通信口的类型以及 WinCC 所在计算机上的通信卡类型；其次，要确定 WinCC 所在计算机与自动化系统连接的网络类型，网络类型决定了 WinCC 项目中的通道单元类型。

S7-300/400 CPU 至少集成了 MPI 接口，还有的集成了 DP 口或工业以太网接口，此外，PLC 上还可以配置 PROFIBUS 或工业以太网的通信处理器。

计算机上的通信卡有工业以太网卡和 PROFIBUS 网卡，插槽有 ISA 插槽、PCI 插槽和 PCMCIA 槽，通信卡有 Hardnet 和 Softnet 两种类型。Hardnet 卡有自己的微处理器，可减轻 CPU 的负担，可同时使用两种以上的通信协议；Softnet 卡没有自己的微处理器，同一时间只能使用一种通信协议。表 5-6 列出了通信卡的类型。

表 5-6　计算机上的通信卡类型

通信卡型号	插槽类型	类　型	通信网络
CP5412	ISA	Hardnet	PROFIBUS/MPI
CP5611	PCI	Softnet	PROFIBUS/MPI
CP5613	PCI	Hardnet	PROFIBUS/MPI
CP5611	PCMCIA	Softnet	PROFIBUS/MPI
CP1413	ISA	Hardnet	工业以太网
CP1413	ISA	Softnet	工业以太网
CP1613	PCI	Hardnet	工业以太网
CP1612	PCI	Softnet	工业以太网
CP1512	PCMCIA	Softnet	工业以太网

软件组态方面，WinCC 与 SIMATIC S7 PLC 的通信一般使用 "SIMATIC S7 Protocol Suite" 通信驱动程序，添加 S7 驱动程序后产生了在不同网络上应用的 S7 协议组，用户需要在其中选择与其物理连接相应的通道单元。其含义见表 5-7。

表 5-7　SIMATIC S7 Protocol Suite 通道单元含义

通道单元的类型	含　　义
Industrial Ethernet Industrial Ethernet(Ⅱ)	皆为工业以太网通道单元，使用 SIMATIC NET 工业以太网，通过安装在计算机的通信卡与 S7 PLC 通信，使用 ISO 传输协议
MPI	通过编程设备上的外部 MPI 端口或计算机上的通信处理器在 MPI 网络与 PLC 进行通信

通道单元的类型	含　义
Named Connections	通过符号连接与 STEP 7 进行通信，这些符号连接是使用 STEP 7 组态的，且当与 S7-400 的 H/F 冗余系统进行高可靠性通信时，必须使用此命名连接
PROFIBUS PROFIBUS(Ⅱ)	实现与现场总线 PROFIBUS 上的 S7 PLC 的通信
Slot PLC	实现与 SIMATIC 基于 PC 的控制器 WinAC Slot 412/416 的通信
Soft PLC	实现与 SIMATIC 基于 PC 的控制器 WinAC BASIS/RTX 的通信
TCP/IP	通过工业以太网进行通信，使用的通信协议为 TCP/IP

以下将分别以不同协议介绍 WinCC 与 SIMATIC S7 PLC 的通信。

1. WinCC 使用 CP5611 通信卡与 SIMATIC S7 PLC 的 MPI 通信

（1）PC 上 CP5611 通信卡的安装和设置

在 PC 的插槽中插入通信卡 CP5611，在 PC 的控制面板中选择"Set PG/PC Interface"，打开设置对话框，在"Access Point of the Application"的下拉列表中选择"MPI(WinCC)"，而后在"Interface Parameter Assignment Used"的下拉列表中选择"CP5611(MPI)"，而后"Access Point of the Application"中将显示"MPI(WinCC)→CP5611(MPI)"。最后单击"OK"按钮。

（2）添加通信驱动程序和系统参数设置

打开 WinCC 工程，选中变量管理器（Tag Management），单击鼠标右键，弹出快捷菜单，如图 5-2 所示，单击"Add New Driver..."，弹出相应对话框，如图 5-3 所示，选中"SIMATIC S7 Protocol Suite.chn"通信驱动程序，最后单击"打开"按钮，添加驱动程序完成。

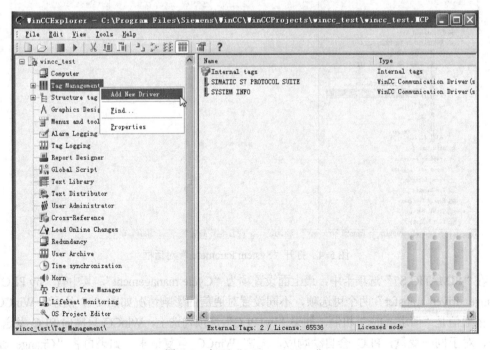

图 5-2　打开"Add new driver"

图 5-3 选择所要添加的通信驱动程序

将 WinCC 变量管理器中添加的"SIMATIC S7 Protocol Suite.chn"通信驱动程序展开，选择其中的"MPI"通道单元，再鼠标右键单击"MPI"，选择"System Parameter"，如图 5-4 所示，打开"System Parameter-MPI"设置对话框，对话框有两个选项卡，"SIMATIC S7"和"Unit"如图 5-5 和图 5-6 所示。

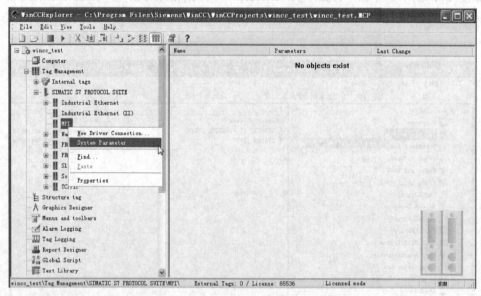

图 5-4 打开"System Parameter"对话框

在"SIMATIC S7"选项卡中，最上面设置项为"Cycle management"，其中有"by PLC"和"Change driven transfer"两个可选项，不同设置对通信的影响情况如图 5-7 所示，WinCC 和 PLC 的通信是"请求-响应"机制，如果"by PLC"选项勾选上，WinCC 只需向 PLC 发送一次请求，对于同一变量，PLC 会自动响应，无需 WinCC 重复请求；如果再将"Change driven transfer"勾选上，PLC 会检测变量的变化，只有变量变化，PLC 才会向 WinCC 发送数据，否则，PLC 会周期性地给 PLC 发送数据。默认情况下，上述两项都会勾选上。

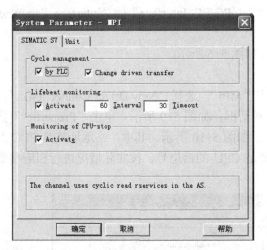

图 5-5 "SIMATIC S7" 选项卡　　　　　　　　图 5-6 "Unit" 选项卡

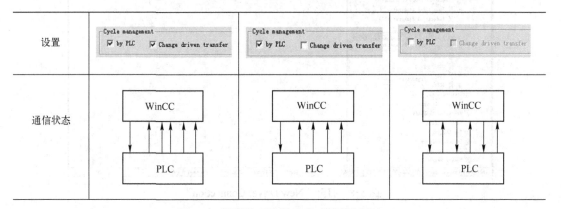

图 5-7 周期管理设置及其对通信的影响

　　周期性读取服务的数目取决于 S7 PLC 中可用的资源。对于 S7-300，最多有 4 个周期性服务可用，对于 S7-416 或 S7-417，则最多为 32 个。该数目适用于与 PLC 进行通信的所有成员。对于多个 WinCC 系统与 S7 PLC 通信，如果超过资源的最大数目，则超出的周期性读取服务访问将被拒绝。

　　中间设置项为 "Lifebeat monitoring"，其中有 "Interval" 和 "Timeout" 两个参数，最下面设置项为 "Monitoring of CPU-stop"，其含义分别为：

　　1）Interval：为了检测 PLC 的状态，WinCC 以此时间间隔不停发包给 PLC 以检测通信状态，单位为秒。

　　2）Timeout：PLC 在此时间内若无响应，WinCC 将报通信错误。

　　3）Monitoring of CPU-stop：如果激活，那么当 CPU 停机，连接被中断。

　　在 "Unit" 选项卡中，进行 "logical device name" 的设置，此处设置有两种选择：

　　1）具体的设备，即 WinCC 所在计算机与外部自动化系统通信所用的实际通信卡，如 CP5611(MPI)。

　　2）逻辑名称，这类名称只是一个符号，没有具体含义。因此想让 WinCC 通过该名称找到具体通信设备，需要在"Set PG/PC Interface"中将该名称指向一个具体的通信设备，即此处所填的"Logical device name"与PC里的"Set PG/PC Interface"的"Interface Parameter Assignment Used"要一致。

这里"Logical device name"选择"MPI"，如图5-6所示。

（3）创建连接和连接参数设置

选择"MPI"通道单元，再用鼠标右键单击"MPI"，选择"New Driver Connection…"，如图5-8所示，弹出"Connection properties"对话框，如图5-9所示，单击"Properties"按钮，弹出"Connection Parameter-MPI"对话框，如图5-10所示。其中，站地址就是PLC的地址，机架号就是CPU所处机架，插槽号就是CPU的槽位号。按实际情况进行相应参数的修改设置。

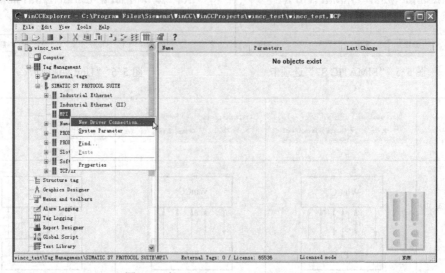

图5-8 打开"New Driver Connection"

图5-9 "Connection properties"对话框   图5-10 "Connection Parameter-MPI"对话框

2. WinCC使用CP5611通信卡与SIMATIC S7 PLC的PROFIBUS通信

（1）PC上CP5611通信卡的安装和设置

在PC的插槽中插入通信卡CP5611，在PC的控制面板中选择"Set PG/PC Interface"，打开设

70

置对话框，在"Access Point of the Application"的下拉列表中选择"CP_L2_1："，而后在"Interface Parameter Assignment Used"的下拉列表中选择"CP5611(PROFIBUS)"，而后"Access Point of the Application"中将显示"CP_L2_1：→CP5611(PROFIBUS)"。最后单击"确定"按钮。

（2）添加通信驱动程序和系统参数设置

在 WinCC 变量管理器中添加的"SIMATIC S7 Protocol Suite.chn"通信驱动程序中选择"PROFIBUS"通道单元，再用鼠标右键单击"PROFIBUS"，选择"System Parameter"，打开"System Parameter-PROFIBUS"设置对话框，在"Unit"选项卡中，"logical device name"选择"CP_L2_1："。

（3）创建连接和连接设置

选择"PROFIBUS"通道单元，再用鼠标右键单击"PROFIBUS"，选择"New Driver Connection…"，弹出"Connection Properties"对话框，单击"Properties"按钮，弹出"Connection Parameter-PROFIBUS"对话框。其中，站地址就是 PLC 的地址，机架号就是 CPU 所处机架号，插槽号就是 CPU 的槽位号。按实际情况进行相应参数的修改设置。

注意：利用"Profibus DP.chn"通信驱动程序进行通信与上述不同，PROFIBUS-DP 通信是一主多从的通信方式。使用 WinCC 的上位机只能一台服务器作为主站，其他只能作为服务的客户机，且服务器不能冗余。

3. WinCC 使用以太网卡与 SIMATIC S7 PLC 的 TCP/IP 通信

（1）PC 上以太网卡的安装和设置

在 PC 的插槽中插入以太网卡，在 PC 的控制面板中选择"Set PG/PC Interface"，打开设置对话框，在"Access Point of the Application"的下拉列表中是没有"CP-TCPIP"的，所以需要手动添加这个应用程序访问点，如图 5-11 所示，选中"<Add/Delete>"后，弹出"Add/Delete Access Point"对话框，如图 5-12 所示，在"New Access Point"中输入"CP-TCPIP"而后单击"Add"按钮，应用程序访问点被添加到访问点列表中，在"Interface Parameter Assignment Used"的下拉列表中选择所使用的以太网卡的名称，而后"Access Point of the Application"中将显示相应内容。最后单击"OK"按钮。

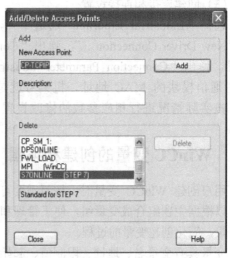

图 5-11 "Set PG/PC Interface"对话框　　　　图 5-12 Add/Delete Access Point

（2）设置 IP 地址

设置安装有 WinCC 计算机的 Windows 操作系统的 TCP/IP 参数，将 WinCC 组态计算机的 IP 地址设置成和 PLC 以太网通信模块或者 PN-IO 的 IP 地址保证是一个网段，注意子网掩码的设置。

（3）添加通信驱动程序和系统参数设置

在 WinCC 变量管理器中添加的"SIMATIC S7 Protocol Suite.chn"通信驱动程序中选择"TCP/IP"通道单元，再用鼠标右键单击"TCP/IP"，选择"System Parameter"，打开"System Parameter-TCP/IP"设置对话框，在"Unit"选项卡中，"Logical device name"选择"CP-TCPIP"。

（4）创建连接和连接设置

选择"TCP/IP"通道单元，再用鼠标右键单击"TCP/IP"，选择"New Driver Connection..."，弹出"Connection Properties"对话框，单击"Properties"按钮，弹出"Connection Parameter-TCP/IP"对话框。其中，IP 地址就是 PLC 的 PN 模块或以太网通信模块的 IP 地址，机架号就是 CPU 所处机架号，插槽号就是 CPU 的槽位号。按实际情况进行相应参数的修改设置。

4．WinCC 使用以太网卡与 SIMATIC S7 PLC 的 Industrial Ethernet 通信

（1）PC 上以太网卡的安装和设置

在 PC 的插槽中插入以太网卡，在 PC 的控制面板中选择"Set PG/PC Interface"，打开设置对话框，在"Access Point of the Application"的下拉列表中选择"CP_H1_1:"，而后在"Interface Parameter Assignment Used"的下拉列表中选择所使用的以太网卡的名称，而后"Access Point of the Application"中将显示相应内容。最后单击"OK"按钮。

（2）添加通信驱动程序和系统参数设置

在 WinCC 变量管理器中添加的"SIMATIC S7 Protocol Suite.chn"通信驱动程序中选择"Industrial Ethernet"通道单元，再用鼠标右键单击"Industrial Ethernet"，选择"System Parameter"，打开"System Parameter -Industrial Ethernet"设置对话框，在"Unit"选项卡中，"Logical device name"选择"CP_H1_1:"。

（3）创建连接和连接设置

选择"Industrial Ethernet"通道单元，再用鼠标右键单击"Industrial Ethernet"，选择"New Driver Connection..."，弹出"Connection Properties"对话框，单击"Properties"按钮，弹出"Connection Parameter-Industrial Ethernet"对话框。其中，MAC 地址就是 PLC 通信模块的 MAC 地址，机架号就是 CPU 所处机架号，插槽号就是 CPU 的槽位号。按实际情况进行相应参数的修改设置。

5.3　WinCC 变量的创建和编辑

用户创建 WinCC 变量时，按照需要可创建内部变量和外部变量，内部变量或外部变量都可以根据主题组合成变量组，便于管理和查找，也可将具有相同属性的多个变量创建为结构变量，简化创建变量的过程。

变量具有变量名、地址、限制值、起始值、替换值、数据类型、调整格式、线性标定等属性，变量的这些属性可以在创建它们的过程中进行设置。

5.3.1 创建外部变量

创建外部变量之前,必须安装通信驱动程序,并创建与 PLC 的连接,详细过程见 5.2.2 节,以下重点介绍外部变量的创建及相关变量属性的设置。

如图 5-13 所示,用鼠标右键单击相应连接(如 S7300),并从快捷菜单中选择"New Tag..."选项,打开"Tag properties"对话框,如图 5-14 和图 5-15 所示,"Tag properties"对话框有两个选项卡,即"General"选项卡和"Limits/Reporting"选项卡。

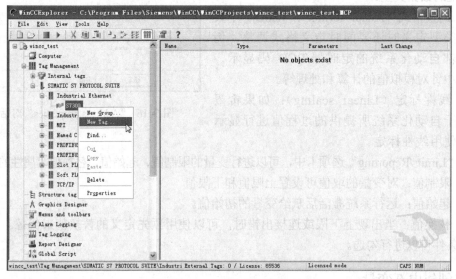

图 5-13 新建外部变量

图 5-14 "General"选项卡

图 5-15 "Limits/Reporting"选项卡

在"General"选项卡中,可以进行变量的变量名、地址、数据类型、类型转换、线性标定等属性的设置:

1)变量名(Name):变量的名称在项目中是唯一的,且不区分大小写;变量名长度不能超过 128 个字符。

2）地址（Address）：单击"Select"按钮，
如图 5-16 所示，弹出"Address properties"对话
框，输入变量的地址。单击"确定"按钮，关闭
对话框。

3）数据类型（DataType）：WinCC 变量的数
据类型详见 5.1.3 节，选择与自动化系统数据类
型相匹配的数据类型。

4）调整格式（Adapt format）：WinCC 中某
些数据类型定义时还要同时定义格式调整。例
如，外部自动化系统的定时器/BCD 码显示、
WinCC 中针对模拟值的计算和处理等。

5）线性标定（Linear scaling）：如果希望
以不同于自动化系统所提供的过程值进行显示
时，可使用线性标定。

图 5-16　"Address properties"对话框

在"Limits/Reporting"选项卡中，可以进行变量的限制值、起始值、替换值等属性的设置：

1）限制值：对变量的取值可设置上限值和下限值。

2）起始值：运行系统激活后赋给变量的初始值。

3）替换值：当出现上下限或连接出错时，可以使用预先定义的替换值来代替。使用替
换值的条件可以进行勾选。

5.3.2　创建内部变量

展开 WinCC 项目管理器的浏览窗口中的变量管理器，如图 5-17 所示，用鼠标右键单击
"Internal tags"，并从快捷菜单中选择"New Tag…"选项，打开"Tag properties"对话框，如图
5-18 和图 5-19 所示，"Tag properties"对话框有两个选项卡，即"General"选项卡和
"Limits/Reporting"选项卡。

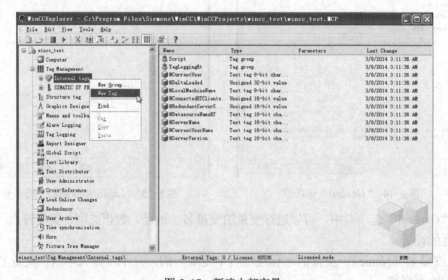

图 5-17　新建内部变量

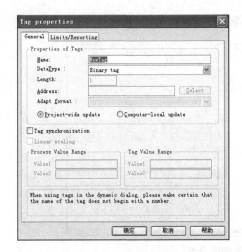 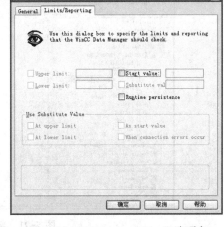

图 5-18 "General"选项卡　　　　　　图 5-19 "Limits/Reporting"选项卡

与外部变量相比，内部变量没有地址（Address）、调整格式（Adapt format）、线性标定（Linear scaling）和替换值（Substitute value）等属性，在选项卡中不能进行相关操作，其他与外部变量相关设置相同。但是，对于内部变量，如图 5-19 所示，在"Limits/Reporting"选项卡中，它具有"Runtime Persistence"选项，具有保留内部变量值的功能，表明对于数值型变量及字符集型变量，可以在关闭运行系统时保留内部变量的值，保存的值用作重启运行系统的起始值。

5.3.3 创建变量组

变量组就是将一类变量创建一个组，相当于一个"文件夹"的作用，这样便于变量的管理和查找。以下将以创建一个变量组为例，说明创建变量组的过程。

如图 5-20 和图 5-21 所示，用鼠标右键单击"Internal tags"（创建内部变量组）或右键单击相应连接（如 S7300）（创建外部变量组），并从快捷菜单中选择"New Group…"选项，打开"Properties of tag group"对话框，如图 5-22 所示，将"Properties of tag group"对话框中的名称改为"Temperature"，单击"OK"按钮。

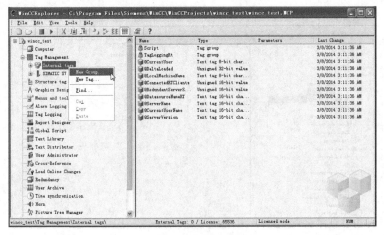

图 5-20 新建内部变量组

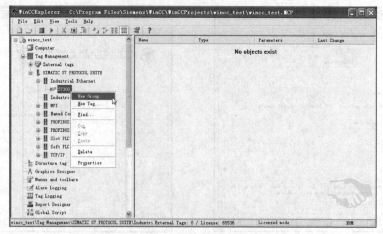

图 5-21　新建外部变量组

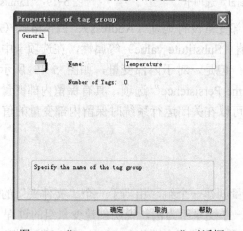

图 5-22　"Properties of tag group" 对话框

选定变量组 "Temperature"，从弹出的快捷菜单中单击 "New Tag…" 选项，如图 5-23 所示，在变量组 "Temperature" 中创建两个变量，分别是 temperature1 和 temperature2，如图 5-24 所示。

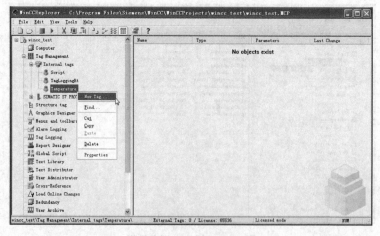

图 5-23　在变量组中新建变量（1）

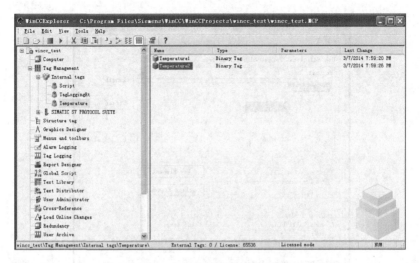

图 5-24　在变量组中新建变量（2）

用户除了可在变量组中创建变量，也可在创建变量后将其移到变量组中。

5.3.4　创建结构变量

要创建结构变量必须先创建相应的结构类型，在创建结构类型时，将创建不同的结构元素，创建变量时，可将所创建的结构类型分配为数据类型，从而可创建在结构类型中定义的所有结构元素所对应的变量。

下面以结构类型"motor"为例，详细介绍创建结构变量的过程。

（1）创建结构类型"motor"

如图 5-25 所示，用鼠标右键单击项目管理器浏览窗口的"Structure tag"，在弹出的菜单中选择"New Structure Type"，打开"Structure properties"对话框，如图 5-26 所示，列表框中"NewStructure"为新建的结构类型名称，用户可以用鼠标右键单击该名称，在弹出的菜单中选择"Rename"为其分配一个新的名称，例如"motor"。

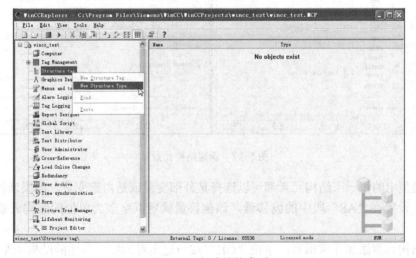

图 5-25　新建结构类型

图 5-26　结构类型重命名

单击"New Element"按钮，可以为新建的结构类型添加结构元素，默认名称为"NewTag"，数据类型为"SHORT"，用鼠标右键单击新建的结构元素，在弹出的菜单中可以修改结构元素名称和数据类型，如图 5-27 所示。选中已经添加的结构元素，然后单击"Delete Element"按钮，可以删除该结构元素。

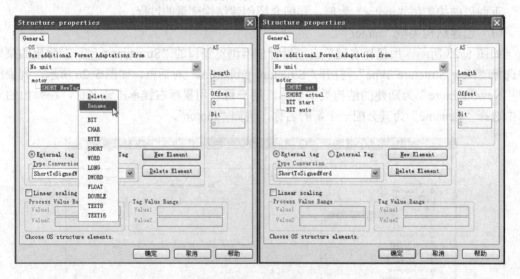

图 5-27　新建结构元素

结构类型中的每一个结构元素都可以选择是外部变量或是内部变量。如果选择为外部变量，则需要设置在"AS"段中的偏移量，该偏移量确定以字节为单位的结构元素与起始地址的距离。

所有结构元素添加并编辑后，单击"OK"按钮退出对话框。新建的结构类型"motor"将出现在项目管理器浏览窗口的"Structure tag"目录下。如图 5-28 所示。

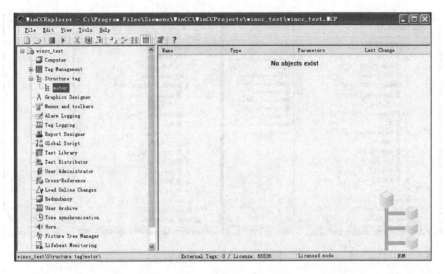

图 5-28　创建的结构类型

（2）创建结构变量

创建结构数据类型后，就可以创建结构变量了。由于结构类型中包含有多个元素，一个结构元素对应的是一个结构变量，因此会同时生成多个结构变量，一般称该过程为创建一个结构实例，一个结构实例是由多个结构变量组成的。创建结构实例的过程和创建单个外部变量或内部变量的过程类似，只是在选择数据类型时选择相应的结构类型就可以了。如图 5-29 所示。

图 5-29　创建结构类型实例

如果所创建的结构类型中包含类型为外部变量的结构元素，则结构类型对应的结构实例必须在相应的逻辑连接目录下创建，"Internal tags"目录下无法创建。该实例创建后，实例中包含的类型为外部变量的结构变量存放在逻辑连接目录下，类型为内部变量的结构变量在"Internal tags"目录下显示。如图 5-30 所示。

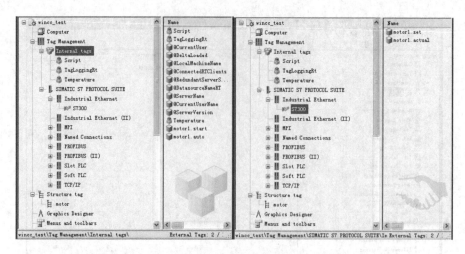

图 5-30　结构变量显示

在应用结构类型创建结构实例之前应该完成所有的设置，随后只可修改所创建的结构变量的属性，如果要修改结构类型的属性，必须首先删除所有相关联的结构变量。

结构变量创建后，无法进行单个的删除，必须在其对应的结构类型目录下删除该结构变量所属的结构实例，该结构实例所包含的结构变量都将被删除。

5.3.5　创建系统信息变量

组态系统信息无需另外的硬件或授权。如图 5-2 所示，用鼠标右键单击"Tag Management"选择"Add New Driver…"，在图 5-3 所示的"Add new Driver"对话框中选择"System Info.chn"，在变量管理器中增加了"System Info"通道单元，用鼠标右键单击"System Info"通道单元选择"New Driver Connection…"，打开连接属性对话框，输入连接名称，单击"确定"按钮创建一个连接，在这个连接下创建系统信息变量。在"Tag properties"对话框中，单击"Select"按钮，打开"System Info"对话框，如图 5-31 所示，在"Function"栏选择变量的信息类型，在"Format"栏选择信息的显示方式。

图 5-31　"System Info"对话框

5.4 WinCC 变量的导入和导出

变量的导入/导出功能可高效地处理大批量的变量，WinCC 可以通过两种方法来实现变量的导入/导出功能；一种方法是通过"WinCC Smart tools"（WinCC 智能工具）的变量导入/导出工具来实现，另一种方法是使用"WinCC Configuration Tools"（WinCC 组态工具）在 Microsoft Excel 中导入/导出变量。

5.4.1 "WinCC Smart Tools"智能工具导入/导出变量

要使用"WinCC Smart Tools"智能工具导入/导出变量，必须首先安装"WinCC Smart Tools"，在安装 WinCC 时无论选择"数据包"安装还是选择"自定义"安装方式，都可以选择"WinCC Smart Tools"选项即安装 WinCC"变量导入/导出"智能工具，如图 5-32 所示。也可在安装完 WinCC 之后，当需要"变量导入/导出"智能工具时，再启动 WinCC 安装盘安装此项。

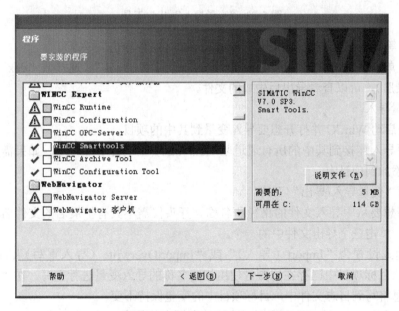

图 5-32 选择安装"WinCC Smart Tools"选项

单击 Windows"开始"菜单，并选择"所有程序"→"SIMATIC"→"WinCC"→"Tools"→"TAG EXPORT IMPORT"，可以启动"变量导入/导出"工具，如图 5-33 所示。在使用"变量导入/导出"智能工具导入或导出变量时，WinCC 项目必须处于打开并取消激活的状态。

（1）变量导出

1）首先启动 WinCC 并打开想要从中导出变量的项目，启动"变量导入/导出"工具。

2）选择想要导出到其中的文件的路径和名称。开头仅需不具有扩展名的文件名称。

3）将模式设置为"Export（导出）"。

4）单击"Execute（执行）"按钮，确认消息框中的条目。

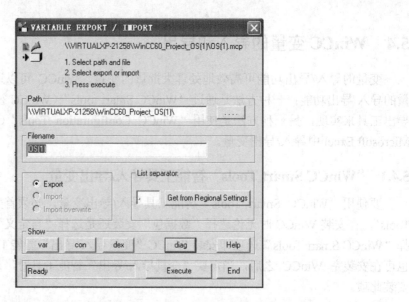

图 5-33 "变量导入/导出"工具

5）一直等到状态栏中显示"End Export/Import（结束导出/导入）"。

6）通过单击"Show"中相应的按钮"var"（变量）、"con"（连接）、"dex"（结构）和"diag"（记录册），可以查看导出后生成的文件。

（2）变量导入

1）首先启动 WinCC 并打开想要导入变量到其中的项目。

2）将要导入连接到其中的所有通道驱动程序必须在项目中都可用。如果需要，将缺少的驱动程序添加到项目中。

3）启动"变量导入/导出"工具。

4）选择想要从中导入文件的路径和名称。开头仅需不具有扩展名的文件名称。使用选择对话框时，单击三个导出文件中的一个。

5）将模式设置为"Import（导入）"或"ImportOverwrite（导入重写）"。在"导入重写"模式中，目标项目中已存在的变量使用相同名称的导入变量进行重写。在"导入"模式中，一条消息将写到日志文件中，目标项目中的变量保持不变。

6）单击"Execute（执行）"按钮，确认消息框中的信息。

7）一直等到状态栏中显示"End Export/Import（结束导出/导入）"。

8）在 WinCC 变量管理器中查看生成的数据。

5.4.2 "WinCC Configuration Tool" 在 Microsoft Excel 中导入/导出变量

在 WinCC 安装光盘中，可以选择安装"WinCC Configuration Tool"，安装此选件后，在 Microsoft Excel 中可以打开 WinCC 项目中的变量列表。

在安装 WinCC 时无论选择"数据包"安装还是选择"自定义"安装方式，都可以选择"WinCC Configuration Tool"选项，如图 5-34 所示。也可在安装完 WinCC 之后，再启动 WinCC 安装盘安装此项。

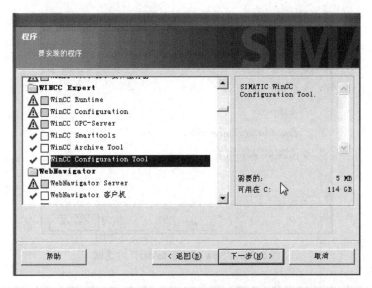

图 5-34　选择安装 "WinCC Configuration Tool" 选项

安装 "WinCC Configuration Tool" 后，打开 Microsoft Excel，其菜单栏中新增了 "WinCC" 菜单，如图 5-35 所示。单击 "WinCC" 菜单中的 "Create project folder"，将打开 "New project folder" 对话框，如图 5-36 所示。在该对话框中，可以建立一个新的 WinCC 项目的连接（"Establish connection to new project"），也可以建立已存在的 WinCC 项目的连接（"Establish connection to existing project"）。如果 WinCC 处于打开状态且存在打开的项目，在对话框中选择 "Establish connection to existing project" 选项并单击 "Continue" 按钮，则在接下来的对话框中自动显示 WinCC 已经打开的项目的路径。单击 "Complete（完成）" 按钮，即可在 Microsoft Excel 中打开此 WinCC 项目中的列表。选择 "Tags" 选项，可以查看导出到 Microsoft Excel 列表中的 WinCC 项目变量，如图 5-37 所示。

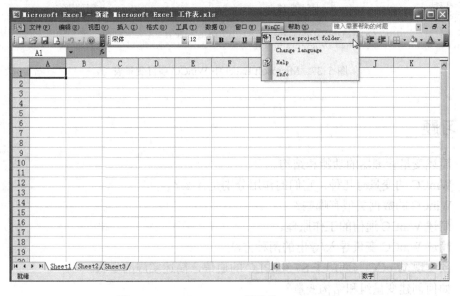

图 5-35　Microsoft Excel 新增的 WinCC 菜单

图 5-36 "New project folder"对话框

		Tags					
	A	B	C	D	E	F	G
1	Name	Data type	Length	Format adaptation	Connection	Group	Addre
2							
24	@SFCDeltaLoaded	8-bit value without sign	1		Internal tags		
25	@DeltaCompiled	8-bit value without sign	1		Internal tags		
26	@IM_Prefix	Text tag, 8-bit font	4		Internal tags		
27	@Step7DefaultLanguage	32-bit value without sign	4		Internal tags		
28	S7$Program(1)#RawEvent	Raw data type	0		S7$Program(1)		RAW_E\
29	S7$Program(1)#RawArchiv	Raw data type	0		S7$Program(1)		RAW_A
30	S7$Program(1)/clock	8-bit value without sign	1	ByteToUnsignedByte	S7$Program(1)		MB0
31	PIDa.P	Floating point number 64-bit IEEE 754	8		Internal tags		
32	PIDa.I	Floating point number 64-bit IEEE 754	8		Internal tags		
33	PIDa.D	Floating point number 64-bit IEEE 754	8		Internal tags		
34	PIDa.Tf	Floating point number 64-bit IEEE 754	8		Internal tags		
35	PIDa.Ts	Floating point number 64-bit IEEE 754	8		Internal tags		
36	PIDa.SP	Floating point number 64-bit IEEE 754	8		Internal tags		
37	PIDa.A/M	Binary tag	1		Internal tags		
38	TEXT_REF	Text reference	4		Internal tags		
39	角度	16-bit value without sign	2		Internal tags		
40	bit	Binary tag	1		Internal tags		

Current WinCC project: \\VIRTUALXP-21258\WinCC60_Project_text_1\test.mcp

图 5-37 Microsoft Excel 中 WinCC 项目变量表

5.5 习题

1. 简述变量管理器的功能和结构。

2. WinCC 的变量有几种,它们的作用分别是什么?

3. WinCC 的数据类型有哪些?

4. 简述 WinCC 通信的工作原理。

5. 简述 WinCC 变量导入/导出的两种方法。

6. 欲实现 WinCC 与西门子 S7 300PLC 的通信,简述实施的步骤。

7. 如何创建变量组和结构变量?

第6章 组态画面

本章学习目标

了解图形编辑器的组成和功能；掌握画面对象、动态向导及各种控件的使用方法；掌握过程画面的动态化方法；灵活运用各种组态方法对过程画面进行组态。

6.1 WinCC 图形编辑器

WinCC 图形编辑器是创建过程画面并使其动态化的编辑器。只有在 WinCC 项目管理器中打开的项目，才能启动图形编辑器进行过程画面的组态。WinCC 项目管理器可以显示当前项目中可用画面的总览。WinCC 项目管理器所编辑的画面文件的扩展名为".PDL"，WinCC 项目所创建的画面保存在项目目录"GraCS"文件夹中，项目之间的画面复制可通过此文件夹进行复制。

注意： 高版本 WinCC 所创建的过程画面在低版本的 WinCC 中不可用。

在 WinCC 项目浏览器窗口中用鼠标右键单击"Graphics Designer"，在弹出菜单中选择"New picture"，将创建一个新的画面，初始图形文件名以"New.Pdl"开始排序，如图 6-1 所示。单击画面名称，在弹出菜单中可选择"Rename picture"修改画面的名称，选择"Define screen as start screen"可将画面定义为启动画面，激活 WinCC 运行系统时将首先进入当前画面。

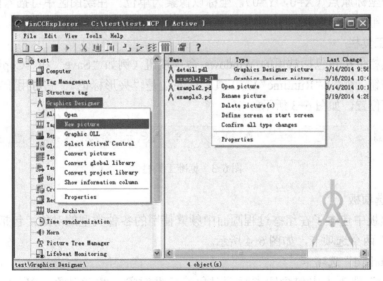

图 6-1 新建画面

6.1.1 图形编辑器的组成

双击图形画面名称，或在浏览窗口双击"Graphic Designer"等可以进入图形编辑器的组态界面。打开的图形编辑器界面如图 6-2 所示，其中集成了图形画面编辑的常用工具和选项板。在图形编辑器的菜单栏中选择"View"→"Toolbars"，在弹出的"Toolbars"对话框中可以设置打开或隐藏各种工具和选项板。

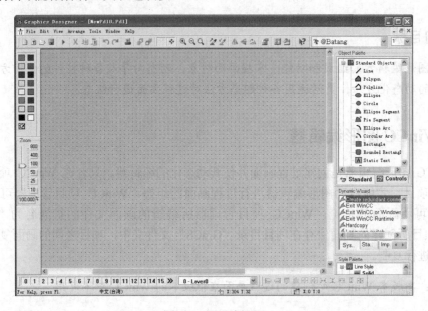

图 6-2　图形编辑器

1．绘图区

绘图区位于图形编辑器的中央。在绘图区中，水平方向为 X 轴，垂直方向为 Y 轴，画面的左上角为坐标原点（X=0，Y=0），坐标以像素为单位。在绘图区中可插入图形对象、改变图形对象和组态图形对象。

2．标准工具栏

标准工具栏位按钮包括常用的 Windows 命令按钮（例如"Save"和"Copy"）和图形编辑器的特殊按钮（例如"Runtime"）。工具栏的左边是"夹形标记"，它可用于将工具栏移动到画面的任何位置，如图 6-3 所示。

图 6-3　标准工具栏

3．对象选项板

对象选项板中包含了在组态过程画面中频繁使用的各种类型的对象，包括"Standard"和"Controls"两个选项卡，如图 6-4 所示。

（1）"Standard"选项卡

"Standard"选项卡中包含四类画面对象：标准对象、智能对象、Windows 对象和管对象。

图 6-4　对象选项板

标准对象：包含用于生成复杂图形的各种基本图形（例如线条、多边形、椭圆、圆、矩形）以及可以作为生成对象的文字标题的静态文本。

智能对象：提供了创建复杂过程画面的画面对象，这些对象预定义了一些属性，用户只需设置相应的参数或进行相应的组态就可以使其动态化。智能对象是组态过程画面过程中最常用的一类画面对象之一。例如，应用程序窗口、画面窗口、OLE 对象、I/O 域、棒图以及状态显示等。

Windows 对象：提供了类似于按钮、复选框、选项组和滚动条等 Windows 应用程序的元素。可以采用多种方法对 Windows 对象进行编辑并使其动态化，用户可以通过 Windows 对象实现过程事件的操作和过程的控制。

管对象：主要用于绘制管路。例如，多边形管、T 形管、双 T 形管以及管弯头。

（2）"Controls"选项卡

"Controls"选项卡中包含由 WinCC 提供的最重要的 ActiveX 控件，也可以使用在 Windows 系统中注册的，通过注册还可以使用第三方供应商的 ActiveX 控件。

4. 样式选项板

样式选项板如图 6-5 所示，包括了线型、线宽、线端样式和填充图案等样式的各种属性，根据需要设置相应的样式属性。

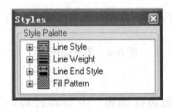

图 6-5　样式选项板

"Line Style"样式组：包含不同的线条显示选项，如虚线、点划线等。

"Line Weight"样式组：可以设置线的宽度，线宽按像素指定。

"Line End Style"样式组：允许显示线尾端的形状，如箭头或圆形。

"Fill Pattern"样式组：可以为封闭对象选择透明背景或实心背景以及各种填充图案。

5．动态向导

动态向导如图 6-6 所示，动态向导提供大量的预定义的 C 动作，可以简化频繁重复出现的过程的组态。动态向导按类分为多个选项卡，各选项卡中包含不同的 C 动作。

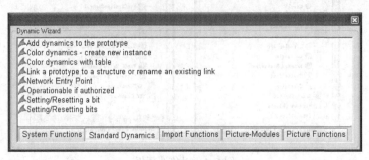

图 6-6　动态向导

6．对齐选项板

对齐选项板如图 6-7 所示，可用于同时处理多个对象。这些功能也可以从"Arrange"→"Align"菜单中调用。主要功能包括：

对齐：所选择的对象向左、向右、向上或向下对齐。

居中：所选择的对象水平或垂直居中。

分散：所选择的对象水平或垂直分散。最外面对象的位置保持不变。各个对象相互平均地间隔。

调整宽度和高度：所选对象在宽度或高度上调整为一致。

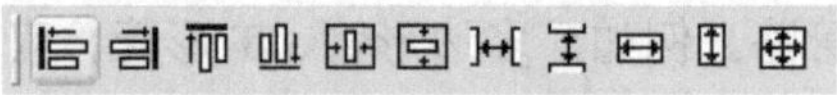

图 6-7　对齐选项板

7．图层选项板

为了简化在复杂的过程画面中处理单个对象，图形编辑器允许使用图层。例如，过程画面的内容最多可以横向分配 32 个图层。这些图层可以单独地显示或隐藏，默认设置所有图层均可见，激活的图层为图层"0"，如图 6-8 所示。

| 0 | 1 | 2 | 3 | 4 | 5 | 6 | 7 | 8 | 9 | 10 | 11 | 12 | 13 | 14 | 15 | ≫ | 0 - Layer0 | ∨ |

图 6-8　图层选项板

8．缩放选项板

图形编辑器提供了独立的缩放选项板，允许在过程画面中非常方便地进行缩放，如图 6-9 所示。通过滚动条参照右侧的缩放因子滚动缩放，当前设置的缩放因子以百分比形式显示在滚动条下。

9．调色板

根据所选择的对象，调色板允许快速更改线或填充颜色。它提供了 26 种标准颜色，单击调色板底部的按钮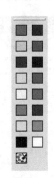，可以打开"Color Selection"对话框，如图 6-10 所示，可以为对象分配用户定义的颜色或全局调色板中的颜色。此操作要求在对象属性的"Effects"中将"Global Color Scheme"设置为"NO"。

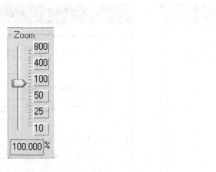

图 6-9 缩放选项板   图 6-10 调色板

10．字体选项板

字体选项板允许改变字体、字体大小、字体颜色和线条颜色，如图 6-11 所示。

图 6-11 字体选项板

11．变量选项板

变量选项板如图 6-12 所示，包含项目中所有可用过程变量的列表以及内部变量的列表。

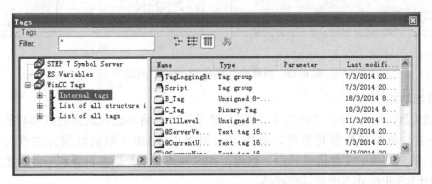

图 6-12 变量选项板

6.1.2 图形编辑器的基本操作

1．公共属性设置

在图形编辑器中，单击"Tools"→"Settings"选项，可以打开"Settings"对话框，如图 6-13 所示。它包含"Grid"、"Options"、"Visible Layers"、"Default Object Settings"等选项卡。

图 6-13a 为"Settings"对话框的"Grid"选项卡，可以设置图形编辑器绘图区的网格。系统默认的网格像素为 10，为了在设计过程画面时更加精细，可以将网格像素的值减小。

图 6-13b 为"Settings"对话框的"Default Object Settings"选项卡，可以设置过程画面中画面对象的默认触发器。触发器用于在运行系统中执行画面或画面对象的动态。除非在组

态过程中为某个特定的画面对象单独分配一个触发器，否则所有画面对象在运行系统中以默认触发器执行动态。在"Settings"对话框中修改默认触发器，只对修改后组态的画面对象有效，修改前组态的画面对象仍保持原来的默认触发器。

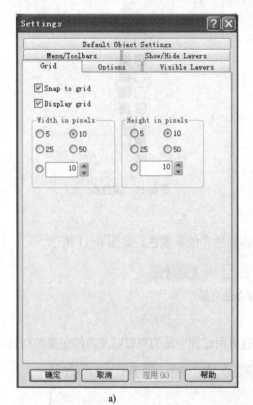 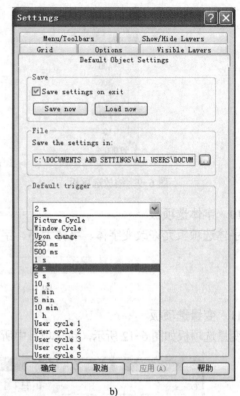

a)   b)

图 6-13　图形编辑器的"Settings"对话框

2．导出功能

在图形编辑器中，导出功能位于"File"菜单下，可将画面或选择的画面对象导出到其他的文件中。画面或画面对象可以从图形编辑器以 EMF（增强型图元文件）和 WMF（Windows 图元文件）文件格式导出。然而，在这种情况下，动态设置和一些对象特定属性将丢失，因为图形格式不支持这些属性。

还可以以程序自身的 PDL 格式导出图形。然而，以 PDL 格式只能导出整个画面，而不能是单个画面对象。另外，画面导出为 PDL 文件时，动态设置得以保留，导出的画面可以插入画面窗口中，也可以作为画面文件打开。

3．图层

在图形编辑器中，画面由 32 个可以在其中插入对象的层组成。画面中对象的位置在将对象分配给层时就已设置。第"0"层的对象均位于画面背景中，第"32"层的对象则位于前景中。对象总是添加到激活层中，但是可以快速移动到其他层。可以使用"Object Properties"窗口中的"Layer"属性来更改对象到层的分配。

画面打开时，将显示画面的全部 32 个层。该设置无法更改。层选项板可以用于隐藏除激活层外的所有层。使用此方法可以集中编辑激活层上的对象。在预备画面包含许多不同对

90

象类型的对象时，层尤其有用。

例如，可以将所有的"Bar"对象放置在第"1"层，所有的"I/O Field"对象放置在第"2"层。如果以后决定更改所有"I/O Field"的字体颜色，就可以只显示第"2"层，然后选择该层上的所有对象。这样就不必为选择离散分布在画面上的各个"I/O Field"而消耗时间了。

4. 激活 WinCC 运行系统

在图形编辑器中，单击"File"→"Activate Runtime"，或单击工具栏的 ▶ 按钮可以激活 WinCC 运行系统。在图形编辑器中激活运行系统，首先激活的画面是图形编辑器当前打开的过程画面，而项目管理器中激活运行系统始终以项目的起始画面为起点。

可以在 WinCC 项目处于激活状态时，对过程画面进行编辑和修改，编辑和修改后对画面进行保存，然后再次在图形编辑器中激活运行系统，便可以显示编辑和修改后的画面。

5. 使用多画面

在对复杂过程进行处理时，多过程画面非常有用。这些过程画面可以彼此连接，而且一个画面也可以集成到其他画面中。图形编辑器支持许多可以简化使用多画面的过程的功能，使用多画面主要有 3 种常见的情况，以下分别介绍。

（1）一个画面的属性传送给另一画面

打开想要复制其属性的画面（假如是 A 画面），确定没有选中任何对象。再在标准工具栏中单击"Copy Properties"按钮，即可复制画面的属性。接着打开要分配这些属性到其上面的画面（假如是 B 画面），确定没有选中任何对象。在标准工具栏中，单击"Paste Properties"按钮，将会分配画面的属性。

（2）对象从一个画面传送到其他画面

使用"Cut"和"Paste"，可以剪切出所选择的对象，并从操作系统的剪贴板粘贴它。通过从剪切板粘贴，它可以被复制到任何画面中。对象可以复制任意次，甚至复制到不同的画面中。与 Office 中的"Cut"和"Paste"使用方法类似。

（3）对象从一个画面复制到其他画面

使用"Copy"和"Paste"，所选择的对象可以复制到剪切板，并从那里粘贴到任何画面中。复制到剪贴板的好处是该对象可以插入多次并可以插入到不同的画面中。

6.2 组态过程画面

6.2.1 设计过程画面的结构

一个 WinCC 项目一般包含多幅过程画面，且各个画面之间应能按要求互相切换。根据项目的总体要求和规划，首先需要对过程画面的总体结构进行设计，确定需要创建的过程画面以及每个画面的主要功能等；其次需要分析各个画面之间的关系，并根据操作的需要安排画面之间的切换顺序。各画面之间的相互关系应该层次分明、操作方便。

一般来说，一个 WinCC 监控项目在设计时，应该包括以下几个画面：

1）工艺流程画面：针对系统的总体流程，给操作员一个直观的操作环境，同时对系统的各项运行数据也能实时显示。

2）操作控制画面：操作员可能对系统进行启动、停止、手动/自动等一系列的操作，通过此界面可以很容易地操作。

3）趋势曲线画面：在过程控制中，许多过程变量的变化趋势对系统的运行起着重要的影响，因此趋势曲线在过程控制中尤为重要。

4）数据归档画面：为了方便用户查找以往的系统运行数据，需要将系统运行状态进行归档保存。

5）报警提示画面：当出现报警时，系统会以非常明显的方式来告诉操作员，同时对报警的信息也进行归档。

6）参数设置画面：有些系统随着时间的运行，一些参数会发生改变，操作员可根据自己的经验对相应的参数进行一些调整。

6.2.2 设计过程画面的布局

与通用的绘图软件相同，首先需要设计画面的大小及布局，再在画面中添加对象和组态对象属性。画面的大小由分辨率来决定，如 1024×768 像素、1280×1024 像素；而对于 22in（1in=0.0254m）的宽屏显示器，分辨率为 1680×1050 像素。

画面的布局按照功能分为 3 个区域，即总览区、按钮区和现场画面区。

总览区：组态标识符、画面标题、带日期的时钟、当前用户和当前报警行。

按钮区：组态在每个画面中显示的按钮盒，通过这些按钮可实现画面的切换功能。

现场画面区：组态各个设备的过程画面。

1．画面布局一

如图 6-14a 所示，画面上方是总览区，中间是现场画面区，下方是按钮区。

2．画面布局二

如图 6-14b 所示，画面左上角是标志，画面上方是总览区，中间是现场画面区，左下方是按钮区。

图 6-14 常用的画面布局示意图

6.2.3 画面对象

图形编辑器中的"Object"是预先完成的图形元素，它们可以有效地创建过程画面，可以轻松地将所有对象从对象选项板插入到画面中，再对插入到画面中的对象进行组态，与过程动态链接，实现对象的动态化，用来控制和监视过程，而这些对象在对象选项板中都可以找到。

对象选项板提供 4 种对象组中的对象，见表 6-1。

92

表 6-1　对象选项板中的对象

标 准 对 象	智 能 对 象	窗 口 对 象	管 对 象
线	应用程序窗口	按钮	多边形管
多边形	画面窗口	复选框	T 形管
折线	控件	单选框	双 T 形管
椭圆	OLE 对象	圆形按钮	管弯头
圆	I/O 对象	滚动条对象	
椭圆部分	棒图		
扇形	图形对象		
椭圆弧	状态显示		
圆弧	文本列表		
矩形	多行文本		
圆角矩形	组合框		
静态文本	列表框		
连接线	面板实例		
	.NET 控件		
	WPF 控件		
	3D 棒图		
	组显示		
	状态显示（扩展）		
	模拟显示（扩展）		

1．插入画面对象

【例 6-1】　以向画面中插入一个椭圆的例子来说明插入画面对象的过程。

1）展开椭圆所在的标准对象，选中椭圆。

2）将鼠标移动到画面中想要插入画面对象的位置。

3）按住鼠标左键不放，拖动鼠标，便可拖出椭圆。

4）松开鼠标的左键，完成对象插入，如图 6-15 所示。

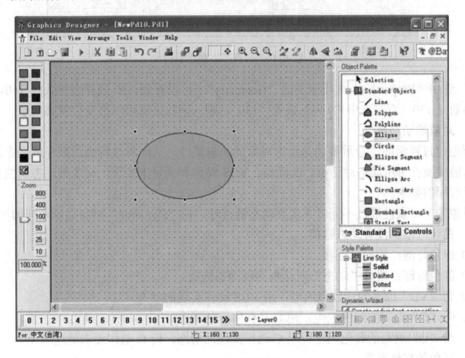

图 6-15　插入画面对象示例

2．对象的静态属性

对象的静态属性就是改变对象的静态数值，如对象的形状、外观、位置或可操作性。具体包含对象的几何（X、Y 位置和大小）、颜色（边框颜色、边框背景颜色、背景颜色、填充图案颜色和字体颜色）、字体（字体、字号、粗体、斜体、下划线、文本方向、X 对齐和 Y 对齐）和样式（边框粗细、边框样式和充填图案）等。以改变例 6-1 中椭圆的位置（X 和 Y）为例，说明改变静态属性的方法。

1）选中椭圆，单击鼠标右键，弹出快捷菜单，单击"Properties"命令，弹出"Object Properties"对话框，如图 6-16 所示。

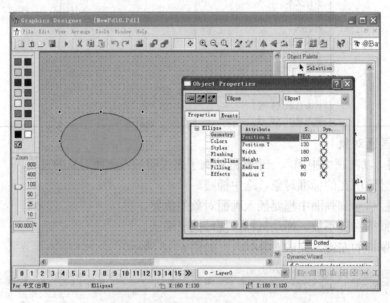

图 6-16　改变静态属性示例

2）选中"Properties"选项卡下的"Geometry"，可以看到，X 的静态参数是 160，Y 的静态参数是 130，双击选中"160"或者"130"，输入新数值就可以改变位置参数了。

3．对象的动态属性

要创建过程画面，最重要的是组态对象的动态属性，从而将过程画面制作成动态。对象的动态链接属性可用动态对话框、C 动作、VBS 动作和变量来实现。对象的动态属性可以适应显示过程的要求。

对象的某一属性通过不同方式实现动态链接时，在"Dynamic"列将显示不同的图标。

1）白色灯泡：没有动态链接。

2）绿色灯泡：用变量连接。

3）红色灯泡：通过"动态"对话框实现动态链接。

4）带"VB"缩写的浅蓝色闪电：用 VBS 动作实现的动态。

5）带"C"缩写的绿色闪电：用 C 动作实现的动态。

6）带"C"缩写的黄色闪电：用 C 动作实现的动态，但 C 动作还未通过编译。

4．对象的事件属性

在"Object Properties"窗口中，"Events"表示由系统或操作员给对象发送的。如果在对象的事件中组态了一个动作，那么当有事件产生时，相应的动作将被执行。可组态的事件动作有 C 动作、VBS 动作和直接连接。

对象的事件属性组态不同的动作有不同的图标显示。

1）白色闪电：事件没有组态动作。

2）蓝色闪电：事件组态为直接连接的动作。

3）带"C"缩写的绿色闪电：事件组态为 C 动作。

4）带"C"缩写的黄色闪电：事件组态为 C 动作，但 C 动作还未通过编译。

5）带"VB"缩写的浅蓝色闪电：事件组态为 VBS 动作。

5．组对象

当需要将多个对象作为一个整体使用时，可以使用组对象。在所有需要编组的画面对象被选中的前提下，用鼠标右键单击任意一个被选中的画面对象，在弹出的对话框中选择"Group object"→"Group"，此时所有选中的对象就成为一个对象。如图 6-17 所示，在椭圆对象的下方添加一个矩形，将两者编组。

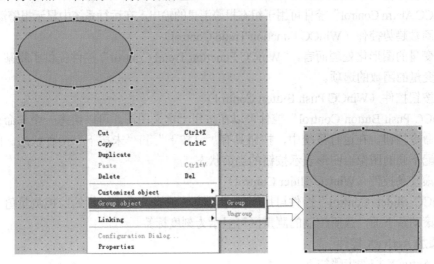

图 6-17　组对象示例

6.2.4　控件

控件提供了将控制和监控系统过程的元素集成到过程画面中的选项。WinCC 支持下列控件类型：

1）ActiveX 控件。ActiveX 控件是来自任意供应商的控件元素，可通过基于 OLE 的定义接口由其他程序来使用这些控件。在 WinCC 中加入 ActiveX 控件，除了使用第三方的 ActiveX 控件外，WinCC 也自带了一些 ActiveX 控件。

2）NET 控件。NET 控件是来自 Microsoft 的.NET framework 2.0 的任意供应商的控件元素。

3）WPF 控件。WPF 控件是来自 Microsoft 的.NET framework 3.0 的任意供应商的控件元素。

1. 常用的 WinCC ActiveX 控件

（1）时钟控件（WinCC Digital/Analog Clock Control）

使用"WinCC Digital/Analog Clock Control"控件，可将时间显示集成到过程画面中。在运行系统中，将显示操作系统的当前系统时间。时间可显示为模拟或数字式时间。此外，数字显示包含当前日期。

（2）量表控件（WinCC Gauge Control）

"WinCC Gauge Control"控件用于显示以模拟测量时钟形式表示的监控测量值。警告和危险区域以及指针运动的极限值均用颜色进行了标记。

（3）在线表格控件（WinCC Online Table Control）

"WinCC Online Table Control"控件显示来自归档变量表单中的数值。

（4）在线趋势控件（WinCC Online Trend Control）

"WinCC Online Trend Control"控件以趋势曲线的形式显示来自归档变量表单中的数值。

（5）报警控件（WinCC Alarm Control）

"WinCC Alarm Control"控件可用于组态报警消息的输出，在运行系统中显示报警消息。

（6）函数趋势控件（WinCC Function Trend Control）

对于变量的图形化处理而言，"WinCC Function Trend Control"控件提供了将某一变量显示为另一变量的函数的选项。

（7）按钮控件（WinCC Push Button Control）

"WinCC Push Button Control"控件可以在按钮上定义图形。可以组态一个与命令的执行相关联的命令按钮。在运行系统中，按钮具有"已按下"和"未按下"两种状态。两种状态均可以分配不同的图像给图形表示按钮的当前状态。

（8）滚动条控件（WinCC Slider Control）

"WinCC Slider Control"控件可用于显示以滚动条控件形式表示的监控测量值。当前值将显示在滚动条下面，且所控制的测量区可显示为刻度标签。

2. 添加 ActiveX 控件

添加 ActiveX 控件步骤如下：

1）用鼠标右键单击"Controls"选项卡选择"Add/Remove…"，打开"Select OCX Controls"对话框。

2）在"Select OCX Controls"对话框的"Available OCX Controls"区域中，显示了在操作系统中注册的所有 ActiveX 控件。在控件列表中选择需要添加的控件，所选择的控件前的复选标记有红色"√"标记，再单击所选控件，在"Details"区域中显示所选择的 ActiveX 控件的路径和程序标识号。

3）单击"Register OCX"后，弹出"打开"对话框，按照"Details"区域中显示的 ActiveX 控件的路径，打开程序。

4）单击"OK"按钮后，所选控件将添加到 ActiveX 控件中。

例如，添加一个 List Box 控件。首先用鼠标右键单击 ActiveX 控件，选择"Add/Remove"选项，弹出"Select OCX Controls"对话框，如图 6-18 所示，选择"Microsoft Forms 2.0 ComboBox"，在下边的"Details"中会出现注册路径。单击"Register OCX"按钮，按照路径提示"C:\WINDOWS\system32\FM20.DLL"选择"FM20.DLL"即可

注册，如图 6-19 所示。再按"OK"按钮，"Microsoft Forms 2.0 ComboBox"控件即加入到 ActiveX 控件中。

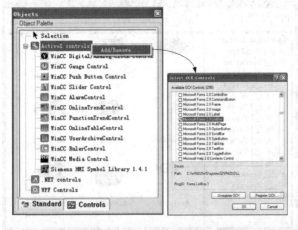

图 6-18　"Select OCX Controls"对话框

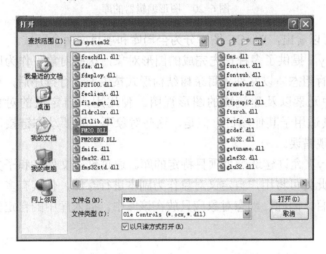

图 6-19　注册"FM20.DLL"对话框

6.2.5　WinCC 图库

WinCC 中虽然提供了一些标准对象用于绘制图形，但对于一些比较复杂的图形，用标准对象绘制不仅费时费力，也不够美观，因此是不现实的。WinCC 提供了丰富的图库元件供用户使用。使用"Library"对话框工具栏中的工具可进行下列设置：

1）在库中可以创建或删除按主题对库对象进行排序的文件夹。

2）复制、移动和删除库对象，或将其添加到当前画面。

3）可以使用用户定义对象扩展库。

4）对库对象的显示进行组态。

单击图形编辑器工具栏中的"Display Library"按钮，或在菜单栏中选择"View"→"Library"命令，打开图形编辑器的库，如图 6-20 所示。选中某个库，单击库工具栏中的

"Giant Icons"按钮 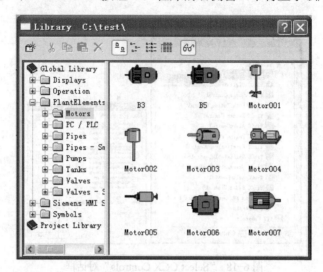 和"Preview"按钮 ，在库的右侧窗口中将显示该库中的所有对象。

图 6-20 图形编辑器的库

从图 6-20 中可以看出，WinCC 图库分为全局库和项目库两个区域。

"Global Library"提供了多种预先完成的图形对象，这些对象可作为库对象插入到画面中，并根据需要进行组态。以文件夹目录树结构形式按主题进行排序后，可提供机器与系统零件、仪器、控件元素以及建筑物的图形视图。使用用户自定义的对象可扩展"Global Library"，以便使其适用于其他项目。但是，这些对象不一定要动态链接，以避免在将其嵌入到其他项目时出现错误。

"Project Library"允许建造一个项目特定的库。通过创建文件夹和子文件夹，可按主题对对象进行排序。此处可将用户自定义对象作为副本进行存储，使其有多个用途。因为项目库只适用于当前项目，因此，动态对象应只放在该库中。插入库中的自定义对象的名称可自由选取。

6.3 过程画面的动态化

6.3.1 画面动态化基础

1. 触发器和更新周期

创建过程画面最重要的工作是组态过程画面和画面对象的动态属性，从而使得过程画面和画面中的对象可以反映过程的变化，这称为画面的和画面对象的动态化。组态动态变化时必须涉及触发器和更新周期的概念，指定触发器和更新周期是组态系统的重要设置，它影响画面、画面对象的更新以及后台脚本的处理等。

图 6-21 列出了 WinCC 的触发器类型，相关概念如下：

1）周期性触发器：是 WinCC 中处理周期性动作的方法，周期性触发器的动作将在固定时间间隔内重复执行。周期性触发器的第一个时间间隔的起始点要与运行系统的起始点一致，间隔时间由周期确定。可选择 250ms～1h 之间的周期，也可使用自定义的用户周期。对于过程画面和画面对象，还可以选择基于窗口周期的周期性触发器和基于画面的周期性触发器。

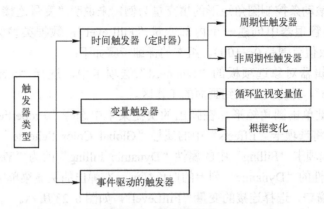

图 6-21　触发器类型

2）非周期性触发器：非周期性触发器的动作只执行一次，起始点由日期/时间确定。

3）变量触发器：变量触发器由一个或多个指定的变量组成。如果这些变量中某一个数值的变化在启动查询时被检测到，则与这样的触发器相连接的动作将执行。"循环监视变量值"是按一定的时间间隔查询变量的值，第一个时间间隔的起始点与运行系统的起始点一致，间隔时间由周期确定；"Upon Change"无论变量的值何时发生变化，该触发器关联的动作都执行。对于过程变量，"Upon Change"模式相当于一个有 1s 周期的循环读作业。

4）事件驱动的触发器：只要事件一发生，与该事件相连接的动作就将执行。例如，事件可以是鼠标控制、键盘控制或焦点的变化等。

5）画面周期：将周期性的触发器用做触发器。周期时间由画面的属性"Update Cycle"定义。该周期提供了一个选项，可集中定义在画面中使用的所有动作的周期。

6）窗口周期：将周期性的触发器用做触发器。周期时间由"Picture Window"对象的"Update Cycle"对象属性定义。该周期提供了一个选项，可集中定义在"Picture Window"对象中使用的所有动作的周期。

2．动态化类型

WinCC 提供了对过程画面的对象进行动态化的各种不同的方法，具体包括：利用变量连接进行动态化、通过直接连接进行动态化、使用动态对话框进行动态化、使用 C 动作进行动态化、使用 VBS 动作进行动态化和使用动态向导进行动态化。以下分别介绍。

6.3.2　变量连接

当变量与对象的属性连接时，变量的值将直接传送给对象属性，使其动态化。

1．变量连接的组态方法

选中组态变量连接的对象，并打开"Object Properties"窗口，在"Properties"选项卡中选择想要动态化的属性，用鼠标右键单击"Dynamic"列上的白色灯泡，在弹出的快捷菜单中选择"Tag…"命令，打开"变量－项目"窗口中选择需要连接的变量。完成后，"Dynamic"列上的绿色灯泡和连接的变量名称说明了该属性已经组态了变量连接的动态化。

"Update Cycle"列如果没有进行修改，图形编辑器中的默认触发器设置将作为其更新周期。

2．组态实例

【**例 6-2**】 以滚动条控制圆角矩形的填充量为例，来说明"变量连接"使用方法。首先要在 WinCC 变量管理器中创建一个内部变量"FillLevel"，数据类型为"Unsigned 8-bit value"（填充量的取值范围是 0~100）。组态的详细步骤如下：

1）在图形编辑器对象选项板的"Standard"选项卡中，选择"Standard Objects"→"Rounded Rectangle"，并将其添加到画面的工作区。

2）用鼠标右键单击圆角矩形，在弹出的快捷菜单中选择"Properties"，打开"Object Properties"窗口，将选项卡"Effects"中的属性"Global Color Scheme"改为"No"，如图 6-22 所示。再将选项卡"Filling"中的属性"Dynamic Filling"改为"Yes"，用鼠标右键单击"Fill Level"属性的"Dynamic"列上的白色灯泡，在弹出的快捷菜单中选择"Tag…"打开"Tag-Project"窗口，选择连接的变量"FillLevel"，如图 6-23 所示。

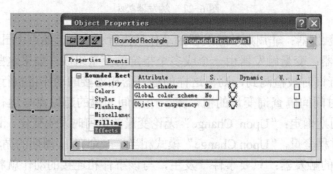

图 6-22　Object Properties（Effects）对话框

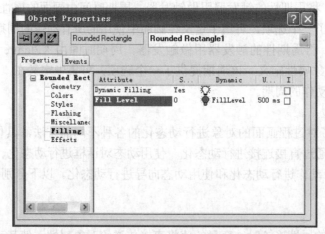

图 6-23　Object Properties（Filling）对话框

3）在对象选项板的"Standard"选项卡中选择"Windows Object"→"Slider Object"，并将其添加到画面的工作区，将自动弹出"Slider Configuration"对话框，如图 6-24 所示，单击 按钮，打开"Tag-Project"窗口，选择连接的变量"FillLevel"，按实际需要设置"Limits"框中的"Max.Value"、"Min.Value"和"Steps"等参数。

保存画面，在 WinCC 图形编辑器或项目管理器中激活项目，用鼠标拖动画面中的滚动条，可以看到圆角矩形填充量的变化，运行结果如图 6-25 所示。

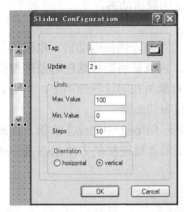

图 6-24　设置 "Slider" 的组态对话框

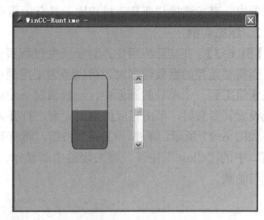

图 6-25　运行界面

6.3.3　直接连接

直接连接允许用户在一个对象事件基础上，组态从源到目标直接动态传递任何类型的数据。直接连接可用于组态画面切换键，读或写数据到过程变量中，或将数字值传给图形显示，它在画面中提供最快速的动态并可获得最好的运行性能。但直接连接只能用在过程画面中，并且只能创建一个连接。

1. 直接连接的组态窗口

打开 "Object Properties" 窗口后，选择 "Events" 选项卡，在左侧窗口的列表中选择事件组（例如 "Mouse" 事件组），在右侧窗口，用鼠标右键单击要组态动作的事件的 "Action" 列，在弹出的快捷菜单中选择 "Direct Connection"，打开直接连接的组态窗口，如图 6-26 所示。

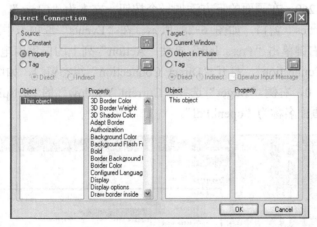

图 6-26　直接连接的组态窗口

直接连接组态窗口的左侧是 "Source" 框，右侧是 "Target" 框，直接连接组态的事件动作是一个赋值操作，即："Target" = "Source"。"Source" 可以是常数、对象的属性和变量等元素，目标可以是当前窗口（过程画面）的属性、画面对象的属性和变量等目标元素。当事件在运行系统中发生时，其对应的时间动作将"Source"的元素值赋给"Target"元素。可以看出，直接连接与变量连接相比，具有应用范围更广泛的赋值动态。

2．组态实例

【例 6-3】 在实际应用中，对于一些过程画面中的监控对象，例如电动机、电磁阀和泵等，当需要监控的参数较多时，可以考虑采用画中画显示。也就是将监控这些对象需要的画面元素组态到一个单独的画面中，一般情况下隐藏在监控对象所在的过程画面中，当需要查看或设置其参数时，单击相应的画面元素，打开为其单独组态的画面。

如图 6-27 所示，单击"Open"按钮，将打开小窗口显示例 6-2 中的动态实例，而单击小窗口中的"Close"按钮，将关闭画中画显示，下面介绍用直接连接的方法组态画中画的显示与隐藏。

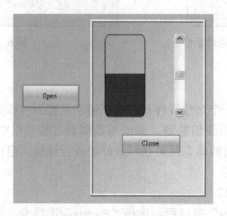

图 6-27　画中画显示实例

1）组态小窗口。打开在例 6-2 中创建的画面，用鼠标右键单击画面空余部分，打开"Object"窗口，在"Properties"选项卡中选择"Geometry"属性，在右侧窗口中设置画面宽度为 200，高度为 260。在画面的下方添加一个按钮，文本为"Close"。用鼠标右键单击该按钮，打开"Properties"窗口，如图 6-28 所示。在"Events"选项卡中选择"Mouse"，在右侧窗口中用鼠标右键单击"Press left"事件"Action"列上的白色闪电，在弹出的快捷菜单中选择"Direct Connection"，打开"Direct Connection"组态窗口，如图 6-29 所示。左侧"Source"选择常数 0，右侧"Target"选择"Current Window"的"Display"属性进行直接连接，保存画面，画面名称为"openl.Pdl"。

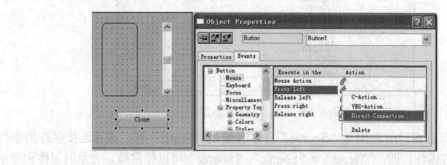

图 6-28　应用直接连接组态"Close"按钮

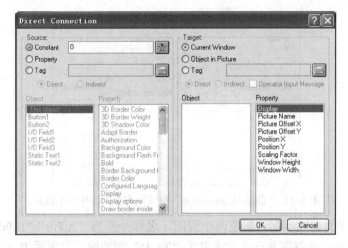

图 6-29 "Direct Connection" 窗口组态 "Close" 按钮的动作

2）组态画面窗口。新建一个画面，在画面中添加一个"Picture Window"（对象选项板
→"Standard"选项卡→"Smart Object"），用鼠标右键单击"Picture Window"，在弹出的快
捷菜单中选择"Properties"，打开"Object Properties"窗口。在"Properties"选项卡中选择
"Geometry"属性，设置"Picture Window"的宽度为 200，高度为 300。在左侧窗口选择
"Miscellaneous"属性，在右侧窗口设置"Display"属性的静态值为"No"，"Border"属性
的静态值为"Yes"，"Picture Name"属性的静态值为"open.Pdl"，如图 6-30 所示。

3）组态显示画中画的按钮。用鼠标右键单击图 6-27 中的"Open"按钮，打开"Object
Properties"窗口。在"Events"选项卡中选择"Mouse"，在右侧窗口中用鼠标右键单击
"Press left"事件"Action"列上的白底色闪电，在弹出的快捷菜单中选择"Direct
Connection"，打开组态窗口。左侧"Source"选择常数 1，右侧"Target"选择"Object in
Picture" → "Picture Window 1"的"Display"属性进行直接连接，如图 6-31 所示。

4）保存画面，在图形编辑器或项目管理器中激活项目，测试画中画显示的组态结果，
结果应与图 6-27 一致。

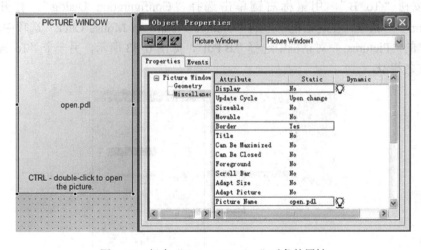

图 6-30 组态"Picture Window"对象的属性

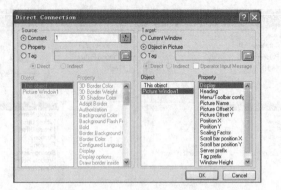

图 6-31 "Direct Connection"窗口组态显示画中画的按钮

【**例 6-4**】 画面切换示例。新建两个画面，名称分别为"A.Pdl""B.Pdl"，为了便于区分，在画面 A 添加一个椭圆和一个文本名为"To B"的按钮，在画面 B 添加一个矩形和一个文本名为"To A"的按钮，如图 6-32 所示。

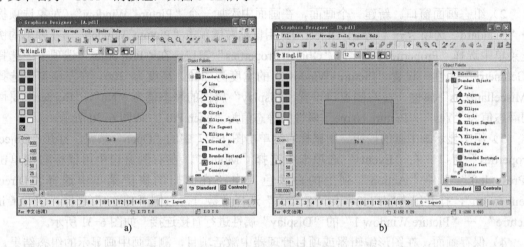

图 6-32 画面 A 与画面 B

选择按钮"To B"，用鼠标右键单击选择"Configuration Dialog"，打开"Button Configuration"对话框，在对话框下方的"Change Picture on Mouse Click"选项中单击 按钮，在弹出的"Pictures:"对话框中选择"B.Pdl"，如图 6-33 所示。另一个"To A"按钮的组态方式与之相似。

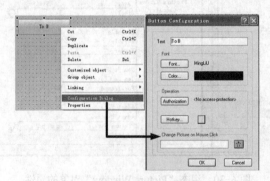

图 6-33 组态按钮"To B"

保存画面，运行项目，测试组态结果如图 6-34 所示。

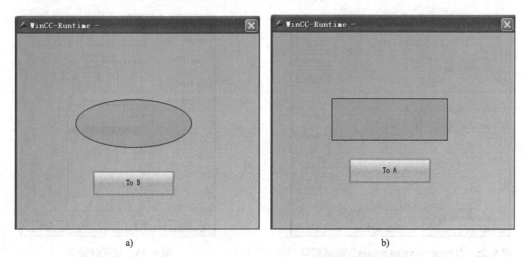

图 6-34　运行界面

6.3.4　动态对话框

　　如果实现对象的属性动态变化需要执行范围选择、状态判断以及函数运算等复杂的控制，则可以借助动态对话框的方法来组态。实际上，动态对话框是一个简化的脚本编程，根据用户输入的信息将其转化为 C 脚本程序。动态对话框只能用于组态对象的属性，不能用于对象的事件。

1. 动态对话框组态窗口

　　在"Object Properties"窗口选择"Properties"选项卡，在右侧窗口用鼠标右键单击需要动态化的属性的白色灯泡，在弹出的快捷菜单中选择"Dynamic Dialog..."，将打开动态对话框的组态窗口，如图 6-35 所示，其选项和参数设置说明如下：

　　（1）事件名称

　　"Event name"框用于设置动态对话框所组态的动态的触发器，如果没有设置触发器，则由系统指定触发事件的默认值，默认值取决于动态对话框中"Expression/Formula"的内容。单击 按钮，打开"Change trigger"对话框，如图 6-36 所示。在"Event"区域选择触发器的类型，可以是变量触发器，也可以是基于时间触发器类型的标准周期、画面周期或窗口周期。在"Trigger name"框可以为组态的触发器指定一个名称，而"Cycle"框设定的是时间触发器的更新周期。

　　（2）表达式/公式

　　指定用于定义对象属性的表达式，表达式可以是一个变量形式的简单表达式，也可以是包含算术运算（加+、减−、乘×、除÷）和逻辑运算（与&&、或| |、非!）的复杂表达式，还可以是 C 脚本函数。可以直接在框中输入表达式，也可以单击 将变量、C 脚本函数和操作符添加到表达式中。单击"Check"按钮，可以对表达式的语法进行检查。

　　（3）表达式/公式的结果

　　根据表达式/公式的结果，进行范围选择和状态判断等，从而定义对象属性不同的属性值。表达式/公式的结果还与"Data Type"的设置相关。

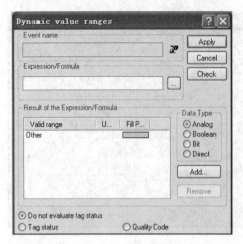

图6-35 "Dynamic value ranges"组态窗口 　　　　　图6-36 设置触发器

（4）数据类型

有4种数据类型可供选择，分别如下：

1）模拟量：可以单击"Add…"按钮，添加模拟量限制值内的多个数值范围，对象属性的值随数值范围变化而变化。

2）布尔型：用"TRUE"（1）和"FALSE"（0）定义两种不同的状态，对象属性的值也因此有两个不同的值。

3）位：定义某个字节（或字或双字）变量的一个位，其值（0/1）决定了对象属性的值。

4）直接：将"Expression/Formula"的值用做对象属性的值（与变量连接不同的是只能用于输出量）

（5）变量状态

用于监视运行系统中WinCC变量的状态。

（6）质量代码

用于监视运行系统中WinCC变量的质量代码。

2．组态实例

【例6-5】 以例6-2中组态的圆角矩形为例，介绍矩形填充颜色随模拟量的取值范围不同而发生变化的组态方法。具体表现为：变量"FillLevel"≤20时，填充色为绿色，20<"FillLevel"≤80为黄色，"FillLevel">80为红色。组态方法如下：

1）添加一个"I/O Field"对象，用以显示圆角矩形填充量数值大小。在对象选项板中的"Standard"选项卡中选择"Smart Objects"→"I/O Field"，并将其添加到画面的工作区，将自动弹出"I/O-Field Configuration"对话框，单击■按钮，打开"Tags-Project"窗口，选择连接的变量"FillLevel"。

2）用鼠标右键单击圆角矩形，在弹出的快捷菜单中选择"Properties"命令，打开"Object Properties"窗口。激活"Properties"选项卡，在左侧窗口的属性列中选择"Colors"属性，右侧窗口中用鼠标右键单击"Background Color"属性"Dynamic"列上的白色灯泡，在快捷菜单中选择"Dynamic Dialog"，打开"Dynamic value ranges"，如图6-37所示。

3）在窗口中选择数据类型为"Analog"，单击按钮，在弹出的快捷菜单中选择"Tag"，打开"Tags-Project"窗口连接变量"FillLevel"。单击按钮，打开"Change trigger"窗口，设置触发器类型为变量触发。单击"Add…"按钮，添加变量"FillLevel"的取值范围。如图 6-37a 所示，在"Result of the Expression/Formula"栏中组态圆角矩形的颜色，"Value Range1"对应的是变量"FillLevel"≤20，填充颜色为绿色；"Value Range2"对应的是变量 20<"FillLevel"≤80，填充颜色为黄色；"Other"对应的是变量"FillLevel">80，填充颜色为红色。单击"Apply"按钮，关闭"Dynamic value ranges"窗口。

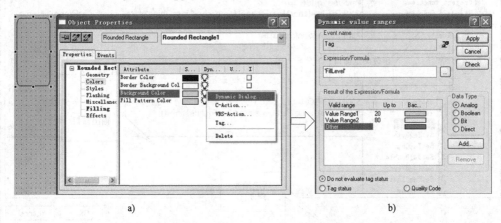

a)　　　　　　　　　　　　　　　　　　b)

图 6-37　应用动态对话框组态圆角矩形颜色

保存画面，在 WinCC 图形编辑器或项目管理器中激活项目，测试组态的结果，如图 6-38 所示。

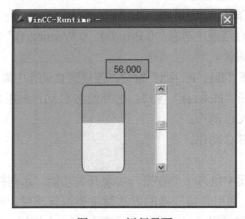

图 6-38　运行界面

6.3.5　C 动作

WinCC 的 C 脚本语言基于 ANSI C 标准，并允许用最大的灵活性定义动态对象。C 动作可用于组态对象的属性动态化和事件动作。当组态对象属性动态化时，对象属性的值将由 C 函数的返回值来确定，且必须组态属性动态的触发器。作用于对象的事件动作由对象属性变化的事件或其他事件来激活。

1．C 动作编辑器

在"Object Properties"窗口，用鼠标右键单击"Dynamic"列的白色灯泡或"Action"列白色闪电，选择"C-Action…"即可打开 C 脚本编辑器，如图 6-39 所示。

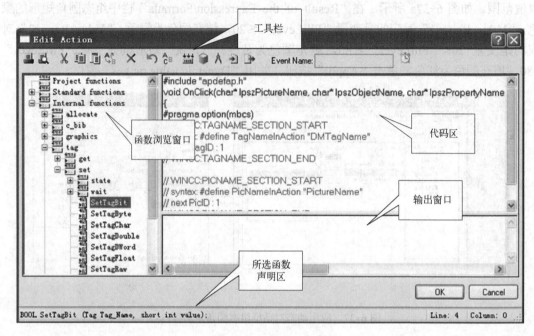

图 6-39　C 脚本编辑器

工具栏中几个常用按钮的功能如下：

1）Ⅲ 按钮：用于编译 C 动作函数。此过程由消息"Compile Action…"在对话框状态中进行说明。如果编译没有错误，消息"0 Error(s)，0 Warning(s)"将显示在状态栏中。每次修改代码后都要重新进行编译。

2）■ 按钮：用于打开"Tags-Project"窗口，连接到 C 动作中需要访问的 WinCC 变量。

3）Λ 按钮：用于打开"Pictures"窗口，选择组态 C 动作时组要访问的过程画面。

4）■ 按钮：用于导入 C 动作。

5）■ 按钮：用于导出 C 动作。

2．组态实例

【例 6-6】 在过程画面中组态一个按钮，实现开关功能，远程控制电动机的起动/停止、阀门的打开/关闭等问题。利用直接连接的方法解决类似问题时，需要组态两个按钮分别控制电动机的起动和停止，但是用 C 动作实现只需要组态一个按钮，具体组态方法如下：

1）在 WinCC 变量管理器中新建一个名为"C_Tag"的二进制变量。

2）添加一个按钮到过程画面绘图区，文本显示为"ON/OFF"。利用动态对话框对其背景颜色进行组态，当"C_Tag"值为 0 时，按钮显示为绿色，当"C_Tag"值为 1 时，按钮显示为红色。（具体组态方法参照 6.3.4 节）

3）用鼠标右键单击按钮对象，打开"Object Properties"对话框，在"Events"选项卡左侧窗口选择"Mouse"，在右侧窗口用鼠标右键单击"Press left"事件"Action"列上的白色闪电，在弹出的快捷菜单中选择"C-Action…"，打开 C 动作编辑器，如图 6-40 所示。在代码区输入如下程序：

```
{
BOOL temp;                        //定义一个 BOOL 型变量
temp=GetTagBit("C_Tag");          //读取变量"C_Tag"的当前值
temp=!temp;                       //将变量当前值取反
SetTagBit("C_Tag",temp);          //将取反后的值重新赋给变量"C_Tag"
}
```

4）保存画面，激活项目，测试组态结果，如图 6-40 所示。

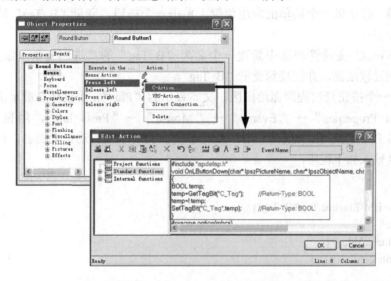

图 6-40　应用"C-Action"组态按钮的事件动作

6.3.6　VBS 动作

VBScript 是一种 VB 脚本语言，它是 VB 的一个子集，可以实现部分 VB 的功能。它与 ANSI C 脚本一样，可以在图形编辑器中的对象属性和对象事件中创建和编辑 VBS 动作。

1. VBS 脚本编辑器

在"Object Properties"窗口，用鼠标右键单击"Dynamic"列的白色灯泡或"Action"列白色闪电，选择"VBS-Action…"即可打开 VBS 脚本编辑器，如图 6-41 所示。

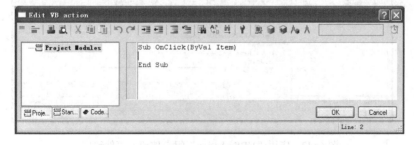

图 6-41　VBS 脚本编辑器

工具栏中几个常用按钮的功能如下：

1）⬛按钮：单击将对输入的脚本进行语法检查。如果没有错误，将弹出显示"No error occurred"的消息窗口。

2）⬛按钮：单击将打开"Tags-Project"窗口，可以选择 VBS 动作中需要用到的 WinCC 变量。

3）⬛按钮：单击将打开"Tags-Project"窗口，但是所选择的变量将带扩展返回参数。

4）⬛按钮：单击将打开"Object Browser"对话框，可以选择已创建的对象。

5）⬛按钮：单击打开"Pictures"对话框，选择组态 VBS 动作时要访问的过程画面。

2．组态实例

【例 6-7】 这里以一个简单的应用为例，单击一个按钮，变量"B_Tag"的值加一，具体组态方法如下：

1）在 WinCC 变量管理器中新建一个名为"B_Tag"的二进制变量。添加一个"I/O Field"对象到过程画面，并连接到变量"B_Tag"。

2）添加一个按钮到过程画面绘图区，文本显示为"Plus"。用鼠标右键单击按钮对象，选择"Object Properties"→"Events"→"Mouse"→"Press left"，用鼠标右键单击"Action"列上的白色闪电，选择"VBS-Action…"，打开 VBS 动作编辑器，如图 6-42 所示。在代码区输入如下程序：

```
Dim a
Set a=HMIRuntime.Tag("B_Tag")
a.Read
a.Value=a.Value+1
a.Write
```

3）保存画面，激活项目，测试组态结果，如图 6-43 所示。

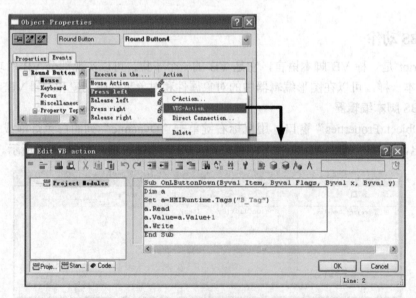

图 6-42 应用"VBS-Action"组态按钮的事件动作

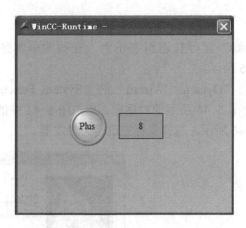

图 6-43 运行界面

6.3.7 动态向导

动态向导为图形编辑器带来了附加的功能，它提供大量的预定义 C 动作以支持频繁重复出现的过程的组态。利用动态向导，可使用 C 动作使对象动态化。当执行一个向导时，预组态的 C 动作和触发事件被定义，并被传送到对象属性中。动态向导提高了组态的效率，同时降低了发生组态错误的风险。用户可以用自己创建的函数对动态向导中的 C 动作进行扩展。

1．动态向导窗口

在图形编辑器的菜单栏中选择"View"→"Toolbars"命令，在弹出的"Toolbars"对话框中可以设置动态向导窗口的显示或隐藏，动态向导窗口可以在图形编辑器的任意位置显示。

在创建一个动态向导时，首先用鼠标选择对象，再在"Dynamic Wizard"中选择需要的动态向导，打开动态向导选择窗口，根据提示选择触发器。完成后在所选择的对象中会自动产生所选择的动态的 C 动作，如图 6-44 所示。预组态的 C 动作分为系统函数、标准动态、画面功能、导入功能和画面模块。

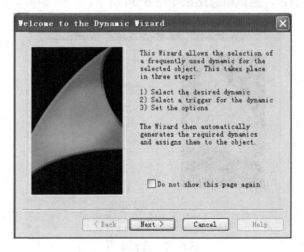

图 6-44 "Dynamic Wizard"对话框

2．组态实例

【例 6-8】 退出 WinCC 运行按钮组态示例。在画面编辑区新建一个"Exit WinCC Runtime"按钮，如图 6-45 所示。

选中新建按钮，双击"Dynamic Wizard"的"System Function" 选项卡中的"Exit WinCC Runtime"，会出现图 6-44 所示的对话框。单击图 6-44 中的"Next>"按钮，进入选择触发器对话框，如图 6-46 所示，选择鼠标左键作为触发器。

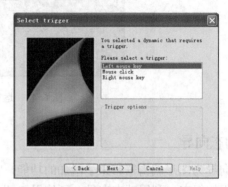

图 6-45 新建按钮　　　　　　　　　　图 6-46 选择触发器

单击图 6-46 中的"Next>"按钮，直至单击"Finish"按钮，这就成功使用动态向导组态了"Exit WinCC Runtime"按钮。可以运行项目进行测试。

【例 6-9】 画面切换示例。以例 6-4 中新建的画面为基础，使用动态链接的方法组态按钮。

选择按钮"To B"，双击"Dynamic Wizard"的"Picture Functions"中"Single picture change"，会出现图 6-44 所示的对话框。单击图 6-44 中的"Next"按钮，选择鼠标左键作为触发器，继续单击"Next"按钮，得到图 6-47 所示的对话框，单击 按钮，在弹出的"Pictures"对话框中选择"B.Pdl"。单击图 6-47 中的"Next"按钮，直至单击"Finish"按钮，即成功组态了"To B"按钮。另一个"To A"按钮的组态方式与之相似。

保存画面，运行项目，测试组态结果如图 6-34 所示。

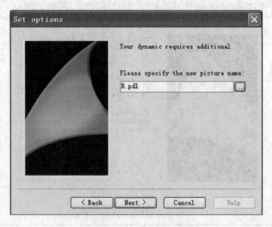

图 6-47 选择画面

6.4 习题

1. 简述图形编辑器的组成和功能。

2. 在设计监控项目时，一般应包括哪几个画面，试简述每个画面的功能。

3. 简述对象属性与对象事件之间的区别。

4. 试组态一个过程画面，要求如下：

1）在 WinCC 变量管理器中创建一个内部变量 "test"，数据类型为 "无符号 8 位数"。

2）新建画面，命名为 "test+学号"。

3）在画面上添加 "I/O 域" 和 "棒图" 分别以数值和动态形式显示变量的变化。

4）添加文本名为 "复位" 的按钮，利用动态链接组态，完成使变量数值清零的功能。

5）添加文本名为 "加 1" 的按钮，利用 C 动作组态，完成使变量数值加一的功能。

第 7 章 过程值归档

本章学习目标

了解 WinCC 项目中过程值归档的用途，掌握在变量记录中组态过程值归档，灵活运用各种控件输出归档过程值。

7.1 过程值归档基础

过程值归档（变量记录）的目的主要是采集、处理和归档过程数据。通过它可以对工业现场的历史生产数据做一个完备的记录，从而对当前和今后的工作起到很强的借鉴作用。

过程值归档的数据在 WinCC 运行系统中可以以趋势图或表格形式显示，也可以打印输出。

7.1.1 过程值归档流程

过程值归档流程示意图如图 7-1 所示，变量管理器（DM）通过通信驱动程序采集自动化系统（AS）中的过程数据；归档系统（Archive System）处理采集到的过程值，处理方式取决于组态归档的方式，包括是否以及何时采集过程值等；数据库（DB）保存要归档的过程值。

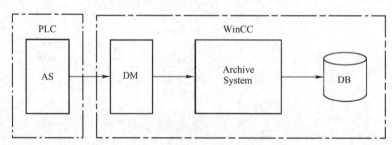

图 7-1　过程值归档流程示意图

7.1.2 过程值归档的方法

1. 相关概念

（1）事件

事件可发生在各种窗口中，可用事件启动和停止过程值归档，触发事件的条件可以链接到变量或脚本，在 WinCC 中分为以下类型的事件或动作：

二进制事件：对布尔类型变量的改变做出响应。

限制值事件：对限制值做出响应。可以分为超出上限值、低于下限值、到达限制值等情况。

计时事件：以某一个预先设定的时间间隔进行归档（时间设定值、班次改变、启动后时间段等）。

（2）周期

需要为过程值的采样和归档建立不同的时间周期。最小的时间间隔长度是 500ms，所有可以设置的时间都是此长度的整数倍。

采集周期：采集周期是从自动化系统中读出过程变量的周期。

归档周期：归档周期是将已获得和经过处理的 WinCC 变量传送到归档中的周期，它是采集周期的整数倍。

（3）归档函数

因为归档周期是采集周期的整数倍，所以进行归档之前，从过程变量中读取的所有过程值都将由归档函数进行处理。

在过程值归档中，可以使用的归档函数有当前值、总值、最大值、最小值、平均值以及动作。

1）当前值：保存所采集的最后一个过程值。

2）总值：保存所有采集到的过程值的总和。

3）最大值：保存所有采集到的过程值的最大值。

4）最小值：保存所有采集到的过程值的最小值。

5）平均值：保存所有采集到的过程值的平均值。

6）动作：保存的过程值由全局脚本中创建的函数进行计算。

2．过程值归档的方法

WinCC 变量记录系统中，是否以及何时采集和归档过程值取决于各种参数，组态哪些参数取决于所使用的归档方法，WinCC 可以使用不同的归档方法来归档过程值。

（1）周期性连续归档

运行系统启动时，过程值的周期性连续归档随之开始，过程值以恒定的时间周期采集并存储在归档数据库中，直至运行系统终止。

（2）周期性选择归档

发生启动事件时，过程值开始周期性选择归档，过程值以恒定的时间周期采集并存储在归档数据库中，归档在发生以下情况时结束：

1）运行系统停止。

2）启动事件不再存在。

3）发生停止事件。

（3）非周期性事件驱动归档

事件控制的过程值归档，通过布尔量或 C 脚本触发一次归档，将当前过程值保存在归档数据库中。

（4）非周期性值变化驱动归档

当过程值发生变化时，触发一次归档。

（5）过程控制归档

在过程控制归档中，将要归档的过程值在 PLC 块中编块，通过 WinCC 项目管理器将其作为原始数据类型变量发送到变量记录中。使用转换程序、格式化 DLL 在变量记录中准备数据并且存储在归档中。

（6）压缩归档

为了减少归档数据库中的数据量，可以对指定时期内的归档变量进行压缩归档，压缩通过数学函数实现，原来的归档过程值在压缩后如何处理取决于所使用的压缩方式，可以进行复制、移动或删除等操作。

7.1.3 过程值的存储

1．存储方式

过程值可存储在归档数据库的硬盘上，也可以存储在变量运行系统的主存储器中。

与存储在归档数据库中不同，在主存储器中归档的过程值只在系统激活时有效，而且存储在主存储器中的过程值无法进行备份。然而，存储在主存储器中的数据可以快速地写入和读出数据。

压缩归档无法存储在主内存中。

2．存储过程

这里是指存储在归档数据库中的过程值的存储过程，要归档的过程值存储在归档数据库的两个独立的循环归档中（A—快速归档；B—慢速归档），如图 7-2 所示，循环归档由数目可组态的数据缓冲区组成。数据缓冲区根据大小和时间周期定义。

快速归档：对于归档周期小于等于 1min（软件默认，可以修改）的归档称为快速归档。此类过程值归档以压缩方式存储在归档数据库中。

慢速归档：对于归档周期大于 1min 的归档称为慢速归档。此类过程值归档以非压缩方式存储在归档数据库中。

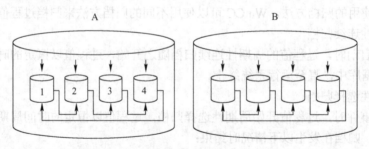

图 7-2　过程值在归档数据库中的存储

过程值被连续写入缓冲区中，如图 7-2 中的箭头和编号所示，如果达到数据缓冲区组态的大小或超出时间段，系统切换到下一个缓冲区，当所有数据缓冲区满时，第一个数据缓冲区中的过程数据会被覆盖。为了使过程数据不被覆盖过程破坏，可以将其进行备份。

7.2 在变量记录中组态过程值归档

可在变量记录中对定时器和要归档的过程值进行组态，还可以在变量记录中定义硬盘上的数据缓冲区以及如何导出数据。

7.2.1 变量记录编辑器

变量记录用于创建和管理过程值归档。在 WinCC 项目管理器的浏览窗口，双击变量管理打开变量记录编辑器窗口，如图 7-3 所示。

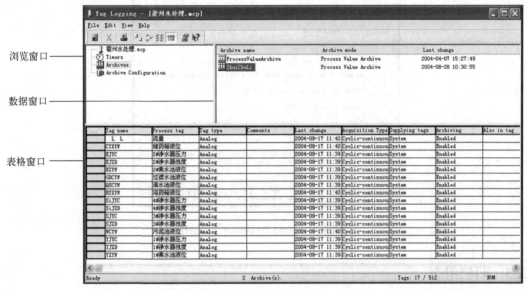

图 7-3 变量记录编辑器

1）浏览窗口：此处可选择对定时器、归档或归档组态进行编辑，其中在归档项中可通过归档向导创建过程值归档或压缩归档。

2）数据窗口：根据浏览窗口中所做的选择，可在此处创建或编辑归档或定时，也可组态快速归档和慢速归档。

3）表格窗口：表格窗口是显示归档变量或压缩变量的地方，这些变量存储于数据窗口所选的归档中。可以在此改变显示的变量的属性或添加一个新的归档变量或压缩变量。

7.2.2 定时器组态

单击变量记录浏览窗口中的"Timer"，右边数据窗口将显示所有已经组态的定时器。默认情况下系统提供了 5 个定时器：500 ms、1 second、1 minute、1 hour、1 day。

如果要使用不同于默认的定时器，可以根据工程需要组态一个新的定时器。例如组态一个 2 minute 的定时器。

1）在浏览窗口中，用鼠标右键单击"Timer"，从弹出菜单中选择"New…"命令，打开"Timers Properties"对话框，如图 7-4 所示。

2）定义新的定时器：输入名称，从列表中选择期望的基数，然后输入整数因子，定时器的时间是时间基准乘以系数的结果。

3）如果激活"Enter the starting point of t"复选框，通过输入新的起始点，可指定何时执行周期归档（例如在每 2 分钟的第 4 秒执行）。通过此项设置可使归档负载均匀分布。

4）单击"OK"按钮应用新的定时器。它将显示在数据窗口中，并可选择作为采集或归档周期。

图 7-4 "Timers Properties" 对话框

7.2.3 归档组态

单击变量记录浏览窗口中的 "Archive Configuration"，在右边的数据窗口中显示 "TagLogging Fast" 和 "TagLogging Slow"，双击 "TagLogging Fast" 或 "TagLogging Slow"，打开 "TagLogging Fast" 或 "TagLogging Slow" 对话框，如图 7-5 所示。对话框中有 "Archieve Configuration"、"Backup Configuration" 和 "Archive contents" 三个选项卡。

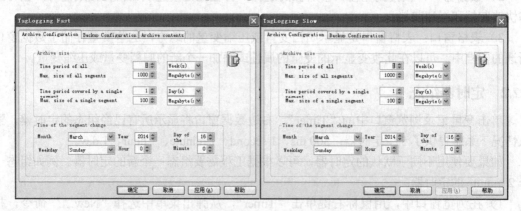

图 7-5 "TagLogging Fast" 和 "TagLogging Slow" 对话框

（1）"Archive contents" 选项卡

"归档内容" 选项卡如图 7-6 所示，总共有四个复选框可供设置，图中为默认情况。通过对此选项卡的设置来归类 "TagLogging Fast" 和 "TagLogging Slow"。

若激活 "Measuring values with event-driven acquisition" 复选框，则通过事件驱动采集的测量值被归档在 "TagLogging Fast" 中，若不激活，则通过事件驱动采集的测量值被归档在 "TagLogging Slow" 中。

若激活第二个复选框，则归档周期小于等于 1 分钟的测量值归档在"TagLogging Fast"中，归档周期大于 1 分钟的测量值归档在"TagLogging Slow"中，时间可进行设置，默认为 1 分钟。

第三个复选框是针对"Compressed Archive"，默认不激活，即压缩归档的压缩值默认归档在"TagLogging Slow"中。

若激活"Proc.-controlled meas. values"，则通过过程控制归档的测量值被归档在"TagLogging Fast"，若不激活，则通过过程控制归档的测量值被归档在"TagLogging Slow"中。

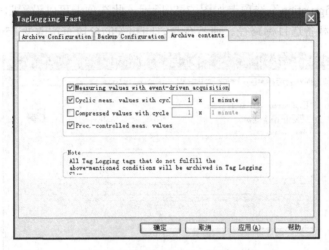

图 7-6 "Archive Contents"选项卡

（2）"Archive Configuration"选项卡

"Archive Configuration"选项卡如图 7-7 所示，此选项卡可以设置归档尺寸和更改分段的时间。

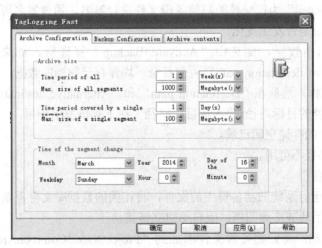

图 7-7 "Archive Configuration"选项卡

"Archive size"中分为"Time period of all/Max.size of all segments"和"Time period covered by a single segment/Max.size of a single segment"。

Time period of all/Max.size of all segments：此处可以定义归档数据库的大小，如果超出其中任意一个标准，则启动新的分段并删除最旧的分段。

Time period covered by a single segment/Max.size of a single segment：此处可以定义归档数据库中每段的大小，如果超出其中任意一个标准，则将启动一个新的分段，如果超出"Time period of all"标准，则最早的单个分段将被删除。

"Time of the segment change"用来定义首次改变段的开始日期和开始时间。

（3）"Backup Configuration"选项卡

定期进行归档数据的备份，可以确保过程数据的可靠完整。

"Backup Configuration"选项卡如图 7-8 所示，此选项卡可以设置归档是否备份以及归档备份的目标路径和备选目标路径。通常在与时间相关的分段首次改变 15min 后开始备份。

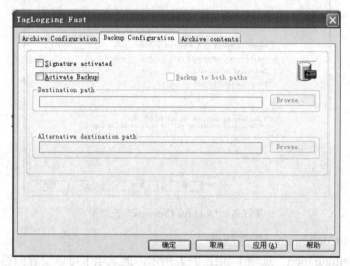

图 7-8 "Backup Configuration"选项卡

"Signature activated"为已交换的归档备份文件进行签名，通过签名可使系统能够识别归档备份文件在交换后是否发生变化。

如果要备份归档数据，则选中"Activate Backup"复选框，如果要在"Destination path"和"Alternative destination path"两个目录下均保存已归档的数据，那么激活"Backup to both paths"复选框。然后在"Destination path"和"Alternative destination path"的文本框中输入存储备份文件的目标路径。"备选目标路径"在下列情况下使用：

1）备份介质上的存储空间已满。

2）原始目标路径不可用。

（4）链接归档备份

为了可以访问运行系统归档备份中的文件，将相关的数据库文件重新链接到项目，可使用变量记录编辑器手动链接到归档，或自动建立链接。

自动链接到归档：将归档备份文件添加到"ProjectName\CommonArchiving"目录下。在运行系统时，过程值归档自动链接到项目。

手动链接到归档：在数据窗口中，用鼠标右键单击"TagLogging Slow"或"TagLogging Fast"，然后从弹出的菜单中选择"Link achive"选项，选择所需的数据库文件并单击

"OK"按钮。数据库文件与项目链接，过程值可以直接在运行系统中显示。

7.2.4 创建并组态归档变量

1．通过归档向导创建归档

（1）创建归档

在通过归档向导创建归档时，有两种归档类型可以选择：过程值归档和压缩归档。

1）过程值归档：过程值归档存储归档变量中的过程值。在组态过程值归档时，选择要归档的过程变量和存储位置。

2）压缩归档：压缩归档压缩来自过程值归档的归档变量。在组态压缩归档时，选择计算方法和压缩时间段。

在 WinCC 变量记录中通过归档向导创建过程值归档的步骤如下：

1）在变量记录的浏览窗口中，用鼠标右键单击"Archives"按钮，在弹出的菜单中选择"Achive Wizard…"命令，打开"Creating An Archive"对话框。如图 7-9 所示。

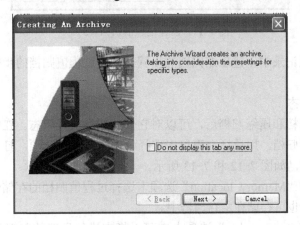

图 7-9　创建过程值归档（1）

2）单击"Next"按钮，如图 7-10 所示，在"Archive Name"框中输入合适的归档名称，选择归档类型为"Process Value Archive"，单击"Next"按钮。

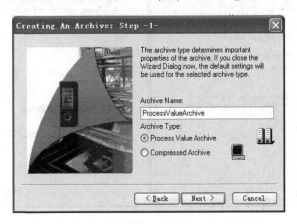

图 7-10　创建过程值归档（2）

3）如图 7-11 所示，单击"Select"按钮，打开"Tag-Project"对话框，选择想要归档的变量，也可以创建完之后进行变量添加。单击"Finish"按钮，新的过程值归档包含在变量记录的数据窗口中，所选择的归档变量显示在表格窗口中。

图 7-11 创建过程值归档（3）

在 WinCC 变量记录中创建压缩归档的步骤与创建过程值归档的步骤类似，在此不再赘述。

（2）归档属性组态

创建完过程值归档和压缩归档后，可以对它们的属性进行组态。在数据窗口中选择创建的过程值归档或压缩归档，用鼠标右键单击选择"Properties"选项，打开"过程值归档或压缩归档属性"对话框，如图 7-12 和 7-13 所示。

在过程值归档的"Memory location"选项卡选择过程值归档的存储位置，归档变量的值可以存储在硬盘上，也可存储在主存储器中。

在压缩归档的"Compression"选项卡中可以指定进行压缩的归档变量的时间区间和对压缩的归档变量的处理方法。

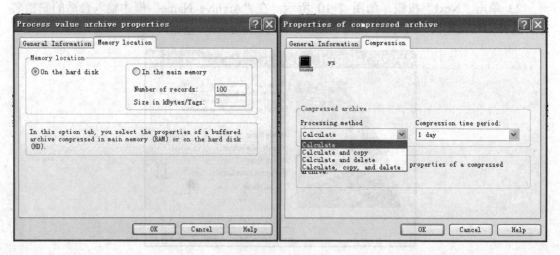

图 7-12 "Process value archive properties"对话框　　图 7-13 "Properties of compressed archive"对话框

2. 创建并组态归档变量

（1）在创建的过程值归档中添加变量

在创建的过程值归档中添加变量的步骤如下：

1）在变量记录数据窗口中，选择需要在其中创建归档变量的过程值归档，右键单击选择"New Tag…"选项，打开变量选择对话框。

2）在"Tags-project"窗口中选择想要对其值进行归档的变量（二进制变量或模拟量变量）。

3）单击"OK"按钮以接受所选择的变量。

（2）组态二进制归档变量

在表格窗口中用鼠标右键单击上一步中创建的二进制归档变量，在弹出的菜单中选择"properties"选项，将打开"Process tag properties"对话框，如图 7-14 所示。该对话框中有三个选项卡，即"Archive Tag"选项卡、"Archiving"选项卡和"parameters"选项卡。

图 7-14 "Process tag properties"对话框

1）"Archive Tag"选项卡

"Archive Tag"选项卡如图 7-14 所示，其设置如下：

① 在"Name of the archive tag"处，根据需要改变归档变量的名称。归档变量名称也可以与过程变量名一致。

② 定义归档变量是手动提供还是由系统提供。

③ 在"Archiving"选项组中，定义是否在系统启动时激活归档。如果中央归档服务器（CAS）将归档变量视为具有长期关联性的变量，则激活控件框"Relevant long term"。

④ 也可将归档变量值写入其他变量中，以便归档变量用于其他用途。单击"Select"按钮，选择待写入的变量。

2）"Archiving"选项卡

"Archiving"选项卡如图 7-15 所示，在此选项卡中可以选择周期性连续归档、周期性选择归档、非周期性事件驱动归档、非周期性值变化驱动归档四种归档方法并进行相应组态。

对于周期性连续归档，在"Archiving type"下拉列表中选择"cyclic"归档类型，设置归档周期。

对于周期性选择归档，还可在"Events"组中组态开始事件和停止事件，单击"…"按钮，在变量管理器中选择一个变量或在函数浏览器中选择一个 C 脚本。该变量或函数必须返回"TRUE"或"FALSE"值。"TRUE"表示启动或停止事件存在，"FALSE"表示启动或停止事件不存在。

对于非周期性事件驱动归档，在"Archiving type"下拉列表中选择"Acyclic"归档类型，在"Acquisition"下拉列表中选择"event-controlled"，在"Events"组中，定义基本事件。单击"…"按钮，在变量管理器中选择一个变量或在函数浏览器中选择一个 C 脚本。该变量或函数必须返回"TRUE"或"FALSE"值。在有上升沿或者下降沿时，即从"TRUE"变为"FALSE"或从"FALSE"变为"TRUE"时，触发一次归档。

对于非周期性值变化驱动归档，选择"Archiving type"为"Acyclic""Acquisition"为"on change"，在 WinCC 画面控件中，定义一个显示周期以显示长时间未修改的值，在区段更改期间，如果在变量的过程值未更改的情况下还要归档该值，需要激活"Archive after segment change"的复选框。

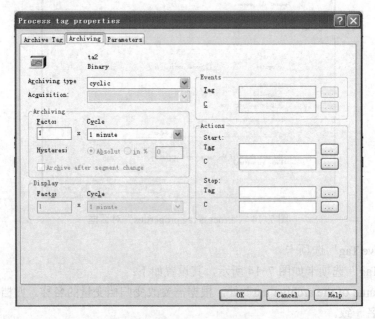

图 7-15　"Archiving"选项卡

3）"Parameters"选项卡

"Parameters"选项卡如图 7-16 所示，其设置如下：

① 在"Archiving"区域中，指定何时归档过程值。如果当前过程值始终要在趋势图中显示，则选择"always"。

② 在"Save on error"区域中，定义读取过程值错误时，用于归档的值。"Last Value"指成功地从过程读取的最后一个值；"Substitute value"指在变量属性框中组态的过程值的替换值。

124

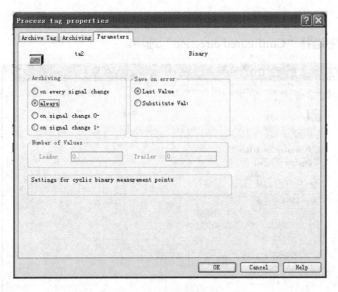

图 7-16 "Parameters" 选项卡

（3）组态模拟量归档变量

在表格窗口中，用鼠标右键单击上一步中创建的模拟量归档变量，在弹出的菜单中选择"Properties"选项，将打开"Process tag properties"对话框，该对话框中有五个选项卡，即"Archive tag"选项卡、"Archiving"选项卡、"Parameters"选项卡、"Display"选项卡和"Compression"选项卡。

1）"Archive Tag"选项卡和"Archiving"选项卡组态与二进制变量类似，在此不再赘述。

2）"Parameters"选项卡如图 7-17 所示。对于周期性归档，在"Processing"组中选择一个归档函数。如果选择的是"Action"选项，则通过全局脚本创建的函数计算最近记录的过程值。使用"Select"按钮调用函数浏览器。

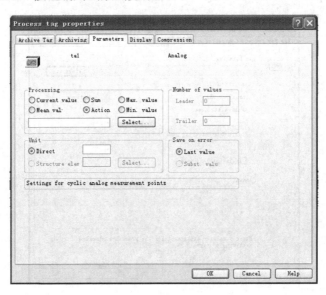

图 7-17 模拟量 "Parameters" 选项卡

3）"Display"选项卡如图 7-18 所示，要归档和显示介于下限和上限的过程值，则在"Display"选项卡中选择"Configured direction"选项。

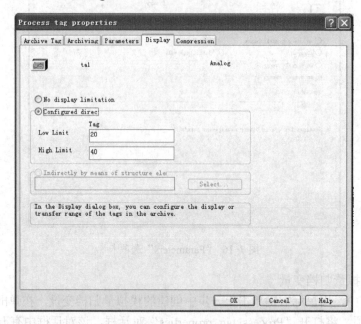

图 7-18　模拟量"Display"选项卡

（4）创建过程控制变量

创建过程控制变量的步骤如下：

1）在变量记录数据窗口中选择要在其中创建新的过程控制变量的过程值归档，用鼠标右键单击选择的过程值归档，在弹出的菜单中选择"New Process Controlled Tag…"选项，打开"Properties of process controlled tag"对话框，如图 7-19 所示。

图 7-19　"Properties of process controlled tag"对话框

2）从列表中选择与正在使用的控制器匹配的"Conversion DLL"。

3）单击"Select"按钮，在变量选择对话框中选择原始数据变量。当选择了原始数据变量时，会提示用户输入一个或多个 ID 号。ID 号的数量取决于所选择的格式 DLL。数值用于形成内部归档变量名。

4）也可在"Archive tag name"下输入过程控制变量别名。如果没有在该域内输入名称，则使用 WinCC 中的内部归档变量名。

5）如果中央归档服务器（CAS）将归档变量视为具有长期关联性的变量，则激活控件框"Relevant long term"。

6）单击"OK"按钮，完成过程控制变量的创建。

（5）创建并组态压缩变量

创建压缩变量步骤如下：

1）在变量记录数据窗口中选择要添加压缩变量的压缩归档，用鼠标右键单击选择的压缩归档，在弹出的菜单中选择"Selection Tag"选项，打开"Select Compressed Tags"对话框，如图 7-20 所示。

2）所有可选择的过程值归档变量显示在左半窗口，在其中选择要成为压缩变量的过程值归档变量，单击">"按钮后再单击"OK"按钮以传送压缩变量，每一个所选归档变量的压缩变量在表格窗口中显示。

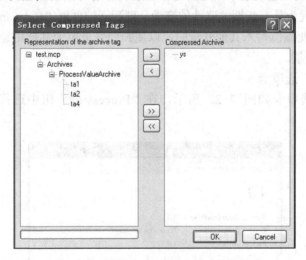

图 7-20 "Select Compressed Tags"对话框

创建完压缩变量后，可以对压缩变量进行组态，在表格窗口中选择要组态的压缩变量，用鼠标右键单击选择"Properties"选项，打开"Properties of compressed tag"对话框，如图 7-21 所示。该对话框中有两个选项卡，即"Archive Tag"选项卡和"Parameters"选项卡。

1）"Archive Tag"选项卡

"Archive Tag"选项卡如图 7-21 所示，其设置如下：

① 在"Archive Tag"名称选项处，根据需要改变归档变量的名称。归档变量名称也可以与过程变量名一致。

② 定义归档变量是手动提供还是由系统提供。

图 7-21 "Properties of compressed tag"对话框

③ 在"Archiving"选项组中，定义是否在系统启动时激活归档。如果中央归档服务器（CAS）将归档变量视为具有长期关联性的变量，则激活控件框"Relevant long term"。

④ 也可将归档变量值写入其他变量中，以便归档变量用于其他用途。单击"Select"按钮，选择待写入的变量。

2）"Parameters"选项卡

"Parameters"选项卡如图 7-22 所示，在"Processing"组中选择压缩过程值的数学函数。

图 7-22 "Parameters"选项卡

7.3 过程值归档的输出

WinCC 图形编辑器提供两个 ActiveX 控件用于显示过程值归档，WinCC Online Trend Control 以趋势的形式显示已归档的过程变量的历史值和当前值，WinCC Online Table Control 以表格的形式显示已归档的过程变量的历史值和当前值。

7.3.1 在画面中组态趋势控件

在画面中组态趋势控件的步骤如下：

1）在图形编辑器的"Object Palette"上，选择"ActiveX controls"选项卡上的 WinCC Online Trend Control，如图 7-23 所示，将其拖入到画面编辑区至满意尺寸后释放，此时，"WinCC OnlineTrendControl 属性"对话框自动打开，如图 7-24 所示，关闭属性对话框后也可通过鼠标右键单击选择"Configuration Dialog…"来打开。

图 7-23 WinCC OnlineTrendControl

2）"General"选项卡中，组态在线趋势控件的基本属性：控件的窗口属性，控件的显示，趋势值的写入方向，控件的时间基准等。

3）"Trend Window"选项卡，可以定义一个或多个趋势窗口并进行相关组态。

4）"Time axes"和"Value axes"选项卡，可以组态一个或多个时间轴和数值轴及与之相对应的属性，将坐标轴分配到趋势窗口中。

5）"Trends"选项卡，定义要在趋势窗口中显示的趋势并将其分配到趋势窗口，趋势的时间轴和数值轴应该是已分配给趋势窗口的时间轴和数值轴，每个组态的趋势必须与在线变量或归档变量相连接。

6）通过设置"Online configuration"选项卡，用户可以在运行期间对 WinCC 控件进行参数化。

7）在"Toolbar"和"Status Bar"选项卡中，组态趋势控件的工具栏和状态栏。

8）保存组态。

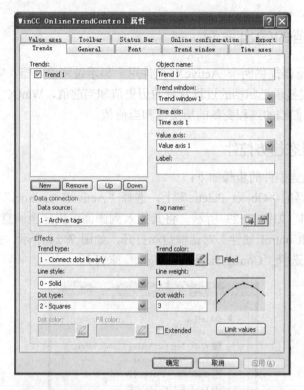

图 7-24 "WinCC OnlineTrendControl 属性"对话框

7.3.2 在画面中组态表格控件

在画面中组态表格控件的步骤如下：

1）在图形编辑器的"Object Palette"上，选择"ActiveX controls"选项卡上的 WinCC Online Table Control，如图 7-25 所示，将其拖入到画面编辑区至满意尺寸后释放，此时，"WinCC OnlineTableControl 属性"对话框自动打开，如图 7-26 所示，关闭属性对话框后，也可通过鼠标右键单击选择"Configuration Dialog…"来打开。

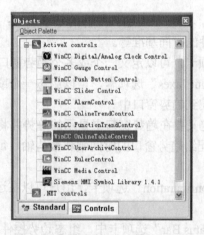

图 7-25 WinCC OnlineTableControl

2）"General"选项卡中，组态在线趋势控件的基本属性。

3）"Time columns"选项卡中为表格组态一个或多个具有时间范围的时间列。

4）"Value columns"选项卡可以组态一个或多个数值列，将时间列分配给数值列，每个组态的数值列必须与在线变量或归档变量相连接。

5）"Parameter"、"Selection"和"Effects"选项卡组态表格的显示和属性。

6）通过设置"Online Configuration"选项卡，用户可以在运行期间对 WinCC 控件进行参数化。

7）在"Toolbar"和"Status Bar"选项卡中，组态趋势控件的工具栏和状态栏。

8）保存组态。

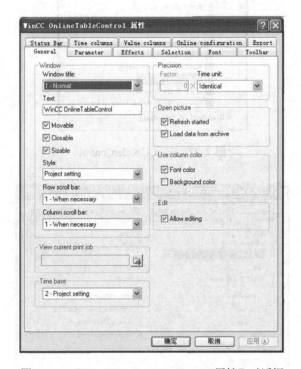

图 7-26　"WinCC OnlineTableControl 属性"对话框

7.3.3　在画面中组态标尺控件

如果希望显示趋势控件或者表格控件的坐标值或统计值，则需要组态 WinCC Ruler Control 控件，将其与趋势控件或者表格控件相连接。

在画面中组态标尺控件的步骤如下：

1）在图形编辑器的"Object Palette"上，选择"ActiveX controls"选项卡上的 WinCC Ruler Control，如图 7-27 所示，将其拖入到画面编辑区至满意尺寸后释放，此时，"WinCC RulerControl 属性"对话框自动打开，如图 7-28 所示，关闭属性对话框后也可通过鼠标右键单击选择"Configuration Dialog…"来打开。

2）"General"、"Toolbar"和"Status Bar"选项卡组态控件的基本属性。其中，在"General"选项卡的"Source"域中，选择所组态控件的对象名称，控件的类型显示在

"Type" 域中。

3）"Blocks" 选项卡如图 7-29 所示。每个列对应一个块。要定义选定列的属性，请单击相应的块。如果块中存在特殊格式，则可以组态块的格式。如果此时不采用已连接控件的格式设置，则禁用选项 "Apply from source"，定义所需的格式。

图 7-27　WinCC RulerControl

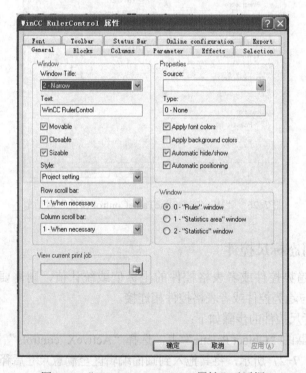

图 7-28　"WinCC RulerControl 属性" 对话框

4）"Columns" 选项卡如图 7-30 所示。使用箭头键选择要为已分配控件显示的窗口类型的列，使用 "Up" 和 "Down" 按钮定义列的顺序。

5）"Parameter"、"Selection" 和 "Effects" 选项卡组态表格的显示和属性。

132

6）通过设置"Online Configuration"选项卡，用户可以在运行期间对 WinCC 控件进行参数化。

7）保存组态。

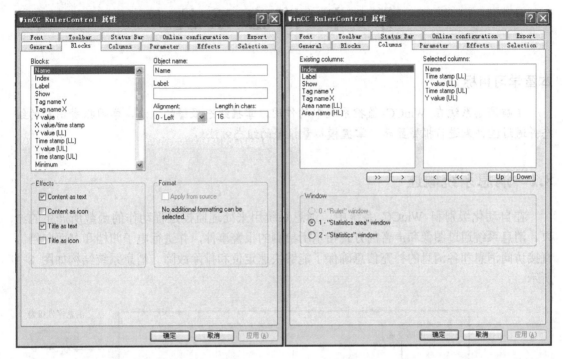

图 7-29　"Blocks"选项卡　　　　　　图 7-30　"Columns"选项卡

7.4　习题

1. 简述过程值归档的目的，并画出过程值归档的流程示意图。
2. 过程值归档的方法有哪些？
3. 新建一个变量，对其进行归档并以趋势图和表格的形式对其当前值、历史值进行显示。

第8章 消息系统

本章学习目标

了解消息系统在 WinCC 监控系统中的作用，掌握组态报警的方法，学习报警消息的组态并通过控件来进行报警显示，掌握模拟量报警的组态方法。

8.1 消息系统概述

在自动化级别和 WinCC 系统中，消息系统用来处理监控过程动作的函数所产生的结果。消息系统通过图像和声音的方式指示所检测的报警事件，并进行电子归档和书面归档。直接访问消息和各消息的补充信息确保了能够快速定位和排除故障。消息系统结构如图 8-1 所示。

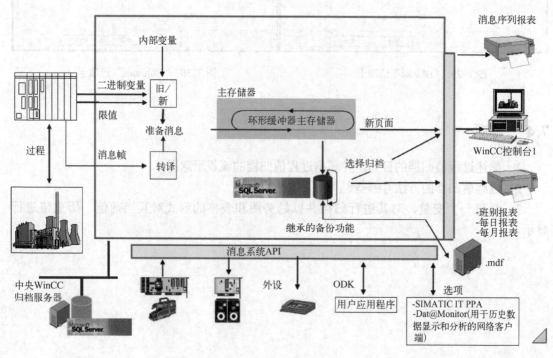

图 8-1 消息系统结构

1. 消息分类

消息系统用于在一个重要点按时间先后顺序标记和归档事件，而该点在消息处理过程中是随机发生的。事件或消息帧都可引发消息。

其中，事件分为两类，即二进制事件和监控事件：

1）二进制事件是内部或外部变量的状态改变。

2）监控事件包括归档和硬盘的溢出、打印机消息、服务器故障以及过程通信故障。WinCC 报警记录不直接支持监控事件。

消息帧是 WinCC 使用一个 RawData（原始数据类型）变量获取 PLC 主动发送的所有消息帧，然后用特定格式的动态链接库从该数据帧中提取出相关的报警信息，在 HMI 上实现归档显示等功能。

消息系统分三种消息：

1）运行消息用于显示过程中的状态。

2）报警消息用于显示过程中的错误。

3）系统消息用于显示来自其他应用程序的错误消息。

2．消息类别和消息类型

消息类别用于定义消息的多个基本设置。在报警记录中，具有类似行为（例如具有相同的消息状态确认方法或颜色分配）的消息可归组成消息类别和消息类型。系统默认组态以下消息类别："错误""系统，需要确认"和"系统，没有确认"，但最多可定义 16 个消息类别。并且，具有相同确认方法的消息可以归入单个消息类别。

消息类型为消息类别的子组，并可根据消息状态分配的颜色进行区分，但最多可为每个消息类别创建 16 个消息类型。

3．消息行

在消息窗口中，每条消息均显示在自己的消息行中。消息行的内容取决于将要显示的消息块：

1）对于系统消息块，将显示消息块的值，例如日期和时间。

2）对于过程和用户文本块，将显示其内容，例如用户所定义的文本。

4．消息块

运行期间的消息在表格中按行显示。这里，单个消息由显示在表格域中的信息所组成。信息的这些单个片断称作消息块。消息块可细分为三组：

1）带有系统数据的系统块，例如日期、时间、消息编号和状态。

2）具有过程值的过程值块，例如当前的填充量、温度或转速。

3）带有解释性文本的用户文本块，例如带有故障位置和原因等信息的消息文本。

尽管系统块的内容是固定的，但用户可以修改过程值块和用户文本块的内容。系统块中的选择只影响数据显示，对记录无影响。

5．消息事件和消息状态

消息事件就是指消息的"到达""离去"和"确认"。所有消息事件都存储在消息归档中。

消息状态就是消息的可能状态："已到达""已离去"和"已确认"。

6．确认方法

确认方法就是从消息"到达"时起到消息"离去"时止的这段时间内，对消息进行显示和处理所采用的方法。在报警记录中，可以实现下列确认方法：

1）不带确认的单个消息。

2）需要进行到达确认的单个消息。

3）需要双模式确认的单个消息。

4）需要单模式确认的初始值消息。

5）需要单模式确认的新值消息。

6）需要双模式确认的新值消息。

7）无需确认的没有"已离去"状态的消息。

8）需确认的没有"已离去"状态的消息。

7. 变量分类

（1）消息变量

在位消息的操作步骤中，控制系统将通过消息变量发信号来通知在过程中事件的发生。通过一个消息变量可以屏蔽多条消息。消息变量的一个位，只能触发一条消息。

（2）确认变量

在单个消息中，使用一个确认变量或确认变量位来触发确认及显示状态。如果确认变量是 BOOL 型变量，可直接通过确认变量触发；而如果是确认变量的某一位，则需要确认位。

如果对应确认位的值为"1"，则表示该单个消息已确认。

如果对应确认位的值为"0"，则表示该单个消息尚未确认。

（3）状态变量

消息类型的"已到达/已离去"状态以及要确认的消息的标识符存储在状态变量内。单个消息的这两种状态存储在状态变量中，每条单个消息占用状态变量中的 2 位。对于不同类型的状态变量，可以存储的状态变量个数也不同，但在一个 32 位状态变量中最多可记录 16 条单个消息。

1）确认位：当接收到需要确认的单个消息且尚未确认时，状态变量中的确认位就会变为"1"；当确认了需要确认的单个消息，确认位将变为"0"。

2）"到达/离去"状态位和"确认"状态位的位置：状态变量中"到达/离去"状态位的位置由状态位标识。"确认位"的位置取决于状态变量的数据类型与指示"已到达/已离去"状态位的距离，"8 位无符号"变量为 4 位，"16 位无符号"变量为 8 位，"32 位无符号"变量为 16 位。

以"32 位无符号"数据类型的状态变量为例：如果状态变量为"32 位无符号"数据类型，且状态位 = 9，状态变量的位 9 指示单个消息的"到达/离去"状态。状态变量的位 25 指示此单个消息是否需要确认。相应地，位"0~15"分别对应于"32 位"状态变量的位"16~31"。

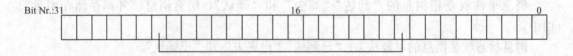

（4）锁定变量

锁定变量用于判断组消息的锁定状态。锁定变量没有专门指定的结构，但变量必须是无符号变量类型。因此，可采取下列方式组态锁定变量：

1）为每条组消息组态单独的锁定变量。

2）将多条组消息组合在单个锁定变量中，通过锁定位标识组消息。

如果使用锁定对话框在运行期间锁定了某个组消息，则在组态的变量中设置相关的锁定位。

（5）隐藏变量（通过表格阐述）

隐藏变量用于自动隐藏属于用户自定义组消息的单个消息。在单个消息的参数中，通过指定隐藏掩码来隐藏单个掩码时的系统状态。

隐藏掩码的十六进制值由经过组态的系统状态构成。隐藏变量必须接受系统状态的值才能使消息被隐藏。隐藏变量的值与其"Process cell state"相对应，以下部分列出了隐藏变量的四个示例。

1）隐藏掩码 0x0。隐藏已禁用，消息不会被隐藏。系统状态组态如图 8-2 所示。

2）隐藏掩码 0x1。如果隐藏变量的值为"1"，则消息将被隐藏。系统状态组态如图 8-3 所示。

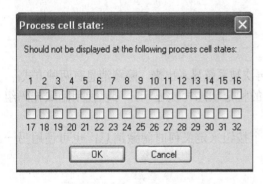

图 8-2　系统状态组态（隐藏禁用）

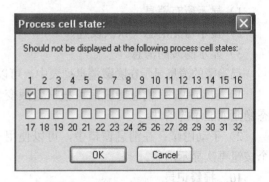

图 8-3　系统状态组态（掩藏掩码=0x1）

3）隐藏掩码 0xD。如果隐藏变量的值为"1"、"3"或"4"，则消息将被隐藏。系统状态组态如图 8-4 所示。

4）隐藏掩码 0xFFFFFFFF。如果隐藏变量的值大于零，则消息将被隐藏。系统状态组态如图 8-5 所示。

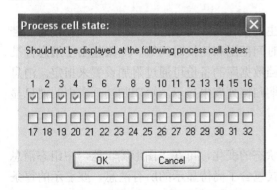

图 8-4　系统状态组态（隐藏掩码=0xD）

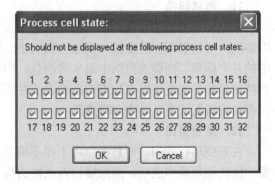

图 8-5　系统状态组态（掩藏掩码=0xFFFFFFFF）

8. 锁定和解锁消息

为了减少消息事件的数量，可以重新锁定和解锁已知的重复消息。系统区分消息的主动和被动锁定/解锁。对于主动锁定，消息源必须通过确认和有效的日期/时间戳来锁定/解锁消息。此外，消息源的常规查询必须返回当前锁定的消息。如果消息源满足这些要求，则主动锁定/解锁消息；否则，被动锁定/解锁 WinCC 的消息。

对于主动的锁定，将锁定请求发送给消息源（例如 AS）。只有在消息源确定为锁定之后，消息才在 WinCC 中锁定，以上过程也可用于解锁消息，只有那些已按时间顺序在 AS 层中组态了的消息才能主动锁定/解锁。

对于被动锁定，消息将在 WinCC 的报警服务器中进行锁定/解锁。消息源没有包含在此过程中。

9．隐藏消息

隐藏消息能够减小系统用户的信息负载。可以选择是否要将消息显示在消息列表、短期归档列表和长期归档列表中，其显示内容取决于"显示选项"对话框中所激活的选项。可能的选项有：

1）显示所有消息。

2）显示可见消息（默认设置）。

3）显示隐藏的消息。

已隐藏的消息显示在隐藏消息列表中，可以再次被系统显示出来。隐藏消息有两种方式：

1）自动隐藏：消息隐藏后可根据隐藏变量的特定状态再次显示，可以使用隐藏掩码组态隐藏或显示的条件。

2）手动隐藏：在消息窗口中，可以使用一个按钮来定义何时隐藏消息，也可使用另一个按钮再次显示消息。

10．报警记录

在 WinCC 报警控件中，有两个选项可用于记录消息：

1）利用消息顺序报表将当前所有未决消息的状态更改（已到达、已离去和已确认）均输出到打印机。

2）各个消息列表中的消息可以通过 WinCC 报警控件中的"打印当前视图"按钮直接打印输出。

11．消息归档

根据消息类别的不同，可将消息状态中发生的变化写入可组态的归档。归档在消息归档中实现，可设置不同的参数，例如归档大小、时间范围和切换时间等。如果超出了组态标准中的某个标准，则覆盖归档中最早的消息。归档数据库的备份可通过附加设置来指定。消息归档中保存的消息可以在长期归档列表或在短期归档列表中显示。短期归档列表中的消息显示在接收新到达消息时被立即更新。

12．消息窗口

在系统运行期间，消息窗口用于指示消息状态的变化，可在"图形编辑器"中组态消息窗口的外观和操作选项。消息窗口以表格的形式包含了尚待显示的所有消息，要显示的每条消息均显示在自己的行（消息行）中。消息窗口可分为六种类型：

1）消息列表：用来显示当前未决的消息。

2）短期归档列表：用于显示存储在消息归档中的消息。当新的消息到达时，消息显示立即更新。

3）长期归档列表：用于显示存储在消息归档中的消息。

4）锁定列表：用于显示已经在系统中锁定的所有消息，已锁定的消息可通过工具栏上的按钮解锁。

5）统计列表：包含了与消息相关的统计信息。

6）隐藏消息列表：用于显示消息列表、短期归档列表或长期归档列表中由于自动或手动隐藏了的所有消息。

8.2　报警记录的组态

8.2.1　报警记录编辑器

在 WinCC 项目管理器里打开报警记录编辑器，如图 8-6 所示。报警记录界面由导航窗口、数据窗口和表格窗口组成。

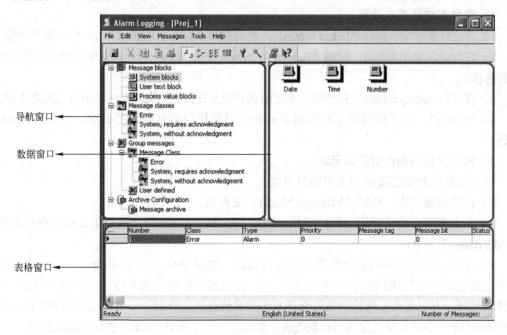

图 8-6　报警记录界面

（1）导航窗口

如果要组态消息，可按指定顺序访问树形视图中的文件夹。快捷菜单可访问单个区域和其元素。

（2）数据窗口

数据窗口包含可用对象的图标。双击对象，可访问相应的消息系统设置，也可使用快捷菜单显示对象属性。这些属性会随选定的对象而不同。

（3）表格窗口

表格窗口包含一个具有所有已生成的单个消息和已组态消息属性的表格。可通过双击，编辑单个域，也可用"查找"菜单在所有列或选定列中搜索术语和数字。如果要搜索文本字符串，那么可以在搜索关键字之前或之后使用通配符"*"。

8.2.2 报警记录中组态消息

在报警记录中，可指定哪些消息和内容将会显示在消息窗口中，并进行归档。消息的组态分为以下步骤：

1）使用系统向导指定消息系统的基本设置。

2）按用户先决条件组态消息块。

3）组态消息类别。

4）组态消息类型。

5）组态单个消息

6）组态组消息。

7）组态模拟量报警。

1．消息系统的基本设置

1）在文件菜单中，选择"Select Wizard"，然后选择"System Wizard"，单击"OK"按钮。

2）在起始屏幕出现之后，使用"Selecting Message Blocks"对话框来指定要由系统向导创建的消息块。

3）在"Presetting classes"对话框，指定消息类别及其相应的确认方法和相关的消息类型。

4）"Finale！"对话框提供了将由向导创建的消息块和消息类别的概况，单击"Finish"按钮。

2．按用户先决条件组态消息块

（1）添加或删除已选择列表中的消息块

1）在导航窗口中，选择"Message blocks"文件夹。

2）在数据窗口中选择所需的消息块（例如"System blocks"），然后用鼠标右键单击选择"Add/Remove"命令。

3）在可用的系统块列表中选择需要的消息块，如图 8-7 所示。单击 ——> 将这些消息块添加到已选的系统块列表中，单击 —>> ，将添加所有可选的系统块，单击"OK"按钮以确认选择。从已选的系统块列表中选择要删除的消息块。单击 <— 将这些消息块移动至可用系统块列表。如要删除已定的所有系统块，单击 <<— 。单击"OK"按钮以确认选择。

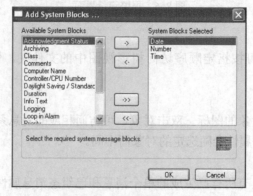

图 8-7 系统消息块列表

4）以相同的方式添加用户文本块和过程值块。

（2）修改可用消息块的属性

1）在导航窗口中选择"System blocks"文件夹。

2）在数据窗口中，选择所需的消息块（例如"Time"）。在快捷菜单中选择"Properties"命令，或双击消息块。将打开已选消息块的属性对话框，如图8-8所示。

3）在对话框中，对消息块的属性（例如名称）进行编辑。单击"OK"按钮。

4）以相同的方式修改用户文本块和过程值块的属性。

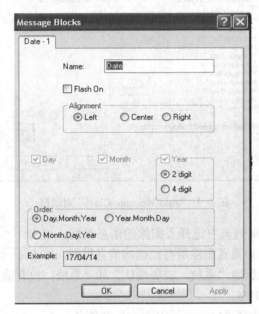

图 8-8　"Message Blocks"对话框

3．组态消息类别

组态消息系统时，必须为每条消息分配一个消息类别。这样可以不必单独为每个消息定义大量基本设置，而只需为整个消息类别定义全局应用的设置。具有相同确认方法的消息可以归入单个消息类别。消息类型为消息类别的子类，可根据消息状态的颜色进行区分。WinCC 提供 16 个消息类别和 2 个预设的系统消息类别。报警记录编辑器默认提供下列标准消息类别：错误；系统，需要确认；系统，没有确认。

（1）需要确认的系统消息类别

必须对分配给需要确认的系统消息类别的到达消息进行确认，以便从队列中删除该消息。确认后消息立即消失。在系统消息类别的"Configure message classes"对话框中，可以组态参数设置。

（2）消息类别

分配给不需确认的系统消息类别，且无需确认的消息。在系统消息类别的"Configure message classes"对话框中，可以组态参数设置。

使用报警记录组态消息类别的步骤：

1）添加或删除消息类别。

① 在导航窗口中，选择"Message Classes"文件夹。

② 在数据窗口中，用鼠标右键单击空白处选择"添加/删除"选项，打开"Add Message Class..."对话框，如图 8-9 所示。从可用的消息类别列表中选择所需的消息类别，单击 ─> 将这些消息类别添加至已选的消息类别列表中。如果要添加所有可用的消息类别，单击 ─>> 。最后单击"OK"按钮以确认选择。

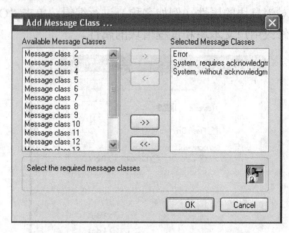

图 8-9 "Add Message Class"对话框

③ 从已选的消息类别列表中选择要删除的消息类别，单击 <─ 将这些消息类别移动至可用的消息类别列表。如果要删除所有已选的消息类别，单击 <<─ 。单击"确定"按钮以确认选择。注意：不能删除"系统，需要确认"和"系统，没有确认"消息类别。

2）对消息类别进行组态。

① 在导航窗口中，选择"Message Classes"文件夹。

② 在数据窗口中选择要组态的消息类别，右键单击打开已选消息类别的"Properties"对话框，如图 8-10 所示。

图 8-10 "Configure message classes"对话框

③ 在"Configure message classes"对话框中，选择要显示和编辑消息类别的"Properties"选项卡，例如，"Name of the Class"、"Message Types"、"Acknowledgment"及其相关的"Status Texts"。

④ 单击"OK"按钮，关闭对话框。

3）组态消息类别的确认。

对消息进行确认，就是定义在"Came In"和"Went Out"状态之间，在运行系统中显示和处理消息，确认组态对话框如图 8-11 所示。所有确认选项的意义见表 8-1。

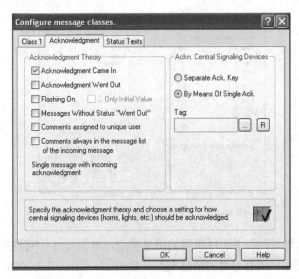

图 8-11　"Acknowledgment"组态对话框

表 8-1　消息确认状态

选　项	描　述
Acknowledgment Came In	选中带"Acknowledgment Came In"的单个消息的复选框。必须确认该消息类别的到达消息。否则，在确认前，消息一直保留未决状态
Acknowledgment Went Out	选中需要双模式确认的单个消息复选框。必须确认该消息类别的离去消息
Flashing on	选中带单模式或双模式确认的新数值消息的复选框。当其显示在消息窗口中时，该消息类别的消息将闪烁。为了使消息的消息块在运行系统中闪烁，则必须在相关消息块的属性中启用闪烁
Only Initial Value	选中需要单模式确认的初始值消息复选框。只有此消息类别中的第一条消息在消息窗口中显示闪烁，"Flashing On"复选框必须预先选中
Message Without Status "Went Out"	选中带或不带确认的无"Went Out"状态的消息的复选框。如果选择该选项，则消息将不具有"Went Out"状态；如果消息仅识别"Came In"状态，则不将该消息输入到消息窗口中，而是只进行归档
Comments assigned to unique user	如果选中了此复选框，则将消息窗口中的注释分配给已登录的用户，需在"user text block"系统块中输入用户。如果至今没有输入任何注释，则任何用户都可输入第一个注释。在输入第一个注释之后，所有其他用户只能对注释进行读访问
Comments always in the message list of the incoming message	如果选中了此复选框，到达消息的注释总是与动态组件"@100%s@"、"@101%s@"、"@102%s@"和"@103%s@"一起显示在用户文本块中。随后的显示则取决于消息列表中消息的状态

如果已选择了某些选项，可能将不再能选择其他选项。要选择这些选项，必须撤消先前的选择。如果消息类型不需要进行确认，且不具有"Went out"状态，则它将不会显示在消

息窗口中，仅对消息进行归档。如果在组消息内使用这样的消息，则这种消息的出现不会触发组消息。

4. 组态消息类型

（1）添加/删除消息类型

1）在导航窗口中选择"Message classes"文件夹下某个具体的消息类别。

2）在数据窗口空白处右键单击选择"Add/Remove Message Types"命令，打开"Add Message Type"对话框，如图 8-12 所示。

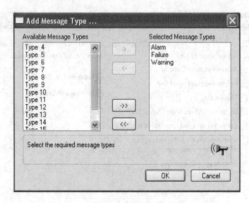

图 8-12 "Add Message Type"对话框

3）从可用的消息类型列表中选择所需的消息类型，单击 ➞ 将这些消息类型添加至已选的消息类型列表中。要添加所有可用的消息类型，单击 ➞➞ 。单击"OK"按钮以确认选择。

4）在已选的消息类型列表中选择要删除的消息类型，单击 ⬅ 将这些消息类型移动至可用的消息类型列表中。要删除所有已选的消息类型，单击 ⬅⬅ 。单击"OK"按钮以确认选择。

（2）对消息类型属性进行修改

1）在导航窗口中，选择需更改消息类型的消息类别。

2）在数据窗口中选择消息类型，右键单击选择"Properties"命令，打开"Type"对话框，如图 8-13 所示。

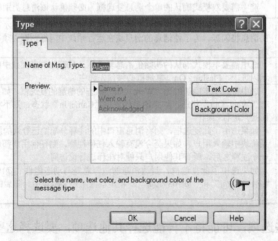

图 8-13 "Type"对话框

3）在对话框中更改消息类型的属性。例如，"Came in"状态的文本颜色和背景颜色。单击"OK"按钮，关闭对话框。

5. 组态单个消息

（1）单个消息的创建与删除

单个消息由定义的消息块组成。在报警记录的表格窗口中，通过鼠标右键插入新的一行或复制并粘贴已存在的单个消息，可创建一条新的单个消息；同理也可删除一条单个消息。

（2）修改单个消息的属性

在报警记录的表格窗口中，用右键单击单个消息，选择"Properties"命令，打开单个消息的属性对话框，如图8-14所示。单个消息的参数说明见表8-2。

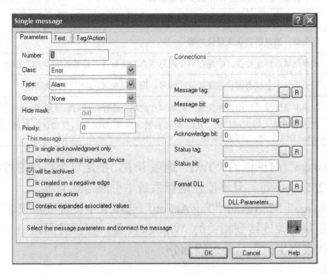

图8-14 "Single message"属性对话框

表8-2 单个消息的参数

参　　数	描　　述
Number	单个消息的编号。只能在表格窗口中设置该编号
Class	单个消息的消息类别
Type	单个消息的消息类型
Group	将单个消息分配给用户自定义的组消息时，可在选择列表中选择已组态的组消息
Hide mask	定义用于隐藏基于十六进制数值的消息的条件。如果隐藏变量编号的值对应于运行系统中的某个系统状态，则在消息列表或短期/长期归档列表中自动隐藏该消息。必须将单个消息指派给用户自定义的组消息，且对于组消息，隐藏变量必须已组态
Priority	定义消息的优先级。可根据优先级，对消息进行选择和排序。数值范围是0～16。在 WinCC 中，没有指定对应于最高优先级的数值。在 PCS7 环境中，数值 16 对应于最高优先级
is single acknowledgment only	必须单独确认该消息。不能使用组确认按钮进行确认
controls the central signaling device	激活消息将触发中央信令设备
Will be archived	消息将被保存在归档中
is created on a nega-tive edge	指定是在信号的上升沿还是下降沿触发离散报警消息的生成。对于所有其他消息，将始终在信号上升沿触发消息生成。对于在下降沿触发的消息变量，必须为其分配起始值"1"

参　数	描　述
triggers an action	该消息将触发默认函数 GMsgFunction，使用"Global Script"编辑器可对该函数进行编辑。在全局脚本函数浏览器中的"Standard Functions/Alarm"下提供了该函数
contains expanded associated values	选项"contains expanded associated values"是指通过原始数据变量来评估消息块中的消息事件。如果该选项已激活，则过程值将按照在"Alarm Logging"动态文本部分中定义的关联值的数据类型进行评估，并在单个消息中归档或显示。 关联值的 12 个字节可包含下列数据类型：Byte(Y)、WORD(W)、DWORD(X)、Integer(I)、Integer(D)、BOOL(B)、CHAR(C) 和 REAL(R)。例如，@1Y%d@、@2W%d@、@3W%d@、@3X%d@、@5W%d@、@6Y%d@。"@2W%d@"表示数据类型为"WORD"的第二个关联值。无论该选项是否激活，都可在过程值块"10"中显示特定消息块的系统值
Message tag	消息变量包含用于触发当前选定消息的位
Message bit	用于触发当前选定消息的消息变量位的编号
Acknowledge tag	选择此字段以指定确认变量
Acknowledge bit	用于确认消息的确认变量位的编号
Status tag	选择此域以指定要在其中保存单个消息状态的变量（"已激活/已禁用"和确认状态）
Status bit	用于指示消息状态的状态变量位的编号。用于强制确认的位将自动确定
Format DLL	如果消息变量是原始数据变量，则必须在此域中选择相应的编译程序
DLL-parameters	在该域中输入特定接口的 DLL 消息参数（格式 DLL）。仅当该消息属于通过 ODK 互连的单独"Format DLL"时，才需此设置

在"Single message"对话框的"Text"选项卡中，指定单个消息的可组态文本。其中信息文本最多可输入 255 个字符，且不能在运行系统中更改信息文本。

在"Single message"对话框的"Tag/Action"选项卡中设置变量来表示过程变量。为单个消息组态的过程值块必须连接到相关的 WinCC 变量。在报警回路中，可为单个消息显示一个系统图形，以代表产生该消息的过程部分。

6. 组态组消息

组消息用于将多条单个消息组合成一条完整的消息。可将下列变量分配给组消息：

1）返回消息状态的状态变量。

2）可使用锁定变量来评估组消息的锁定。

3）可使用确认变量来定义组消息的确认。

4）使用用户自定义组消息的隐藏变量来为组的单个消息定义条件，即消息应何时在消息列表、短期归档列表和长期归档列表中自动隐藏。

（1）组态"Group messages"中的"Message Class"

按照表 8-3 对组消息的属性进行设置，步骤如下：

表 8-3　消息类别中组消息的参数

参　数	描　述
Status tag	在此处，指定将在其中存储组消息的各种状态的变量（"已到达/已离去"和确认状态）
Status bit	状态位用于指定状态变量中存储当前已选择组消息状态的两位
Lock tag	如果打算使用锁定对话框在运行系统中锁定组消息，则可在此处定义的变量中设置相关的位
Lock bit	如果为多个组消息使用一个锁定变量，那么使用一个锁定位来为组消息赋值
Acknow ledge tag	选择此字段以指定确认变量
Acknow ledge bit	指定确认变量中用于确认消息的位

1）从消息类别中选择一个组消息，或从消息类别中的某个组消息内选择一个消息类型。

2）在快捷菜单中选择"Properties"选项，"Properties"对话框打开，如图 8-15 所示。

3）在组消息的消息类别中更改对状态变量、锁定变量和确认变量的指定。

4）单击"OK"按钮，保存设置。

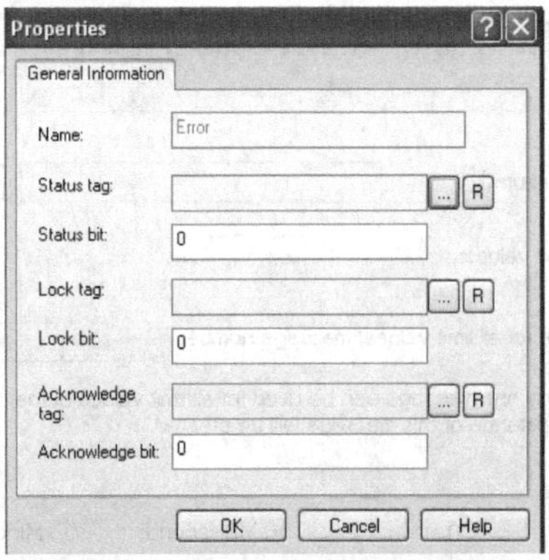

图 8-15 "Group messages"属性

（2）组态"Group messages"中"user defined"

用户自定义组消息可用于组态满足个人需要的消息体系，可以将单个消息和其他组消息汇总成一个综合消息。然而，单个消息只能包含在一个用户自定义的组消息中。用户自定义的组消息最多可以嵌套六层。自定义组消息的组态步骤如下：

1）插入和组态自定义组消息。

2）显示和更改用户自定义组消息的属性。

3）将更多单个消息添加到一个现有的组消息中。

4）将更多组消息添加到一个现有的组消息中。

7. 组态模拟量报警

模拟量报警是通过对限制值进行监视，可为变量指定任意数量的限制值或比较值。限制值监视功能是一个 WinCC 的附加件，且必须集成到消息系统中。通过菜单命令"Tools"→"Add Ins…"或单击工具栏 图标。这样，"Analog Alarm"文件夹才能合并到消息系统的浏览窗口中，如图 8-16 所示。当模拟量超出或未达到某一限制值或满足比较值的条件时，运行系统会生成消息。

图 8-16 添加模拟量报警

（1）模拟量报警消息的创建

1）在浏览窗口中选择"Analog Alarm"文件夹。

2）在快捷菜单中选择"New"选项，"Properties"对话框将打开，如图 8-17 所示，模拟量参数说明参见表 8-4。

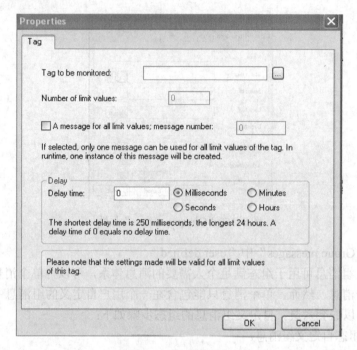

图 8-17　模拟量属性

表 8-4　模拟量属性参数说明

参　数	描　述
Tag to be monitored	指定要监视限制值的变量
Number of limit values	此字段显示要监视的限制值/比较值的数量
A message for all limit values	选择该选项后，当发生下列情况时，将始终在运行系统中触发相同的消息： ● 超出某一个组态的限制值 ● 满足某一比较值的条件
message number	在此指定消息编号
Delay time	指定生成消息前应经过的延迟时间。只有在整个延迟时间内出现以下情况时才会触发消息： ● 超出限制值 ● 满足比较值的条件 延迟时间为 250ms～24h。如果不需要延迟时间，则输入值"0"

3）在"Tag to be monitored"框中输入变量名或单击，从随后打开的对话框中选择变量。

4）指定其他变量属性。

5）单击"OK"按钮保存设置。

（2）模拟量报警消息的报警值设定

可以多次调用对话框来为每个模拟量指定任意一个要监视的限制值或比较值，模拟量报警值设定属性如图 8-18 所示，参数说明见表 8-5。

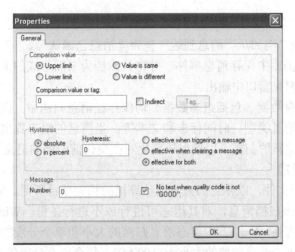

图 8-18 模拟量报警设置属性

表 8-5 模拟量报警值参数说明

参 数	描 述
Upper limit	变量值超出上限制值时生成消息
Lower limit	变量值低于下限制值时生成消息
Value is same	变量值和比较值相等时生成消息
Value is different	变量值和比较值不同时生成消息
Comparison value or tag	编辑框中包含要监视的比较值、限制值或者指定的变量。 如果想要将变量指定为比较值，则选择"Indirect"选项。单击"Tag"打开变量选择对话框。切勿使用仅由数字组成的变量名称，名称必须以字母开头。当指定间接比较值后，在触发消息时，其所监视的变量值将被存储在"过程值块 3"中
Hysteresis	如果已定义了滞后，消息不会在达到其限制值时立即触发，而是在实际变量值超出或低于限制值后，按照滞后值触发。 滞后既可指定为绝对值，也可是偏离限制值的百分比。根据所选的设置，滞后将在生成或收回消息时生效
Message	在这里，输入在超出限制值或比较值时，运行过程中系统所生成消息的编号。 只有在"Properties"→"Tag"对话框中未选择"A message for all limit values"选项时，才能编辑该字段
No test when quality code is not "GOOD"	如果选择了该选项，则不会检查质量代码为非"GOOD"的变量的值更改是否超出限制值（例如，无法连接到自动化系统）

（3）删除模拟量或报警设定值

1）删除要监视的变量：在导航窗口或数据窗口的"Analog Alarm"文件夹中，选择删除要监视的变量。在快捷菜单中选择"Delete"，将删除该变量及其组态的限制值。

2）删除报警设定值：在要监视的限制值监视变量的数据窗口中，选择限制值/比较值。在快捷菜单中选择"Delete"，将删除组态的限制值/比较值。

8.2.3 组态消息归档

WinCC 中的归档管理功能可用于归档过程值和消息，以便为特定的操作故障和错误状态创建文档。Microsoft SQL 服务器可用于归档。如果发生相关事件，例如出现错误或超出限值，则在运行期间输出报警记录中所组态的消息。如果事件作为如下消息事件产生，则要对消息进行归档：

1）产生消息。

2）消息状态改变（例如从"消息到达"变为"消息已确认"）。

用户可在归档数据库中保存消息事件，并将其归档为书面形式的消息报表。例如在数据库中归档的消息可在消息窗口中输出。

与消息关联的所有数据（包括组态数据）均保存在消息归档中。因此可从归档读出消息的所有属性，包括其消息类型、时间标志和文本等。当消息的组态数据发生更改时，系统将产生新组态数据来创建新的归档，以确保该变化对在变化前归档的消息不产生影响。

1. 消息归档的原理

WinCC 存储归档文件，以使它们为本地计算机的相关项目所用。同时，WinCC 使用可组态大小的短期归档来归档消息，对其组态可进行或不进行备份。WinCC 消息归档由多个单独的分段组成，并可在 WinCC 中组态消息归档的大小和单个分段的大小，例如设置消息归档或单个分段的大小：消息归档的大小为 100 MB，每个单个分段的大小为 32 MB。

WinCC 始终可同时组态两个条件（即消息归档的大小和单个分段的大小），消息归档机制如图 8-19 所示。如果超出两个标准之一，将发生下列情况：

1）超出消息归档（Database）的标准：最旧的消息（即最旧的单个分段）将被删除，如图 8-19 中"1"标示的过程。

2）超出单个分段的标准：将创建新的单个分段（ES），如图 8-19 中"2"标示的过程。

在启动运行系统时，系统会检查所计算的单独分段的组态大小是否足够大。如果组态大小太小，则系统会自动将分段调整到最小值。

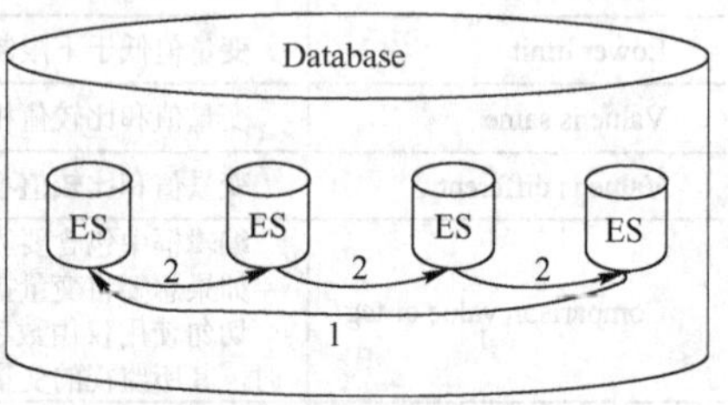

2. 组态要归档的消息

组态消息归档步骤如下：

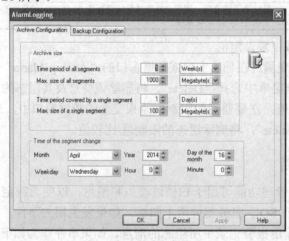

图 8-19 消息归档机制

1）打开报警记录，并从报警记录浏览窗口中选择"Archive Configuration"。

2）选择"Message archive"，然后从快捷菜单中选择"Properties"命令，"AlarmLogging"对话框将打开，如图 8-20 所示。

图 8-20 消息归档设置

150

3）为归档作下列设置：

① 所有分段的时间段及其最大长度。这个规范定义了归档数据库的大小。如果违反了其中一个标准，则启动新的分段并删除最早的分段。

② 单个分段所包含的时间段和单个分段最大尺寸。如果违反了其中任意一个限制，则将启动一个新的单个分段；如果违反了"Max. Size of all segments"标准，则最早的单独分段也将被删除。

4）在"Time of the segment change"域中输入首次更改分段的开始日期和开始时间。开始新的单个分段时，也要考虑组态"Time of the segment change"。

5）单击"OK"按钮以确认输入。

注意：

1）只有在归档分段更改之后，才会在运行系统中显示报警记录更改。

2）在报警记录最后一次更改 30s 之后，归档分段才更改。最多 2min 之后，会将包含已更改组态数据的消息写入新的归档分段中。即在此操作完成前，无法读取归档更改。同时，也可在取消激活运行系统后再次将其激活。

3）如果在运行系统中修改归档大小（时间范围），那么该修改将在下一次分段变化时生效。

4）在"Message archive"快捷菜单中选择"reset"命令后，运行系统数据将从归档中删除。

3. 输出消息归档数据

可通过下列方式在运行系统中输出存储在消息归档中的消息：

1）在消息窗口中显示归档消息。如果发生电源故障，则在排除电源故障后重新装载消息时，那些排队等待从归档装载到消息系统的消息会按照正确的时间标志进行加载。

2）打印归档报表。

3）通过 OLE-DB 访问消息归档数据库，以输出归档的消息。

4）通过 OPC O&I 服务器访问消息数据。

5）如果使用 WinCC/DataMonitor，则可以用 DataMonitor 评估和显示归档数据。

6）通过 ODK 访问。

7）通过相应的客户机应用程序访问。

8.3 组态报警控件

WinCC 报警控件是一个用于显示消息事件的消息窗口。 所有消息均在单独的消息行中显示。消息行的内容取决于要显示的消息块。在运行期间，消息显示在消息窗口中。可以在图形编辑器中组态相应的 WinCC 报警控件，报警控件如图 8-21 所示。

在组态报警控件前，WinCC 系统必须已经进行了下列配置：

1）已使用"Alarm Logging"编辑器设置了消息系统。

2）已根据"Alarm Logging"中组态的要求，组态了必需的消息块、消息类别和消息类型。

3）在"Alarm Logging"中组态了必需的单个消息和组消息及其属性。

完成了以上的配置工作之后，报警控件的组态步骤如下：

1）将报警控件插入图形编辑器的画面中。

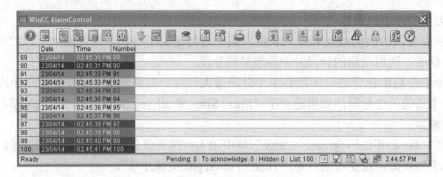

图 8-21　报警控件

2）在"General"选项卡中，组态报警控件的基本属性，如图 8-22 所示。

① 消息窗口属性。

② 控件的常规属性。

③ 控件的时间基准。

④ 消息记录在表格中默认的排列顺序。

⑤ 长期归档列表的属性。

⑥ 消息行中要通过双击触发的操作。

图 8-22　WinCC 报警控件属性

3）在消息窗口中组态消息行的内容。

要在消息行中显示的消息内容取决于组态的消息块。在"Alarm Logging"编辑器中组态的消息块可以直接应用而无需更改，也可在报警控件中进行组态。消息块选项卡如图 8-23 所示，组态消息块的步骤如下：

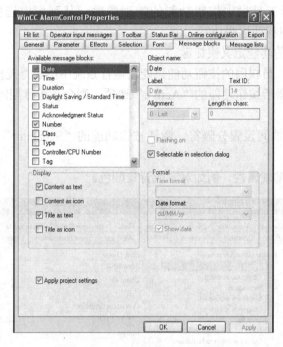

图 8-23　"Message blocks"选项卡

① 转到报警控件中的"Message blocks"选项卡。在"Alarm Logging"编辑器中组态的所有消息块均在"Available message blocks"中列出，同时也列出了统计列表的消息块。

② 如果激活了"Apply project settings"复选框，则会在报警控件中激活在"Alarm Logging"中组态的消息块及其属性。消息块与这些属性一起显示在消息窗口中，并且只能通过报警记录进行更改。统计列表的消息块取决于"Alarm Logging"，可以根据需要组态这些消息块。

③ 禁用"Apply project settings"选项后，可以添加或移除消息列表的消息块，或者组态消息块属性，更改的属性存储在画面中。在"Alarm Logging"中进行的属性更改会被忽略。

④ 在"Available message blocks"列表中，勾选要在消息窗口中使用的消息块名称左边的复选框。

⑤ 通过勾选消息块的"Selectable in selection dialog"复选框，可以将此消息块设置为选择对话框中的标准。

4）选择"Message lists"选项卡，以定义要在消息窗口中显示为列的消息块。

5）在"Parameter"、"Effects"和"Selection"选项卡中组态消息窗口的布局和属性。

6）组态消息窗口的工具栏和状态栏。

在运行期间，可使用工具栏按钮的功能对 WinCC 控件进行操作。状态栏包含了有关 WinCC 控件当前状态的信息。可以在进行组态时或者在运行期间调整所有 WinCC 控件的工具栏和状态栏。

① 组态工具栏

a）转到"Toolbar"选项卡，如图 8-24 所示。

b）在列表中激活在运行期间操作 WinCC 控件所需的按钮功能。

c）确定用于显示工具栏中按钮功能的排列顺序。从列表中选择按钮功能，并使用"Up"和"Down"按钮移动这些功能。

d）为工具栏按钮的功能定义快捷键。

e）任何分配有操作员权限的按钮功能只能在运行系统中由获得授权的用户使用。

f）如果禁用了已激活按钮功能的"Active"选项，则会在运行期间显示该按钮功能，但无法对其进行操作。

g）可以在按钮功能间设置分隔符。激活按钮功能的"Separator"选项，以由分隔符对其进行限制。

h）组态工具栏的常规属性，例如对齐或背景颜色。

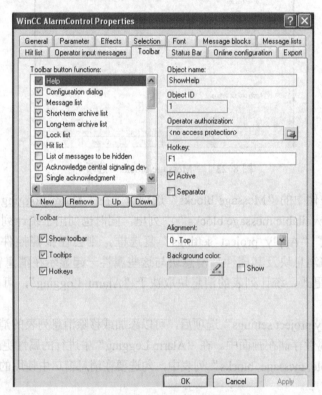

图 8-24　"Toolbar"选项卡

② 组态状态栏

a）转到"Status Bar"选项卡，如图 8-25 所示。

b）在状态栏元素的列表中，激活运行期间所需的元素。

c）确定用于显示状态栏元素的排序顺序。从列表中选择元素，并使用"Up"和"Down"按钮对其进行移动。

d）要调整状态栏元素的宽度，需禁用"Automatic"选项，并输入宽度的像素值。

e）组态状态栏的常规属性，例如对齐或背景颜色。

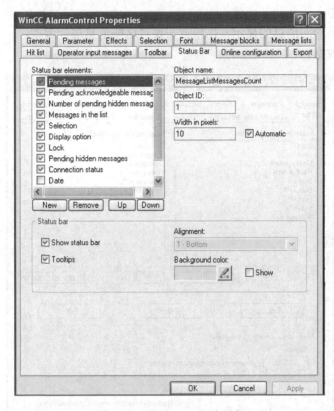

图 8-25 "Status Bar"选项卡

7）组态报警控件消息的统计列表。统计列表在消息窗口中显示已归档消息的统计计算数据。 统计列表除显示统计信息外，还可以显示已组态的消息块。带有格式规范"@...@"的可修改内容不显示在用户文本块中。统计列表属性设置步骤如下：

① 转到"Hit list"选项卡，如图 8-26 所示。

② 从可用消息块列表中选择要在统计列表中显示的消息块。使用箭头按钮，将这些消息块移动到"Selected message blocks"列表。相反地，也可使用箭头按钮从统计列表中移除消息块，然后将其还原到"Available message blocks"列表中。

③ 可以定义消息块在统计列表中的排序顺序，选择这些消息块，然后使用"Up"和"Down"按钮对其进行移动。

④ 在选项卡的"Selections"区域，指定用于在统计列表中显示消息的标准，例如具体的消息类别或具体的时间范围。如果尚未指定时间范围，计算平均值时会包括所有时间（选择的时间范围较长可能会对性能产生负面影响）。单击"Edit"按钮，组态或导入选择内容。在这种情况下，导入的选择内容将替换现有的选择内容。导入选择内容不需要导出，也可以使用"Selection dialog"按钮定义运行系统中统计列表的选择标准。

⑤ 在选项卡的"Sorting"区域定义各统计列表列的排序标准，例如，先根据日期按降序排序，然后根据消息号按升序排序。单击"Edit"按钮，组态排序顺序，也可以通过"Sort dialog"按钮定义运行系统中统计列表的排序标准。

⑥ 在选项卡的下部，定义数量和时间限制值的设置，以便创建统计数据。

⑦ 保存该组态。

8）组态操作员输入消息的显示，以根据需要对这些消息进行调整。

9）保存组态数据。

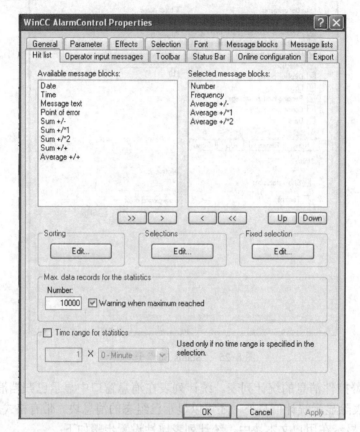

图 8-26 "Hit list" 选项卡

8.4 报警控件在运行系统中的操作

8.4.1 报警系统的运行要求

在 WinCC 项目管理器的浏览窗口中选择"Computer"，在数据窗口用鼠标右键单击当前组态消息系统的计算机名称，在弹出的菜单中选择"Properties"选项，打开"computer properties"对话框，选择"Startup"选项卡，在"WinCC runtime start up order"列表框选择"Alarm logging Runtime"的复选框。

8.4.2 运行期间操作报警控件

在运行期间，使用工具栏按钮操作消息窗口，见表 8-6。

表 8-6　工具栏按钮说明

图　标	名　　称	描　　述	ID
	帮助	调用 WinCC 报警控件帮助	1
	组态对话框	打开用于编辑报警控件属性的组态对话框	2
	消息列表	列出当前激活的消息	3
	短期归档列表	列出短期归档列表中的已归档消息	4
	长期归档列表	显示保存到长期归档列表中的消息	5
	锁定列表	显示系统中所有被锁定的消息	6
	统计列表	显示在报警控件的"统计列表"选项卡上组态的消息块和统计数据	7
	要隐藏的消息列表	显示消息列表中所有自动或手动隐藏的消息	8
	确认中央信号发送设备	确认视频或音频信号生成器	9
	单个确认	确认选定且可见的单个消息。如果使用多项选择，则不会确认需要单个确认的选定消息	10
	组确认	确认消息窗口中需要确认的所有活动的可见消息，除非这些消息需要单个确认。如果使用多项选择，则确认所有标记的消息，即使这些消息为隐藏状态	11
	紧急确认	紧急确认需要确认的消息。此功能可以将选定的单个消息的确认信号直接传送到 AS，即使该消息并未激活。未激活消息的确认仅涉及按照正确时间顺序组态的消息	18
	选择对话框	指定要在消息窗口中显示的消息的选择标准。不满足这些标准的消息将不显示，但仍进行归档	13
	显示选项对话框	定义要在消息窗口中显示的消息。 如果激活了"所有消息"(All Messages) 选项，则消息窗口会同时显示隐藏的和显示的消息； 如果激活了"仅显示的消息"(Only Displayed Messages) 选项，则只有显示的消息会显示在消息窗口中； 如果激活了"仅隐藏的消息"(Only Hidden Messages) 选项，则只有隐藏的消息会显示在消息窗口中	14
	锁定对话框	定义锁定标准。满足这些标准的所有消息均不显示，也不进行归档	15
	打印	开始打印选定列表中的消息。在组态对话框的"常规"(General) 选项卡中定义打印作业	17
	导出数据	使用该按钮可以将所有或选定的运行系统数据导出到 CSV 文件。如果启用"显示对话框"选项，则会打开一个对话框，从中可以查看导出设置以及启动导出。如果被授予了相应的权限，则可选择导出文件和目录。如果不显示此对话框，数据会被立即导出到默认文件中	35
	自动滚动	如果激活"自动滚动"，则会在消息窗口中选择按时间顺序排在最后的一条消息。必要时，可以移动消息窗口的可见区域； 如果禁用"自动滚动"，则不会选择新消息。消息窗口的可见范围不变。仅当禁用"自动滚动"后，才能显式选择消息	12
	第一条消息	选择当前激活的第一条消息。必要时，可以移动消息窗口的可见区域。只有在禁用"自动滚动"时，此按钮才可用	19
	上一条消息	选择在当前选定消息之前激活的消息。必要时，可以移动消息窗口的可见区域。只有在禁用"自动滚动"时，此按钮才可用	20
	下一条消息	选择相对于当前选定消息的下一条消息。必要时，可以移动消息窗口的可见区域。只有在禁用"自动滚动"时，此按钮才可用	21
	最后一条消息	选择当前激活的最后一条消息。必要时，可以移动消息窗口的可见区域。只有在禁用"自动滚动"时，此按钮才可用	22
	信息文本对话框	打开一个用于查看信息文本的对话框	23
	注释对话框	打开一个用于输入注释的文本编辑器	24
	报警回路	为选择的消息显示画面或触发脚本	25
	锁定消息	所选消息在消息列表和消息归档列表中锁定	26

图　标	名　称	描　　述	ID
🔒	释放消息	启用锁定列表中选择的消息	27
⊘	隐藏消息	隐藏已在消息列表、短期归档列表或长期归档列表中选择的消息。该消息被输入到"要隐藏的消息列表"中	28
💡	取消隐藏消息	在消息列表、短期归档列表或长期归档列表中重新激活已在"要隐藏的消息列表"中选定消息的显示。该消息会从"要隐藏的消息列表"中删除	29
⇅	排序对话框	打开一个用于为所显示消息设置自定义排序标准的对话框。 自定义排序顺序的优先级高于在"MsgCtrlFlags"属性中设置的排序顺序	30
⊘	时间基准对话框	打开一个用于为消息中显示的时间设置时间基准的对话框	31
▣	复制行	复制选定的消息。可以将副本粘贴到表格编辑器或文本编辑器	32
⊞	连接备份	使用此按钮可以打开一个用于将选定备份文件与 WinCC 运行系统互连的对话框	33
⊟	断开备份	使用此按钮可以打开一个用于从 WinCC 运行系统中断开选定备份文件的对话框	34
⏮	第一页	返回到长期归档列表的第一页。此按钮只有在长期归档列表中启用了分页功能才可用。可以在组态对话框的"常规"选项卡中激活该设置	36
⏪	上一页	返回到长期归档列表的上一页。此按钮只有在长期归档列表中启用了分页功能才可用。可以在组态对话框的"常规"选项卡中激活该设置	37
⏩	下一页	打开长期归档列表的下一页。此按钮只有在长期归档列表中启用了分页功能才可用。可以在组态对话框的"常规"选项卡中激活该设置	38
⏭	最后一页	打开长期归档列表的最后一页。此按钮只有在长期归档列表中启用了分页功能才可用。可以在组态对话框的"常规"选项卡中激活该设置	39

表 8-7 的图标可用于输出到消息窗口的状态栏中。

表 8-7　状态栏图标说明

图　标	名　称	描　　述
Pending: 0	未决消息	显示消息列表中当前消息的数量。该计数包括消息列表中的隐藏消息
To acknowledge: 0	未决的可确认消息	显示需要确认的未决消息数量
Hidden 0	未决的隐藏消息数	显示隐藏的未决消息数量
List: 100	列表中的消息	显示当前消息窗口中的消息数量
▤	选项	存在消息选择
💡	显示选项	过滤标准已激活。选项"显示所有消息"或"仅显示隐藏消息"当前已激活
🔒	已锁定	对消息设置了锁定
⚠	未决的隐藏消息	存在未决的隐藏消息
▦▦▦	连接状态	显示与报警服务器的连接状态： ● 无连接错误 ● 存在连接故障 ● 所有连接都有故障
5/12/2014	日期	显示系统日期
2:34:52 PM	时间	显示系统时间
⊘	时间基准	显示用于显示时间的时间基准

8.5　习题

1. WinCC 消息系统的作用是什么？

2. 指出消息块由哪几个组构成，每组包含哪些消息块？（每组至少举例 3 个消息块）

3. 什么是消息类别和消息类型，它们之间有何区别？

4. 消息变量有哪几种，它们之间有什么区别？

5. 简要说明你对 WinCC 消息系统中状态变量的理解。

6. 简要说明 WinCC 消息系统中布尔量报警的组态步骤。

7. 简要说明 WinCC 消息系统中模拟量报警的组态步骤。

8. 简要说明消息归档的原理。

9. 消息系统组态时需要添加什么控件，运行时设置"启动"项要注意什么？

第9章 报 表 系 统

本章学习目标

了解报表的作用，报表可用于归档过程数据和完整的生产周期，可报告消息和数据，以创建本次报表，输出批量数据，或者对生产制造过程进行归档以用于验收测试。

报表编辑器是 WinCC 基本软件包的一个组成部分，提供了报表的创建和输出功能；报表编辑器提供页面布局编辑器，用于编辑页面布局。项目文档报表和运行系统文档日志的页面布局均在页面布局编辑器中进行组态。报表编辑器提供行布局编辑器，用于编辑行布局。只有用于输出消息顺序报表的行布局才能在行布局编辑器中进行组态。

9.1 报表

WinCC 报表系统的报表分为以下两种：

1）项目文档报表，用于输出 WinCC 项目的组态数据。

2）运行系统数据报表，用于在项目运行期间将过程数据输出到日志中。

1. 项目文档报表

项目文档报表包括：

1）WinCC 项目管理器。

2）图形编辑器。

3）报警记录。

4）变量记录。

5）全局脚本。

6）文本库。

7）用户管理器。

8）用户归档。

9）时间同步。

10）警报器编辑器。

11）画面树管理器。

12）设备状态监控。

13）OS 项目编辑器。

2. 运行系统数据报表

运行系统数据报表由项目运行数据库表组成，包括报警和变量存档档案库。运行数据库可在项目文件夹中找到，其文件名为"项目 RT.db"。运行系统数据报表只有在生成报表的编辑器数据处于运行状态时才能打印。各种报表的结构和组态几乎是一样的，不同的是报表的布局、打印输出、启动过程中数据以及与动态对象的链接。

运行系统数据报表可在运行期间输出数据。报表系统可对表 9-1 所示的运行记录文档数据进行输出。

表 9-1　WinCC 报表系统可记录的数据文档类型

记 录 系 统	报 表 对 象
报警记录	消息顺序报表
	消息报表
	归档报表
变量记录系统	变量记录表格
	变量趋势
用户归档运行系统	用户归档表
CSV 文件	CSV 数据源表
	CSV 数据趋势
通过 ODBC 记录数据	ODBC 数据库域
	ODBC 数据库表
自身 COM 服务器	COM 服务器
硬拷贝输出	硬拷贝

9.2　页面布局编辑器

页面布局编辑器作为报表编辑器的组件,用于创建和动态化报表输出的页面布局。页面布局编辑器仅能用于在 WinCC 项目管理器中打开的当前项目。所保存的布局作为该项目的基准。在 WinCC 项目管理器浏览窗口中,选中"Report Designer",则其下方出现两个子目录:Layouts 和 Print jobs。双击"Layouts"或用鼠标右键单击"Layouts",在弹出的菜单栏中选择"Open page layout editor"选项,将打开页面布局编辑器,如图 9-1 所示。

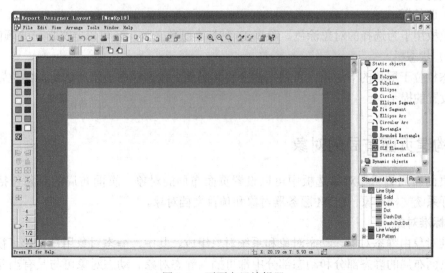

图 9-1　页面布局编辑器

页面编辑器是根据 Windows 标准构建的，它具有工作区、工具栏、菜单栏、状态栏和各种不同的选项板。打开页面布局编辑器后，将出现带默认设置的工作环境，用户可根据喜好排列选项板和工具栏或隐藏它们。页面布局编辑器包括以下组成部分：

（1）工作区

页面的可打印区显示为灰色区，而页体部分显示为白色区。工作区中的每个画面都代表一个布局，并保存为独立的 pl 文件。布局可按照 Windows 标准进行扩大或缩小。

（2）菜单栏

菜单栏始终可见。不同菜单上的功能是否激活取决于状况。

（3）工具栏

工具栏提供一些按钮，以便快速地执行页面布局编辑器常用命令。根据需要可在屏幕的任何地方隐藏或移动工具栏。

（4）字体选项板

字体选项板用于改变文本对象的字体、大小、颜色以及标准对象的线条颜色。

（5）对象选项板

对象选项板包含标准对象、运行系统文档对象、COM 服务器对象和项目文档对象，这些对象用于构建布局。

（6）样式选项板

样式选项板用于改变所选对象的外观。根据对象的不同，可改变线段类型、线条粗细或填充图案。

（7）对齐选项板

使用对齐选项板可改变一个或多个对象的绝对位置以及改变所选对象之间的相对位置，并可对多个对象的高度和宽度进行标准化。

（8）缩放选项板

缩放选项板提供了用于放大或缩小活动布局中对象的两个选项：使用带有标准缩放因子的按钮或使用滚动条。

（9）调色板

调色板用于为选择的对象涂色。除了 16 种标准颜色之外，还可以定义自己的颜色。

（10）状态栏

状态栏位于屏幕的下边沿，可根据需要将其隐藏。状态栏中显示所选对象的位置信息以及键盘设置的提示。

9.3　构建页面布局的对象

在页面布局编辑器对象选板中可以设置页面布局的对象，页面布局的对象包括标准对象、运行系统文档对象、COM 服务器对象和项目文档对象。

1．标准对象

标准对象由静态对象、动态对象和系统对象组成。其中，静态对象用户构建可视化页面布局。页面布局的静态部分和动态部分中都可插入静态对象。动态对象可与具有当前对象有效数据格式的数据源相连接，该数据可按 WinCC 布局输出，见表 9-2，只能将动态对象插入到页面布局的动态部分中。

表 9-2 页面布局的动态对象

图　标	对　象	含　义
▦	嵌入布局	项目文档的布局可与"所嵌入的布局"动态对象嵌套。对象只用于 WinCC 已建布局中的项目文档
▨	硬拷贝	使用"硬拷贝"对象类型,可将当前屏幕和内容的画面或其所定义部分输出到日志中,也可输出当前所选择的画面窗口
Ⓐ	ODBC 数据库域	使用"ODBC 数据库域"对象类型,可通过 ODBC 接口将来自某些数据源的文本输出到日志中
▦	ODBC 数据库表	使用"ODBC 数据库表"对象类型,可通过 ODBC 接口将来自某些数据源的表格输出到日志中
▦	Tag(变量)	输出具有"变量"对象类型的运行系统中的"变量"值。当然,只有在项目被激活时才能输出变量值。在运行系统中,也可调用脚本进行输出

系统对象用作系统时间、报表的当前页码以及项目和布局名称的占位符。系统对象只能插入到页面布局的静态部分中,见表 9-3。

表 9-3 页面布局的系统对象

图　标	对　象	含　义
⊛	日期/时间	使用"日期/时间"系统对象,可将输出的日期和时间占位符插入到页面布局中。在打印期间,系统日期和时间均由计算机进行添加
①	页码	使用"页码"系统对象,可将报表或日志当前页码的占位符插入页面布局
🗀	项目名称	使用"项目名称"系统对象,可将项目名称占位符插入页面布局
▤	布局名称	使用"布局名称"系统对象,可将布局名称占位符插入页面布局

2. 运行系统文档对象

运行系统文档对象用于输出运行系统数据的日志,见表 9-4。输出选项可使用"对象属性"对话框进行组态,日志的数据可在输出时从已链接的数据源中提取。只能将运行系统文档对象插入页面布局的动态部分中。

表 9-4 页面布局的运行系统文档对象

对　象	含　义
WinCC 报警控件/表格	"WinCC 报警控件/表格"对象用于以表格的格式输出消息列表
WinCC 功能趋势控件/画面	"WinCC 功能趋势控件/画面"对象用于以趋势形式输出作为来自过程值、压缩的和用户归档的其他变量函数的过程数据
WinCC 在线表格控件/表格	"WinCC 在线表格控件/表格"对象用于以表格形式格式输出、来自相关的变量记录归档的过程数据
WinCC 用户归档控件/表格	"WinCC 用户归档控件/表格"对象用于以表格形式输出、来自用户归档的数据或视图
报警记录 RT 归档日志	"归档报表"链接到消息系统,并将保存在消息归档中的消息输出到表格中
报警记录 RT 消息日志	"消息报表"对象链接到消息系统,并将消息列表中的当前消息输出到表格中
用户归档运行系统表	"用户归档运行系统表"对象链接到用户归档,并将用户归档和视图中的运行系统数据输出到表格
CSV 供应商表格	"CSV 数据源表"对象链接到 CSV 文件。文件中所包含的数据均输出到表格中。数据必须具有预先定义的结构
CSV 供应商趋势	"CSV 数据源趋势"对象链接到 CSV 文件。文件中所包含的数据均可输出到曲线中,数据必须具有预先定义的结构
WinCC 在线趋势控件/画面	"WinCC 在线趋势控件/画面"对象用于以趋势形式输出来自相关的变量记录归档的过程数据

3．COM 服务器对象

为了使用 COM 服务器对象，必须将 COM 服务器项目器集成到 WinCC 中。该 COM 服务器使对象可用于记录数据。采用这种方式，可以将用户指定的数据集成到 WinCC 日志中。COM 服务器对象的形式和属性均由 COM 服务器记录器确定。使用 COM 服务器记录器传递 COM 服务器对象的描述。用于选择输出数据的选项均由当前 COM 服务器对象确定。只能将 COM 服务器对象插入页面布局的动态部分中。

4．项目文档对象

项目文档对象包括图形编辑器中的动作、报警记录 CS 及全局脚本等。项目文档对象可用于所组态数据的报表输出，只能将项目文档对象插入页面布局的动态部分中。项目文档对象将与 WinCC 组件严格链接，对象类型是固定的。根据要输出的组态数据类型和大小，使用了"静态文本"、"动态图元文件"或"动态表"对象类型。对于某些使用了"动态图元文件"和"动态表"对象类型的对象，可改变用于输出的组态数据的选择。

9.4　行布局

1．在行布局中设置报表

行布局包括静态层和动态层。静态层包括页眉和页脚，可以以纯文本的形式输出公司名称、项目名称和布局名称等。动态层包括用于输出报警记录消息的动态表。

每个行布局由三个区域组成：

（1）页眉

页眉是行布局的固定组件，将随每一页而输出。行布局中的页眉最多可由 10 行组成。

（2）日志内容

在行布局的该部分中，定义了日志输出时的结构和内容。报警记录选择选项以及定义日志内容的过滤标准均可用报警输出。具体方案均取决于单个列的宽度以及所设置的字体大小。

（3）页脚

页脚是行布局的固定组件，将随每一页而输出。行布局中的页脚最多可由 10 行组成。

2．行布局编辑器

行布局编辑器是一个由 WinCC 提供的编辑器，它允许创建行布局并使之动态化，以用于消息顺序报表的输出。作为 WinCC 的一部分，它仅用于编辑属于在 WinCC 中打开的项目的行布局。每个行布局包含一个连接到 WinCC 消息系统的动态表。附加的对象不能添加到行布局，可在页眉和页脚中输入文本。

启动 WinCC 项目管理器浏览窗口中的行布局编辑器。行布局编辑器具有工具栏、菜单栏、状态栏以及用于编辑行布局的各种不同区域，如图 9-2 所示。打开时，行布局编辑器以默认设置显示。

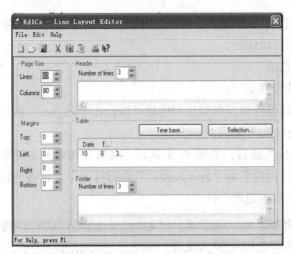

图 9-2 "Line Layout Editor" 对话框

（1）菜单栏

菜单栏始终可见。不同菜单栏上的功能是否激活取决于状况。

（2）工具栏

工具栏在行布局编辑器中始终可见。工具栏上有不同的按钮，可快速激活菜单命令的功能。按钮是否激活取决于状况。

（3）页眉区域

页眉区域允许输入文本以创建行布局的页眉。

（4）表格区域

用于输出的表格的设计在表格区域中显示。所组态列标题和列宽（每列字符数）将显示。使用该区域中的按钮，可组态表格用于输出。

（5）页脚区域

页脚区域用于输入文本以创建行布局的页脚。

（6）页面大小区域

页面大小区域用于设置行布局的行数和列数。

（7）页边距区域

页边距用于设置行布局输出的页边距。

（8）状态栏

可在屏幕下端找到状态栏。它包含了有关工具栏按钮、菜单命令以及键盘设置的提示。

9.5 打印作业

WinCC 的打印作业对于项目和运行系统文档的输出极为重要。在布局中组态输出的外观和数据源、在打印作业中组态输出介质、打印数量、开始打印的时间以及其他输出参数。每个布局必须与打印作业相关联，以便进行输出。WinCC 中提供了各种不同的打印作业，用于项目文档。这些系统打印作业均已经与相应的 WinCC 应用程序相关联，既不能将其清除，也不能对其重新排名。可在 WinCC 项目管理器中创建新的打印作业，以便输出新的页面布局。WinCC 为输出行布局提供了特殊的打印作业。行布局只能使用该打印作业输出，不能为行布局创建新的打印作业。

1．创建新的打印作业

创建新的打印作业步骤如下：

1）选择 WinCC 项目管理器浏览窗口中的"Report Designer"条目，将在数据窗口中显示"Layouts"和"Print jobs"条目。

2）选择"Print jobs"条目。如图 9-3 所示，从打印作业的右键单击弹出菜单中，选择"New print jobs"选项，创建名为"PrintJob001"的新打印作业。每创建一个新的打印作业，打印作业名称中的数字就将递增一次。

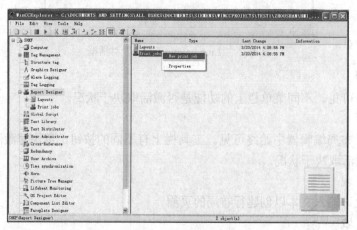

图 9-3　新建打印作业

3）在文件窗口中选择新创建的打印作业，右键单击选择"Properties"选项，打开"Print Job Properties"对话框，如图 9-4 所示，它包括三个选项卡：General、Selection 以及 Printer Setup。

图 9-4　"Print Job Properties"对话框

"General"选项卡中，"打印作业"的名称将显示在"Name："区域中，可在此重命名打印作业，WinCC 自带的系统打印作业不能重命名，因为它们与 WinCC 的不同应用程序直接相关联。

通过"Layout file"列表框选择期望的输出布局。在"@Report Alarm Logging RT Message Sequence"打印作业中只能选择行布局，只有在该作业中，才能选择"Line layout for line printer"选项的复选框。如果选择复选框，则消息顺序报表将输出到本地行式打印机；如果没有选择该复选框，则消息顺序报表将按页面格式输出到可选打印机。

所提供的系统打印作业以及在其中设置的布局均用于项目文档的输出。因此，系统打印作业应不与其他布局相关联，否则，项目文档将不再正确运行。

打印作业列表标记图形编辑器包括一个属于打印作业列表的应用程序窗口。如果 WinCC 画面中集成了该打印作业列表，则可显示打印作业，用于在运行期间进行记录，并启动输出。在打印作业列表中，可对打印作业的显示进行设置。可选择下列视图："All print jobs"、"system print jobs"、"user-defined print jobs"、"select pd print jobs"打印作业列表标记选项允许在运行期间将所需的打印作业选择放在一起。

为了使运行系统文档更加灵活，许多记录参数都已经进行了动态化，这将允许在运行期间改变记录输出。从"Dialog"列表中选择"Configuration dialog"选项，当运行期间调用打印作业时，可修改输出参数。该对话框也将允许选择或改变用于输出的打印机。为在页面布局中输出日志，可在运行期间改变用于输出的打印机。为此，可在"Dialog"列表中选择"Printer setup"选项。当运行期间调用打印作业时，将调用用于选择打印机的对话框。

在"Start parameters"区域中，可设置启动时间和输出周期。该设置主要用于定期输出运行系统文档中的日志（例如，换班报表）。项目文档不需要启动参数，因为项目文档不是周期性输出。对于已组态了启动参数或周期性调用的打印作业，可在 WinCC 项目管理器中根据打印作业列表的不同符号来识别。

"Selection"选项卡如图 9-5 所示，可以指定要打印的数量、页面范围的选择或将要输出的数据的时间范围。

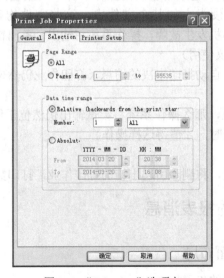

图 9-5 "Selection"选项卡

图 9-5 中，在"Page Range"项中可指定输出时将要打印多少，既可输出单个页面也可输出页面范围或所有的页面。

"Date time range"：可使用"Relative"选项来指定用于输出的相对时间范围（从打印启动时间开始）。下列时间间隔都可用于相对时间范围：所有、年、月、星期、日和时。"Absolute"选项将允许为输出的数据指定绝对的时间范围。

"Printer Setup"选项卡如图 9-6 所示，可以指定用于输出的一台或多台打印机。使用"Printer Priorities"区域中的列表可指定打印机的使用次序，也可在此处指定打印缓冲区的设置以及输出到文件的设置。

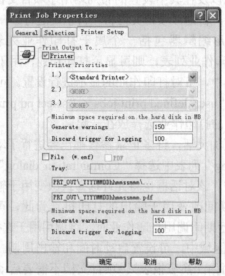

图 9-6 "Print Job Properties"选项卡

图 9-6"Printer Setup"选项卡指定用于输出的打印机将按其优先级次序排列。报表和日志均输出到"1."所设置的打印机，如果该打印机出现故障，则将自动输出到"2."所设置的打印机。对于第三台打印机也采用相同的操作步骤。如果查找不到可以运行的任何打印机，则打印数据将保存到硬盘上的某个文件中。这些文件均存储在项目目录的"PRT_OUT"文件夹中。一旦打印机发生故障，操作系统将输出一条出错消息。可以有下列选择：

① 忽略出错消息（建议使用）

当打印机再次可用时，自动打印未决的消息（打印作业仍然位于假脱机程序中）。

② 重复

如果按下"重复"按钮，那么操作系统将尝试输出仍然位于假脱机程序中的打印作业。只有在打印机再次准备就绪时，才值得这样操作。

③ 取消

如果按下"取消"按钮，将删除引起出错的打印作业，打印数据也因而丢失。

9.6　组态运行期间的报表消息

9.6.1　编辑运行系统页面布局

编辑运行系统页面布局的步骤如下：

1）选择 WinCC 项目管理器的浏览窗口中的"Report Designer/"条目、现有的所有"Layouts"和"Print jobs/"条目。

2）双击文件窗口中的"Layouts"条目，现有的所有布局都将显示在文件窗口中。

3）根据所需输出选择布局，双击或使用弹出菜单打开该布局。打开页面布局编辑器，对布局进行编辑。

4）在打开的布局中选择一个报表对象，在页面布局的动态部分，把对象拖放到合适的位置，如图 9-7 所示。

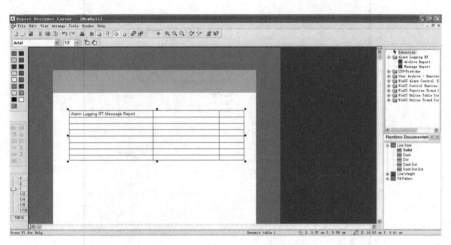

图 9-7　插入"Message Report"

5）双击该报表对象或使用弹出菜单打开对象属性对话框。

6）在"Object Properties"对话框中，选择"Connect"选项卡，然后再选择该选项卡中左侧的日志对象。可操作事项的列表显示在右侧，如图 9-8 所示。

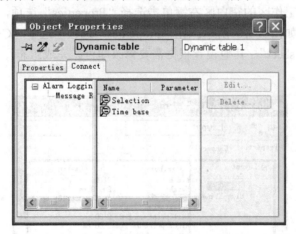

图 9-8　"Object Properties"对话框

7）双击图 9-8 的"Selection"项，或选中"Selection"项单击"Edit…"按钮，打开图 9-9 所示的"Alarm Logging Runtime：Report-Table Column…"对话框，将"Existing blocks"栏中的需要在消息报表中打印的消息块选中，单击 ⮞ 按钮移至"Column Sequence of the

Report"栏中；选择消息块"Number"，单击"Properties"按钮，打开消息块的属性对话框，在"Number of Places"文本框中输入9。在消息块"Point of error"中进行同样的操作，在"Length"文本框中输入20，单击"OK"按钮，完成组态。

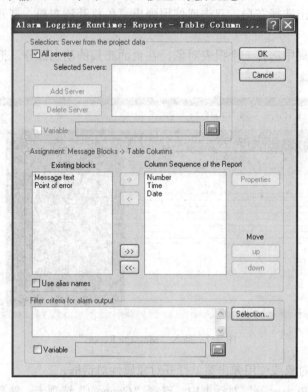

图 9-9 "Alarm Logging Runtime：Report-Table Column"对话框

8）在图 9-8 的工作区的空白区右键单击选择"Properties"选项，打开布局的"Object Proporties"对话框，如图 9-10 所示。在"Properties"选项卡选中"Geometry"，在"Paper size"项中选择"A4 sheet"，其他设置根据需要修改即可。完成组态，单击工具栏中的保存按钮保存页面布局。

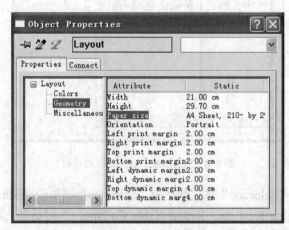

图 9-10 布局的"Object Properties"

9.6.2 从消息列表输出运行系统数据

输出消息归档列表中的消息时，在输出报表之前必须选择消息（例如，上一班的所有消息）。输出报表时如果不选择消息，则可能会由于输出范围过大而造成系统过载。

WinCC V7 报警控件提供了"@Alarm Control-Picture.RPL"或"@Alarm Control-Table.RPL"系统布局，用于输出消息。如果想在 WinCC 报警控件之外输出消息归档中的消息，则使用"@CCAlarmCtrl-CP.RPL"系统布局。从消息列表输出运行系统数据步骤如下：

1）在图形编辑器中打开具有 WinCC 报警控件的 WinCC 画面。

2）双击该控件，打开属性对话框。

3）转到"Toolbar"选项卡，并激活"Printing"按钮功能，如图 9-11 所示。

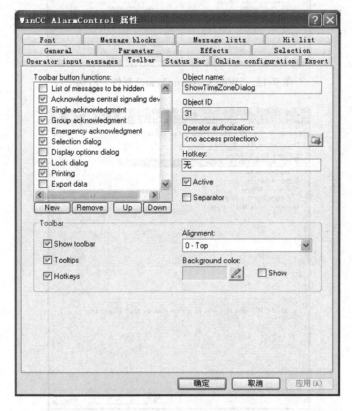

图 9-11 "WinCC AlarmControl 属性"对话框"Toolbar"选项卡

4）转到"General"选项卡。在"View Current print job"域中设置打印作业的输出，如图 9-12 所示。如果要使用不同的打印作业，则使用按钮选择期望的打印作业。

5）单击"OK"按钮以确认设置，保存并关闭 WinCC 画面。

6）在计算机启动列表中选择"Graphics Runtime"和"Alarm Logging Runtime"选项，如图 9-13 所示，激活项目。

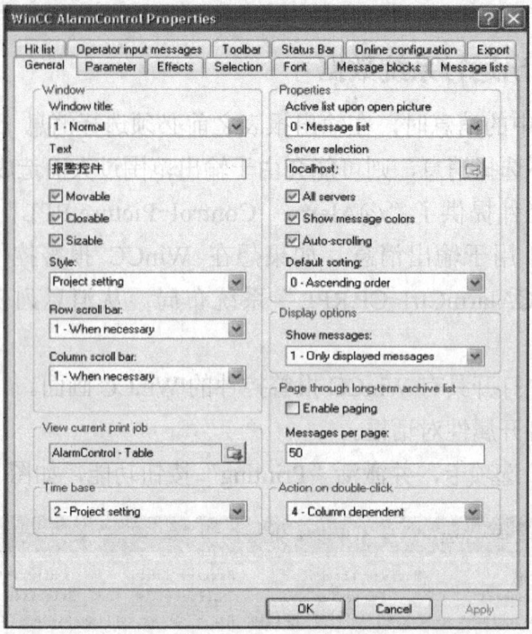

图 9-12 "WinCC AlarmControl 属性"对话框

图 9-13 计算机"Startup"设置对话框

7）单击 WinCC 报警控件中的打印按钮，进行打印输出。WinCC 报警控件的当前视图或选定消息列表中的全部内容将输出到已在打印作业中设置的打印机上。

9.7 组态变量记录运行报表

运行状态下，在表格窗口中打印输出变量记录数据。在这个例子中，通过单击变量记录表格控件工具栏上的打印按钮，预定义的页面布局@CC Table Control Contents.RPL 将会被用到，在此例中，还要组态一个带页眉和页脚的用户定义布局。

1．编辑静态部分

创建一个新的页面布局，命名为 Taglogging.rpl，双击打开。首先，要在静态部分添加对象，包括时间/日期、页码、页面布局名称和项目名称等。

单击工具栏 📃，编辑页面的静态部分，选择对象选项板中的"System objects"→"Date/Time"将其放至左上角，并拖动调整对象大小。右键单击对象选择"Properties"选项，打开属性对话框，选中"Date/Time"→"Font"项修改"Y Alignment"为居中，如图 9-14 所示。根据需要，其他属性可以在此修改。

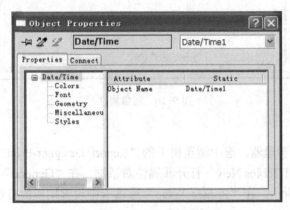

图 9-14　对象属性对话框

依照上述步骤，在静态部分添加"Project name"、"Page Number"和"Layout name"，然后调整对齐方式。选择上述静态对象，打开属性对话框，在"Properties"→"Styles"项中双击"Line Style"为无，去掉这些对象的边框。

2．编辑动态部分

单击工具栏 📃 图标，编辑页面的动态部分。在对象选项板的"Runtime Documentation"选项卡中的"WinCC Online Table Control（Classic）"中选择"Table"，在页面布局的动态部分，将对象拖放到合适的位置，如图 9-15 所示。

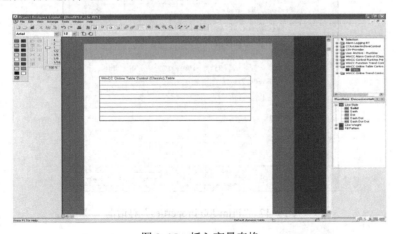

图 9-15　插入变量表格

双击"Table"对象，打开"Object Properties"对话框，选择"Connect"选项卡，如图 9-16 所示，选中"Assigning Parameters"，单击"Edit..."按钮，进行编辑。

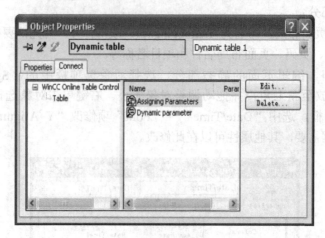

图 9-16　对象属性

3．组态打印作业

打开 WinCC 项目管理器，选中浏览树下的"Report Designer-Print jobs"，双击打印作业"Report Tag Logging RT Tables New"打开其属性对话框，在"General"选项卡中，指定合适的布局，如图 9-17 所示。在"Printer Setup"选项卡中设置期望的打印机。单击"OK"按钮，关闭对话框。

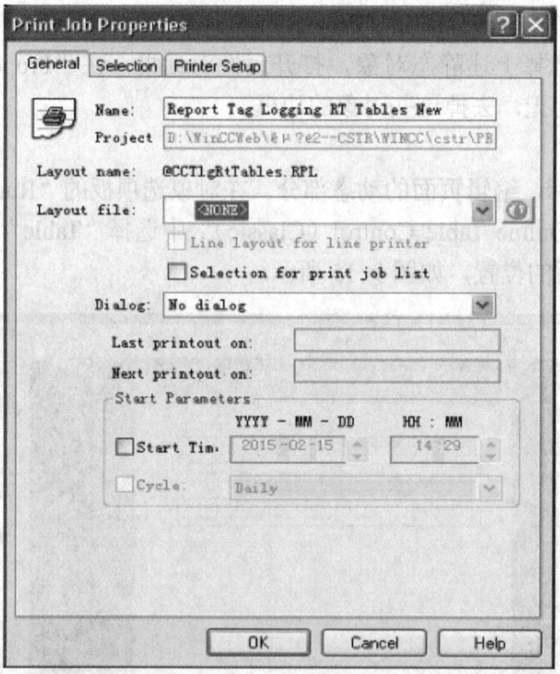

图 9-17　"Print Job Properties"对话框

4. 运行项目

在 WinCC 项目管理器中，打开计算机属性对话框，选择"Startup"选项卡，勾选"Report Runtime"复选框。运行项目，观察效果。

9.8 通过 ODBC 打印数据库的数据

使用 ODBC "数据库表"对象，可将数据库表的内容以文本形式通过 ODBC 接口粘贴到页面布局的静态部分。

前提条件：

1）存在有效的 ODBC 数据源，数据库已经注册在 Windows 的 ODBC 管理器中。

2）数据库支持标准 SQL 语言进行查询。

1. 创建页面布局

在 WinCC 项目管理器中，创建一个新的页面布局，命名为 ReportDatabase.RPL，双击打开，首先在静态部分添加对象，包括时间/日期、页码、页面布局名称和项目名称。

单击工具栏 图标以编辑页面的动态部分。单击对象选项板的"Standard objects"选项卡中的"Dynamic objects"，选择"Dynamic objects"→"ODBC database"→"Database table"选项，将其拖动到布局中调整大小尺寸。如图 9-18 所示。

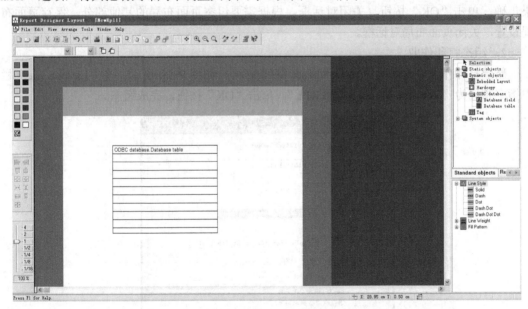

图 9-18 插入数据库表

双击布局中的"Database table"对象，打开对象属性。单击"Connect"选项卡，选中右边的数据库连接后，单击"Edit…"按钮，打开"Data Connection"对话框，如图 9-19 所示，选择"ODBC Data Source"名称，如果数据库访问需要用户名和口令，则在相应的条目中输入正确的值。在"Data Connection"对话框中，所有需要输入的信息都可通过定义一个变量，在运行状态下动态地修改。

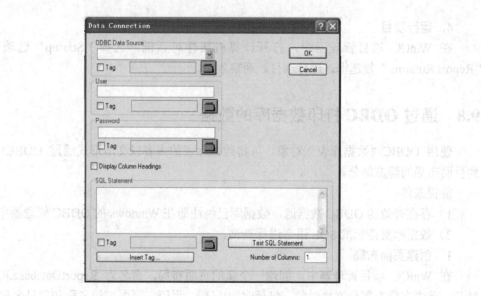

图 9-19 "Data Connection" 对话框

在对话框下部的"SQL Statement"栏中，输入正确的 SQL 数据库查询语句，从数据库中检索所需要的信息。单击"Test SQL Statement"按钮，可以测试 SQL 语句是否正确。如果正确，单击"OK"按钮，关闭对话框。根据需要组态页面布局的其他部分，保存页面布局设置，关闭页面布局对话框。

2．组态打印作业

新建打印作业，命名为 PrintDatabase，双击打开，如图 9-20 所示。在"Layout file"栏中指定布局为"Runtime Message List.RPL"。单击"OK"按钮，完成组态。

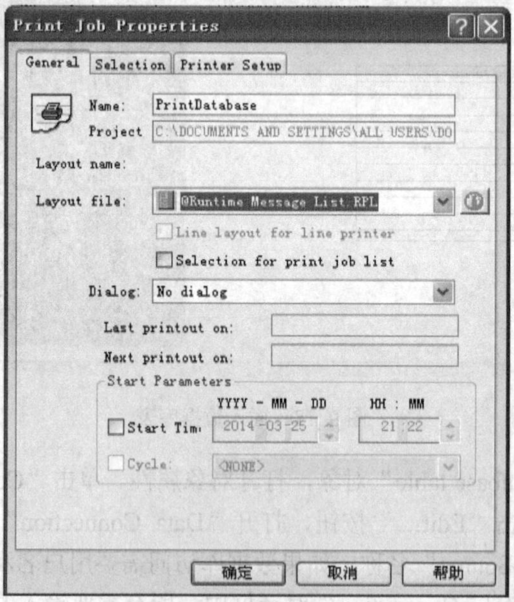

图 9-20 "Print Job Properties" 对话框

3. 在画面中组态启动打印作业

打开图形编辑器,在画面中组态一个按钮,为其"Mouse Action"添加 C 动作,代码为 RPTJobPreview("Runtime Message List.RPL"),编译保存代码,单击"OK"按钮,关闭对话框。

4. 运行项目

在 WinCC 管理器的计算机属性"Startup"设置中,激活"Report Runtime"复选框。运行项目,每次按下按钮,"Print Preview"对话框就会显示。

9.9 WinCC 报表标准函数的使用

WinCC 提供用于报表功能的函数,包括 ReportJob、RPTRPreview 和 RPTJobPrint。其中,ReportJob 函数被 RPTRPreview 和 RPTJobPrint 替代,不再使用。RPTRPreview 用于启动打印作业的预览,RPTJobPrint 用于启动打印作业。

9.10 习题

1. 熟悉 WinCC 中报表编辑器的使用。
2. WinCC 中两种报表布局的使用有何不同,举例进行说明。
3. WinCC 中打印作业的组态过程是怎样的?

第10章　脚本系统

本章学习目标

了解 WinCC 脚本的定义与分类；掌握脚本基础知识及脚本编辑器的使用；学习脚本的编写；理解其工作原理。

10.1　脚本系统概述

脚本是一种纯文本形式的程序源代码，通常可以由应用程序临时调用并执行，以实现数据运算以及特定的功能或动作。WinCC 通过完整和丰富的编程系统实现了其开放性和统一性，通过脚本系统可以访问 WinCC 的变量、对象和归档等。

如图 10-1 所示，WinCC 脚本系统由三部分组成：ANSI-C 脚本、VB-Script 脚本和 VBforApplication。

图 10-1　WinCC 脚本系统

WinCC 脚本系统具有如下作用：

1）WinCC 借助 C 脚本，可以通过 Win32API 访问 Windows 操作系统及平台上的各种应用。

2）VBS 脚本用于运行环境的动态化，在易用性和开发的快速性上具有优势。

3）VBA 可以使组态自动化，在一定程度上简化用户的组态。

WinCC 脚本编辑器由三大部分组成：动作（Action）编辑器、全局脚本（Global Script）编辑器和 VB 编辑器（Visual Basic Editor）。其中动作编辑器进一步分为 C 动作编辑器和 VBS 动作编辑器；而全局脚本编辑器则分为 C 编辑器（C-Editor）和 VBS 编辑器（VBS Editor）。如图 10-2 所示。

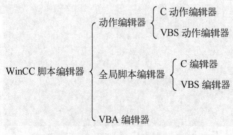

图 10-2　WinCC 脚本编辑环境

由图 10-1 和图 10-2 可得出脚本语言、脚本编辑器和开发环境三者间的关系，见表 10-1 所示

表 10-1　脚本语言、脚本编辑器和开发环境环境的对应关系

脚 本 语 言	编 辑 器	开 发 环 境
ANSI-C	C 动作编辑器	图形编辑器
	C 编辑器	项目管理器
VBS	VBS 动作编辑器	图形编辑器
	VBS 编辑器	项目管理器
VBA	VBS 编辑器	图形编辑器

下面分别通过以上三种脚本进行 WinCC 脚本系统的学习。

10.2　ANSI-C 脚本（C-Script）

ANSIC 是美国国家标准协会（ANSI）对 C 语言发布的标准，该标准于 1989 年完成，并作为 ANSIX3.159-1989 "Programming Language C" 正式生效。这个版本的语言经常被称作 "ANSI-C" 或 "C89"。

WinCC 支持使用函数和动作来动态化 WinCC 项目中的过程。这些函数和动作以 ANSI-C 编写。除此之外，C 脚本使得 WinCC 可以通过 Win32API 几乎无限制地访问 Windows 操作系统及该平台上各种应用的功能，可扩展性得到了极大的提高。

10.2.1　C 脚本基础

1. 函数、动作、触发器的关系

函数是一段代码，可在多处使用，但只能在一个地方定义。WinCC 包括许多函数。此外，用户还可以编写自己的函数和动作。函数一般由特定的动作来调用。

动作用于独立于画面的后台任务，例如打印日常报表、监控变量或执行计算等。动作的功能一般通过调用特定的函数来实现，动作的执行由触发器启动。

触发器用于在运行系统中执行动作。为此，将触发器与动作相链接以构成对动作进行调用的触发事件。没有触发器的动作不会执行。

WinCC 的 C 脚本中函数和动作的工作原理如图 10-3 所示。

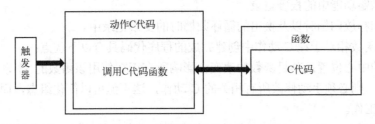

图 10-3　C 脚本中函数和动作的工作原理

与函数相比，动作可以具有触发器。也就是说，函数在运行时不能由自己来执行。由此可见，函数和动作之间存在一定的差异。函数和动作的区别见表 10-2。

表 10-2　函数和动作的区别

特　征	函　数	动　作
调用函数	可调用其他函数	可以
被调用	可以	不可以
可触发	不可以	可以
导入/导出	不可以	可以
分配授权	不可以	可以
参数	有	没有

2. 函数、动作、触发器的分类

函数和动作的范围如图 10-4 所示。

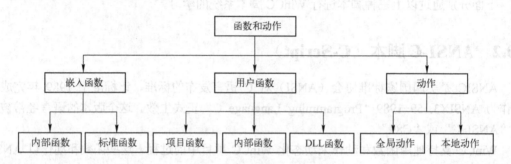

图 10-4　函数和动作的范围

（1）函数的分类

1）项目函数（Project Functions）

如果在 C 动作中经常需要相同的功能，则该功能可以在项目函数中公式化。在 WinCC 项目的所有 C 动作中都可以按照调用其他函数一样的方式来调用项目函数。

项目函数只能在项目内使用，其存储路径为 WinCC 项目目录的子目录"\library"中，并在相同文件夹中的 **ap_pbib.h** 文件内定义。

项目函数可用于：

① 其他项目函数。

② 全局脚本动作。

③ 图形编辑器的 C 动作中以及动态对话框内。

④ 报警贿赂功能中的报警记录。

⑤ 启动和释放归档时以及换出的循环归档时的变量记录中。

使用项目函数相对于在 C 动作中创建完成的程序代码具有以下优点：

① 编辑的中心位置：项目函数的改变会影响所有正在使用该函数的 C 动作。如果没有使用项目函数，则必须手动修改所有相关的 C 动作，这不但可以简化组态，而且可以简化维护和故障检测工作。

② 可重用性：一旦一个项目函数编写完并进行了广泛的测试，则它随时都可以再次使用，无需附加新的组态或新的测试。

③ 画面容量减少：如果并不是在对象的 C 动作中直接放置完整的程序代码，则画面容

180

量将减少。这可以使画面打开的速度更快，并且在运行系统中性能更佳。

2）标准函数（Standard Functions）

标准函数包含用于 WinCC 编辑器、报警、存档等多方面的函数，其存储路径为 WinCC 项目目录的子目录"\aplib"中。

标准函数可用于：

① 项目函数。

② 其他标准函数。

③ 全局脚本动作。

④ 图形编辑器的 C 动作中以及动态对话框内。

⑤ 报警贿赂功能中的报警记录。

⑥ 启动和释放归档时以及换出的循环归档时的变量记录中。

3）内部函数（Internal Functions）

内部函数是 C 语言常用函数，它们是标准的 C 函数，用户不能对其进行更改，也不能创建新的内部函数。其存储路径为 WinCC 安装目录的子目录"\aplib"中。

内部函数可用于：

① 项目函数。

② 标准函数。

③ 动作。

④ 图形编辑器的 C 动作中以及动态对话框内。

项目函数、标准函数和内部函数的特征不尽相同，参见表 10-3。

表 10-3　项目函数、标准函数和内部函数的特征对比

特　　征	项 目 函 数	标 准 函 数	内 部 函 数
由用户自己创建	可以	不可以	不可以
由用户自己进行编辑	可以	可以	不可以
口令保护	可以	可以	不可以
重命名	可以	可以	不可以
适用范围	仅在项目内识别	可在项目之间识别	项目范围内可用
文件扩展名	*.fct	*.fct	*.ict
触发器	无	无	无

（2）动作的分类

1）局部动作

局部动作用于独立与画面的后台任务，例如打印日常报表、监控变量或执行计算等。局部动作的存储路径为 WinCC 项目目录的"\<computer_name\Pas"子目录中。

局部动作可指定给单独的计算机。因此，可以确保只在服务器上打印报表。

2）全局动作

全局动作用于后台任务，例如打印日常报表、监视变量或执行计算等。局部动作的存储路径为 WinCC 项目目录的"\Pas"子目录中。

与局部动作相反，全局动作在客户机-服务器项目的所有项目计算机上执行。在单用户

项目中，全局动作和局部动作之间不存在任何区别。

局部动作和全局动作在特征上的区别见表10-4。

表 10-4　局部动作和全局动作在特征上的区别

特　征	局 部 动 作	全 局 动 作
用户自己创建	可以	可以
用户自己进行编辑	可以	可以
口令保护	可以	可以
触发器	至少一个触发器	至少一个可进行启动的触发器
适用范围	只在分配的计算机上执行	在客户机-服务器项目的所有项目计算机上执行
扩展名	*.pas	*.pas

此外，动作由为其组态的触发器启动。为了使动作得以执行，全局脚本运行系统必须包含在启动列表中，启动步骤如下：

① 在 WinCC 项目管理器的计算机快捷菜单中选择"Properties（属性）"，弹出"计算机属性"对话框。

② 单击"Startup（启动）"标签。

③ 选择"Global Script Runtime（全局脚本运行系统）"选项，如图 10-5 所示。

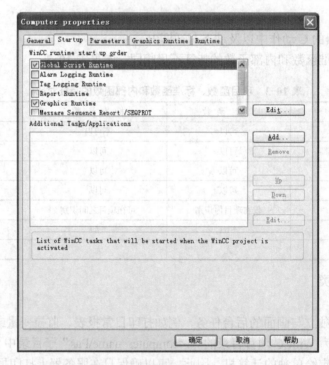

图 10-5　计算机属性启动列表

④ 单击"确定"按钮关闭对话框。

注意：如果在计算机的启动列表中选中了全局脚本运行系统，则一旦项目启动，属于该计算机的所有全局动作和所有局部动作都将被激活。

（3）触发器分类

触发器类型如图 10-6 所示。

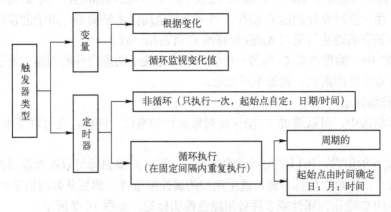

图 10-6　触发器类型

1）非周期性触发器

这些触发器包括指定的日期和时间。由此类触发器所指定的动作将按所指定的日期的时间来完成。

2）周期性触发器

这些触发器包括指定的时间周期和起始点。周期性触发器有下列类型：

① 默认周期：第一个时间间隔的开始点与运行系统的开始点一致。间隔时间由周期确定。

② 每小时：间隔时间的开始点按分钟和秒钟指定。间隔时间是一小时。

③ 每日：间隔时间的开始点由时间（小时、分钟和秒）来指定。

④ 每周：间隔时间的开始点由星期（星期一、星期二等）和时间来指定。间隔时间是一个星期。

⑤ 每月：间隔时间的开始点由日期和时间来指定。间隔时间是一个月。

⑥ 每年：间隔时间的开始点由日、月和时间来指定。间隔时间是一年。

3）变量触发器

这些触发器包括一个或多个变量的详细规范。每当检测到这些变量的数值发生变化时，都将执行与此类触发器相关联的动作。

可为每个变量定制如何查询变量值，既可以选择具有制定周期的周期轮询，也可以选择系统检测到变量值变化后立即做出反应。

根据查询方法的选择，有可能是变量发生变化，而系统没有检测到这种变化。在这种情况下，动作将不会执行。

如果动作仅与一个触发器相关联，例如，周期性触发器和变量触发器。在此情况下，无论两个触发事件之一何时发生，动作都将执行。如果两个事件同时发生，则动作将按先后顺序执行两次。如果两个变量触发器在同一时刻启动，则动作将只执行一次。

在发生动作的另一次调用之前，应该完成对动作的处理，否则，将导致队列溢出。

提示：如果计划在每个时间发生时不执行动作，则要为动作制定一个条件来控制其随时间的进一步运行。如果不进一步执行动作，则可以用一个<值>return 来终止此动作。

10.2.2 ANSI-C 脚本开发环境

对于 C 脚本的创建和编辑，WinCC 提供了两个不同的编辑器：一个是图形编辑器中的动作编辑器，用于在对象处创建 C 动作；另一个是全局脚本编辑器，用于创建项目函数和全局动作。脚本语言的语法与采用 ANSI 的标准 C 语言相一致。

在 WinCC 中，编程语言 C 的另一个应用领域是关于动态向导的创建，关于动态向导的应用已在第 5 章中详细阐述，此处不再赘述。

1．C 动作编辑器

在图形编辑器中，可以通过 C 动作使对象属性动态化。同样，也可以使用 C 动作来响应对象事件。

对于 C 动作的组态，可以使用动作编辑器来实现。此编辑器可以在对象属性对话框中通过以下方法打开，即单击鼠标右键，选中期望的属性或事件，然后从弹出的菜单中选择 C 动作。已经存在的 C 动作在属性或事件处用绿色箭头标记，如图 10-7 所示。

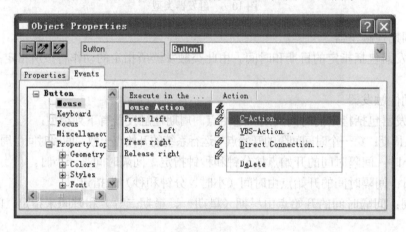

图 10-7　对象属性对话框

如图 10-8 所示，在动作编辑器中，可以编写 C 动作。对于属性的 C 动作，必须定义触发器；对于事件的 C 动作，由于事件本身就是触发器，所以不必再定义。完成的 C 动作必须进行编译，如果编译程序没有检测到错误，则可以通过单击"确定"按钮退出动作编辑器。

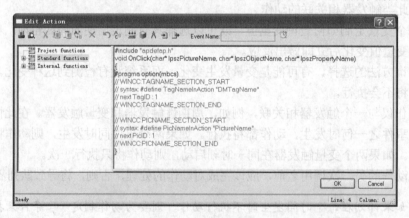

图 10-8　动作编辑器

184

（1）C 动作的结构

通常，一个 C 动作相当于 C 中的一个函数。C 动作有两种不同的类型：为属性创建的动作和为事件创建的动作。通常，属性的 C 动作用于根据不同的环境条件控制此属性的值（例如变量的值）。对于这种类型的 C 动作，必须定义触发器来控制其执行，而事件的 C 动作用来响应此事件。

1）属性的 C 动作

图 10-9 所示实例是一个典型的属性的 C 动作。各部分的含义描述如下：

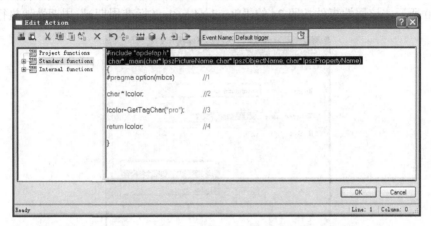

图 10-9　属性 C 动作实例

① 标题（黑底）：黑底字段显示的两行构成 C 动作的标题，该标题自动生成并且不能更改。除返回值类型之外，所有属性的函数标题都完全相同。

在 C 动作标题的第一行内，包含文件 apdefap.h。通过该文件向 C 动作预告所有的项目函数、校准函数以及内部函数。

C 动作标题的第二部分为函数标题。该函数标题提供有关 C 动作的返回值和可以在 C 动作中使用的传送参数的信息。这里将三个参数传递给 C 动作，即画面名称（lpszPictureName）、对象名（lpszObjectName）和属性名（lpszPropertyName）。

C 动作标题的第三部分是开始花括弧，此花括弧不能删除。在该开始大括弧和结束大括弧之间编写 C 动作的实际代码。

② 编译器设置（1）：#pragma option 用来设置编译器，mbcs 指的是多字节字符集。因此，本实例中语句#pragma option (mbcs)表示设置 WINCC 的 C 脚本编译器，使其支持多字节字符集。

③ 变量声明（2）：在可以编辑的第一个代码段中声明使用的变量。在本实例代码中，指的是一个 char*型的变量。

④ 数值计算（3）：在本段中，执行属性值的计算。在本实例代码中，读入一个字符串型变量的值。

⑤ 数值返回（4）：将计算得到的属性值赋给 C 动作对应的属性。这通过 return 命令来完成。

⑥ 其他自动生成的代码：包括两个注释块。若要使交叉索引编辑器可以访问 C 动作的

内部信息，则需要这两个块，要允许 C 动作中语句重新排列也需要这两个块。如果这些选项都不用，则也可以删除这两个注释块。

第一个注释块用于定义 C 动作中所使用的 WinCC 变量。在程序代码中，必须使用所定义的变量名称而不是实际的变量名称。

第二个注释块用于定义 C 动作中使用的 WinCC 画面。在程序代码中也必须使用定义的画面名称而不是实际的画面名称。

另外，注意到图中黑底方框处显示 EventName（时间名称）默认选项为 Default trigger。如图 10-10 所示，该属性事件按照 2s 的"Standard cycle（标准周期）"周期性地执行。

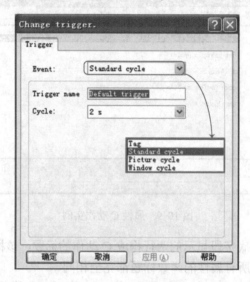

图 10-10 "Change trigger" 对话框

事实上，属性动作的触发信号共分为四类：Tag（变量）、Standard cycle（标准周期）、Picture cycle（图形周期）和 Window cycle（窗口周期）。用户可根据需要自行选择。

2）事件的 C 动作

图 10-11 所示实例是一个典型的事件的 C 动作。各部分的含义描述如下：

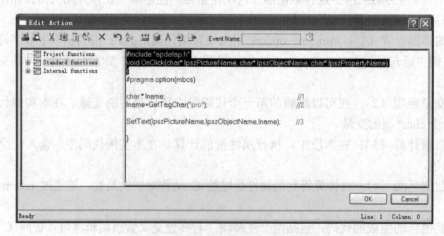

图 10-11 事件 C 动作实例

① 标题（黑底）：黑底字段显示的两行构成 C 动作的标题。OnClick 表示该动作对应事件为"鼠标动作"，该标题自动生成并且不能更改。但与属性动作相反，对于不同类型的事件，其函数标题也不相同，例如 OnRButtonDown 代表"右击鼠标"事件，OnLButtonDown 代表"左击鼠标"事件。将参数画面名称（lpszPictureName）、对象名（lpszObjectName）和属性名（lpszPropertyName）传递给 C 动作。参数 lpszPropertyName 只包含与响应属性变化相关的信息。可以传送附加的事件指定的参数。

② 变量声明（1）：在可以编辑的第一个代码段中声明使用的变量。在本实例代码中，指的是一个 char*型的变量。

③ 数值计算（2）：在本段中，读入一个字符串型变量的值。

④ 事件处理（3）：在本段中，执行响应事件的动作。在本实例代码中，读入一个 WinCC 变量的数值，该数值作为"名称"分配给自己的对象，本例中将变量字符串 pro 中的内容设置为 Button 对象的名称。事件 C 动作的返回值为 Void 型，也就是说不需要返回值。

（2）组态 C 动作

表 10-5 描述了组态 C 脚本动作的步骤。

表 10-5 组态 C 脚本动作的步骤

步骤	过程：创建 C 动作
打开 对象属性对话框	① 打开图形编辑器； ② 打开期望的 WinCC 画面； ③ 打开所期望对象的对象属性对话框
打开 C 脚本动作 编辑器	用鼠标右键单击选择期望的属性或事件，从弹出的菜单中选择 C 动作来打开动作编辑器
编辑 C 脚本动作 代码	在花括弧内编写执行期望计算的函数主题、动作等。 有多种编程辅助工具可供使用。其中一种辅助工具是变量选择对话框。此对话框通过如下所示的工具栏按钮打开。在显示的选择变量对话框中，选择 WinCC 变量然后单击"确定"按钮来确认。于是将在 C 动作中当前光标位置处插入所选 WinCC 变量的名称。 另一个辅助工具是动作编辑器做窗口中的函数选择。利用函数选择，在 C 动作中的当前光标位置处自动插入所有可用的项目函数、标准函数和内部函数

步　骤	过程：创建 C 动作
编辑 C 脚本动作代码	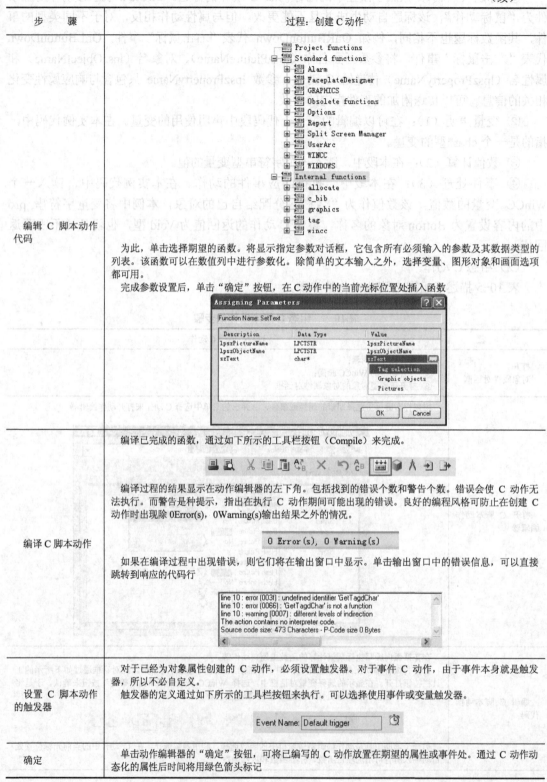

为此，单击选择期望的函数。将显示指定参数对话框，它包含所有必须输入的参数及其数据类型的列表。该函数可以在数值列中进行参数化。除简单的文本输入之外，选择变量、图形对象和画面选项都可用。

完成参数设置后，单击"确定"按钮，在 C 动作中的当前光标位置处插入函数 |
| 编译 C 脚本动作 | 编译已完成的函数，通过如下所示的工具栏按钮（Compile）来完成。

编译过程的结果显示在动作编辑器的左下角。包括找到的错误个数和警告个数。错误会使 C 动作无法执行。而警告是种提示，指出在执行 C 动作期间可能出现的错误。良好的编程风格可防止在创建 C 动作时出现除 0Error(s)，0Warning(s)输出结果之外的情况。

O Error(s), O Warning(s)

如果在编译过程中出现错误，则它们将在输出窗口中显示。单击输出窗口中的错误信息，可以直接跳转到响应的代码行

line 10 : error (003f) : undefined identifier 'GetTagdChar'
line 10 : error (0066) : 'GetTagdChar' is not a function
line 10 : warning (0007) : different levels of indirection
The action contains no interpreter code.
Source code size: 473 Characters - P-Code size 0 Bytes |
| 设置 C 脚本动作的触发器 | 对于已经为对象属性创建的 C 动作，必须设置触发器。对于事件 C 动作，由于事件本身就是触发器，所以不必自定义。
触发器的定义通过如下所示的工具栏按钮来执行。可以选择使用事件或变量触发器。

Event Name: Default trigger |
| 确定 | 单击动作编辑器的"确定"按钮，可将已编写的 C 动作放置在期望的属性或事件处。通过 C 动作动态化的属性后时间将用绿色箭头标记 |

2．全局脚本 C 编辑器

项目函数、标准函数和动作是过程动态化的基础，WinCC 通过全局脚本编辑器（这里特指 C 脚本编辑器，与 VBS 相区别，本小节中简称为全局脚本 C 编辑器）可支持函数和动作的创建与编辑。

全局脚本编辑器可以在 WinCC 项目管理器中通过以下方法打开：

如图 10-12 所示，在浏览窗口中选择"Global Script"中的"C-Editor"，右键单击选择菜单中的"Open（打开）"选项或直接双击打开全局脚本 C 编辑器，如图 10-13 所示。

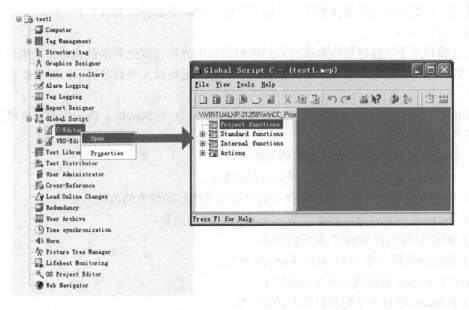

图 10-12　打开全局脚本编辑器

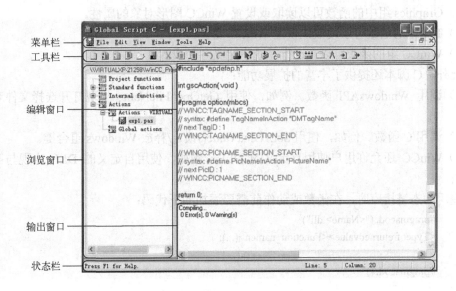

图 10-13　全局脚本 C 编辑器

（1）菜单栏

菜单栏选项根据当前所编辑内容的不同而变化。它始终可见。

（2）工具栏

全局脚本具有两个工具栏，需要时可使其可见，并可用鼠标拖动到画面的任何地方。

（3）编辑窗口

函数和动作均在编辑窗口中进行写入和编辑，只有为编辑而打开函数或动作时才显示编辑窗口。每个函数或动作都单独在编辑窗口打开，可同时打开多个编辑窗口。

说明：函数或动作所包含的字符，包括空格在内，不能超过32767个字符。

（4）浏览窗口

浏览窗口用于选择将要编辑或插入到编辑窗口中光标位置处的函数和动作。浏览器窗口中的函数和动作均按组的多层体系进行组织。其中，函数以其函数名显示；对于动作，显示文件名。

WinCC 在浏览窗口中提供了一些列的标准函数，这些 Standard Functions（标准函数）主要提供了以下功能：

1）Alarm 组包含与 WinCC 报警相关的函数。

2）Graphics 组包含用于图形系统编程的函数。

3）Report 组包含用来启动打印作业的打印预览或打印输出的函数。

4）UserArc 组包含访问和操作 WinCC 用户归档的函数。

5）WinCC 组包含 WinCC 系统的函数。

6）Windows 组仅包含 Program Execute 函数。

WinCC 内部函数提供的主要功能如下：

1）Allocate 组包含分配和释放内存的函数。

2）C_bib 组包含来自 C 库的 C 函数。

3）Graphics 组中的函数可以读取或设置 WinCC 图形对象的属性。

4）Tag 组的函数可以读取或设置 WinCC 变量。

5）WinCC 组的函数可以在运行系统中定义各种设置。

此外，C 脚本还提供了丰富的扩展功能：

1）调用 WindowsAPI 函数。例如，使用 GetOpenFileName 实现打开选择文件对话框的功能。

2）调用 C 函数。例如，使用 SetXGinaValue()锁定/释放 Windows 组合键。

3）WinCC 还允许用户使用自定义的 DLL。例如，使用自定义的 DLL 实现与第三方设备通信。

调用动态链接库时，在函数或动作前需要添加如下代码：

```
#pragmacode("<Name>.dll")
<Typeofreturnedvalue><Function_namen>(...);
……
#pragmacode()
```

注意： 使用 VB 创建的 DLL 不能被加载。

（5）输出窗口

函数在"文件中查找"或"编译所有函数"的结果将显示在输出窗口中。默认状态下它是可见的，但也可将其隐藏。

1）在文件中查找

搜索的结果按每找到一个搜索术语显示一行的方式显示在输出窗口中。每行均有一个行号，并会显示路径和文件名以及找到的搜索术语所在行的行号和文本。

通过双击显示在输出窗口中的行可打开相关的文件，光标将放置在找到搜索术语的行中。

2）编译所有函数

必要时，编译器将输出每个编译函数的警告及出错消息，下一行将显示已编译函数的路径和文件名以及编译器的摘要消息。

（6）状态栏

状态栏位于全局 C 脚本窗口的下边缘，可以显示或隐藏。它包含了与编辑器窗口中光标位置以及键盘设置等有关的信息。此外，状态栏可显示当前所选全局脚本函数的简短描述，也可显示其提示信息。

1）函数相关操作

① 使用函数

如果在多个动作中必须执行同样的计算，只是具有不同的起始值，则最好编写函数来执行该计算，然后在动作中用当前参数方便调用该函数。如图 10-14 所示。

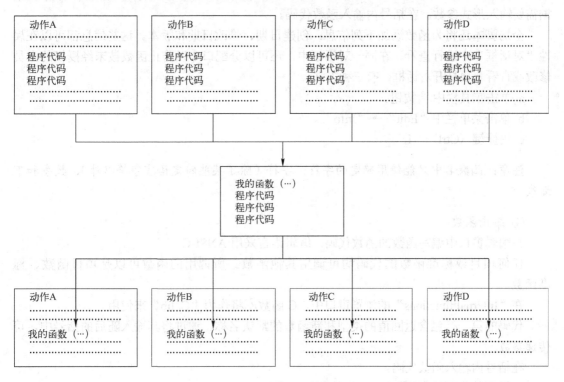

图 10-14　动作和函数的使用

这种方法具有许多优势：

a 只编写一次代码。

b 只需在一个地方，即在函数中作修改，而不需在每个动作中修改。

c 动作代码更简短，因而也更明了。

② 查找函数

为了访问已存在的函数或创建新的函数，用户既可使用全局脚本浏览窗口中的"File"菜单，也可单击工具栏中相应的按钮。

③ 创建新的函数

对于项目函数和标准函数，该过程是一样的。在浏览窗口中，指定类型（项目函数或标准函数），对于标准函数，则指定组，例如"graphics"。这样也就指定了文件将被保存的地方。

全局脚本将为新函数建议一个默认名称，例如"new_function_3"，这也是函数的文件名。为了确保函数名是唯一的，建议的名称包括顺序的编号。

作为规则，应使用一个可提供更多信息的函数名来代替默认名称。第一次保存重命名的函数时也可以改变该文件名。

创建新函数的步骤如下：

a 在全局脚本 C 编辑器的浏览窗口中，打开期望的组的快捷菜单。

b 选择"New（新建）"命令，弹出 C 编辑器的编辑窗口。如果创建了新的函数，则关联编辑窗口中的第一行代码包含返回值类型和新函数的默认名称。在下面的括号中，可以根据需要输入形式参数。在括号内输入函数代码。

全局脚本还将为函数添加下列信息：创建日期、修改日期和版本。这些信息都可以在属性"对话框"中进行查看。在同一对话框中，还可以分配口令以防止函数被未经授权的人员修改或查看。要打开对话框，有三种方法：

a 单击工具栏中 ? 按钮。

b 单击菜单栏中"Edit"→"Info"。

c 快捷键〈Ctrl〉+〈I〉。

注意：函数名中只能使用确定的字符：字符（除了某些特定语言字符以外）、数字和下划线。

④ 编辑函数

在编辑窗口中编写函数的函数代码，编辑语言采用 ANSI-C。

任何项目或标准函数的代码均可调用其他函数。所调用的函数可以是项目函数、标准函数。

在"Internal functions"的浏览窗口中，C 函数库将作为"C_lib"来使用。

代码的第一行包含返回值的类型和新函数的默认名称。通过将其输入随后的括号中，可传递参数。

在括号内输入函数代码。

编辑函数代码的步骤如下：

a 双击浏览窗口中的函数，以便在编辑窗口中将其打开。

b 将光标放置在希望开始编写代码的地方。

c 输入期望的代码。

另外，还可按以下方法打开函数：

在浏览窗口中，打开期望的动作的快捷菜单并单击"Open"或"File\Open…"。也可单击标准工具栏中的按钮 ⊡ 或使用相应的组合键。

⑤ 编译函数

函数完成后，单击工具栏按钮 ▦ 进行编译。输出窗口在运行编译之后将显示编译器的消息，这些消息可能是警告或出错消息。在每种情况下，都将输出警告和出错消息的总数。

⑥ 保存函数

单击工具栏按钮 ▦ 进行保存。

如果保存尚未正确编译的函数，则浏览窗口中将显示 ▦ 符号。

如果保存尚未编译的没有错误的函数，则浏览窗口中将显示 ▦ 符号。

2）创建和编译函数

系统会区分项目、标准函数和内部函数。WinCC 带有可供广泛选择的标准函数和内部函数，用户可以创建自己的项目函数和标准函数或修改标准函数。但需要注意，重新安装 WinCC 时，WinCC 包括的标准函数将被重写，所以任何函数的修改都会丢失。内部函数不能创建或编辑。

上述内容对函数的创建、编辑、查找、编译等操作已作了详细的说明。下面给出创建和编辑项目函数的步骤作为总结。见表 10-6。

表 10-6　创建和编辑项目函数的步骤

步　　骤	过程：创建项目函数
打开全局脚本编辑器	① 在浏览窗口中选择 GlobalScript 中的 C-Editor； ② 单击鼠标右键选择菜单中的"Open（打开）"选项或直接双击打开全局脚本 C 编辑器
创建新的项目函数	单击鼠标右键选择项目函数条目，从弹出的菜单中选择"New（新建）"，新窗口中出现新项目函数的基本框架 \\VIRTUALXP-21258\WinCC_Proje ▦ Project functions　　New ⊞ ▦ Standard funct ⊞ ▦ Internal funct　　Delete ⊞ ▦ Actions 　　　　　　　　　　Search Files 　　　　　　　　　　Properties

编辑项目函数标题	与 C 动作编辑器不同，项目函数可以完全由用户进行配置。没有不能编辑的代码段。
	函数必须有一个名称，以便 C 动作或其他函数调用时使用。此外，必须指定返回值和函数所需的传送参数。
	如果当前的函数中要使用其他项目函数或标准函数，则必须结合 apdefap.h 文件。可通过预处理程序命令#include"apdefap.h"来完成，该命令必须插在函数标题之前
	
	▦ \\VIRTUALXP-21258\WinCC_Project_test...　□×
	#include "apdefap.h"
	
	void New_Function(char* lname)
	{
	
	}

步　骤	过程：创建项目函数
编辑项目函数主题	可以使用前文中介绍的与编写 C 动作相同的辅助工具，即变量选择和函数选择来完成函数的编写
编译	已编辑完成的函数必须进行编译，这通过工具栏按钮 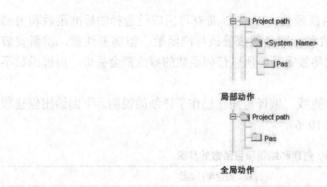 来完成 编译过程产生的结果显示在输出窗口中，将列出产生的错误和警告，并且显示其数量。通过单击鼠标选择输出窗口中的错误信息，可以直接跳转到相应的代码行
口令设置	通过工具栏按钮 ，可以将描述添加到项目函数中。可以与描述一起定义一个口令，以保护项目函数免遭未授权人员的访问
保存项目函数	完成的项目函数必须用合适的名称进行保存

注：项目创建和编辑项目函数的步骤同样适用于标准函数。

3）动作相关操作

① 查找动作

可以创建新动作，且可以通过全局脚本浏览窗口访问现有动作。

动作存储在如下文件系统中：

局部动作

全局动作

② 创建动作

系统区分全局动作和局部动作。虽然两者的使用范围不同，但创建和编辑两种动作类型的过程完全相同。

创建新动作的步骤如下：

a 在浏览窗口中，打开期望的动作类型的快捷菜单，选择全局动作或局部动作。

b 右键单击选中动作类型，从弹出的菜单中选择"New（新建）"命令，打开动作编辑窗口。

对于新动作全局脚本建议使用默认名称。新创建的动作已包含指令" include apdefap.h"。因此，所有函数都在该动作中注册。在第三行中可以找到动作的名称。前三行既不能被删除也不能被修改。也就是说，不需要特殊的方法，就可以从每一个动作中调用任意函数。而且，每个动作都具有"int"类型的返回值，且被设置为 0。动作的返回值可与GSC 运行系统联合使用，以达到诊断目的。

动作代码从注释形式的代码框架开始。如果按照编码规则填充编码框架，变量和画面名称将由交叉引用识别。

③ 编辑动作

与函数一样，在自己的编辑窗口中编辑动作，只有前三行不能进行编辑。

动作必须有返回值。返回值为"int"，且预置为 0。动作的返回值可进行修改，且可用于与 GSC 运行系统连接，以达到诊断目的。不能改变返回值的类型。

为了在运行系统中执行动作，动作必须有触发器。

编辑动作的步骤为：

a）双击浏览窗口中动作，以便在编辑窗口中将其打开。

b）编辑动作代码。

另外，还可按以下方法打开动作：

在浏览窗口中，打开期望的动作的快捷菜单并单击"Open"或"File\Open..."。也可单击标准工具栏中的按钮 ⬜ 或使用相应的组合键。

注意：局部变量（动作代码的括号内定义的变量）的最大可用内存为 32KB。

④ 编译和保存动作

为了使用动作，首先必须进行编译动作。只编译活动编辑窗口中的动作。

编译器所报告的任何错误都将显示在窗口的下面部分。每条消息都将显示在单独的行中。该行包括源代码中产生错误地方处的行号、十六进制码的错误代码以及错误描述。

双击此行即可查看错误处的源代码行。

建议检查所列出的第一个出错消息，因为后续的消息可能是一个消息引发的错误。如果纠正了第一个错误，则在下次编译之后，其他错误可能消失。

编译动作的步骤为：

a 单击编辑工具栏中按钮 ⬛ 。

b 检查编辑窗口下面部分中的编译器消息。

c 如果编译器报告了错误，则必须修改动作的源代码。完成此操作后，回到步骤 a 再次启动。

d 如果编译器发出警告，则可能需要修改动作的源代码。修改完代码后，回到步骤 a 再次启动，否则按步骤 e 继续操作。

e 单击标准工具栏中的 ⬛ 按钮或者从"文件"菜单中选择"保存"或使用相应的组合键。

另外，编译过程也可按照下列方式启动：

从编辑菜单中选择编译，或从编辑窗口的快捷菜单中选择编译选项，也可使用相应的键盘快捷键。

⑤ 显示动作

如果存储了一个语法不正确的动作，则它将在全局脚本浏览窗口中显示，且其左侧会显示图标 ⬛ 。

如果存储了一个没有触发器的语法上正确的动作，则它将在全局脚本浏览窗口中显示，且其左侧会显示图标 ⬛ 。

如果存储了一个带有触发器的语法上正确的动作，则它将在全局脚本浏览窗口中显示，且其左侧会显示图标 ⬛ 。

4）创建和编辑动作

上述内容对动作的创建、编辑、查找、编译等操作已作了详细的说明。下面给出创建和编辑全局动作的总体步骤作为总结。见表 10-7。

表 10-7　创建和编辑全局动作的步骤

步　　骤	过程：创建全局动作
打开全局脚本编辑器	① 在浏览窗口中选择 GlobalScript 中的 C-Editor； ② 右键单击选择菜单中的"Open（打开）"选项或直接双击打开全局脚本 C 编辑器
创建全局动作	方法一：单击鼠标右键选择 Action（动作）条目，然后从弹出菜单中选择"New（新建）"选项，将创建新动作的基本框架。 方法二：单击鼠标右键选择 Action（全局动作）中的 Global actions（全局动作）条目，然后从弹出菜单中选择"New（新建）"选项，将创建新动作的基本框架
编辑全局动作主体	动作的标题会自动生成并且不能更改。 此外，会插入用于定义 WinCC 变量和 WinCC 画面的两个注释块。这两个注释块的含义已经在先前的 C 动作一节中进行了说明。 在花括号内编写动作主体，可以使用与编写 C 动作相同的辅助工具。特别是变量选择和函数选择。动作具有 int 类型的返回值。然而，该返回值不能由用户计算。默认情况下，返回数值 0
编译	已编辑完成的动作必须进行编译，这通过工具栏按钮 来完成。 编译过程产生的结果显示在输出窗口中，将列出产生的错误和警告，并且显示其数量。通过单击鼠标选择输出窗口中的错误信息，可以直接跳转到相应的代码行
口令及触发器设置	通过工具栏按钮 ，可以如同函数描述一样将描述添加到动作中，也可以定义口令来保护项目函数以免遭未授权人员的访问。 与函数相比，它还需要设置一个触发器来控制动作的执行。对于动作触发器的选择，用户所具有的选择范围要比对象的 C 动作触发器的选择范围大。其中，可以编写一次执行过程
保存项目函数	完成的动作必须用合适的名称进行保存

注：项目创建和编辑全局动作的步骤同样适用于局部动作。

10.2.3 在函数和动作中使用 DLL

WinCC 允许用户使用自己的 DLL（动态链接库）。

通过对各自的函数或动作进行必要补充，可以在函数和动作中启用现有 DLL 中的函数。

在函数或动作前添加下列代码：

```
#pragma code("<Name>.dll")
<Type of returned value> <Function_name 1>(...);
<Type of returned value> <Function_name2>(...);
<Type of returned value> <Function_name n>(...);
#pragma code()
```

<Name.dll> 中的函数 <Function_name 1>、…、<Function_name n> 均已进行了声明，并可由各自的函数或动作进行调用。

【例 10-1】

```
#pragma code("kernel32.dll")
VOID GetLocalTime(LPSYSTEMTIME lpSystemTime);
#pragma code()
SYSTEMTIME st;
GetLocalTime(&st);
```

也可以将上述过程写入"Apdefap.h"头文件中。

在 WinCC 中使用自己的 DLL 时，必须使用发行版。WinCC 是发行版，因而也使用系统 DLL 的发行版。如果在调试版中生成自定义 DLL，则可能 DLL 的发行版和调试版二者都将装载，进而会增加需要的内存空间。

DLL 的结构必须使用 1 个字节对齐方式进行设置。

注意：DLL 必须保存在"\bin"目录中，或保存在"PATH"系统变量中所定义的路径中。此变量在操作系统属性中定义。

10.3 VB 脚本

除了 C 脚本外，WinCC 还提供了 VBScript（VBS）编程语言作为编程界面，从而可以实现 WinCC 运行环境的动态化。

VBS 易于学习，程序具有良好的容错性，在易用性和开发的快速性上具有优势。

10.3.1 VBS 基础

1. VBS 在 WinCC 中的应用

VBS 提供在运行期间对图形运行系统的变量和对象的访问，并允许执行独立于画面的功能。

1）变量：可对变量值进行读取和写入操作，例如，这样就可在鼠标定位到按钮上时通过单击鼠标来指定 PLC 的变量值。

2）对象：可使用动作将对象属性动态化，并可通过影响对象的事件来触发动作。

3）独立于画面的动作：可周期性触发或根据变量值（例如，对于每日传送到 Excel 表中的值）触发独立于画面的动作。

在运行环境中，VBS 还可用于以下情形：

1）为操作图形对象的变量组态设定值规范，以便可以实现通过单击鼠标定义 PLC 值之类的目标。

2）组态用于操作图形对象的运行系统语言的转换。

3）组态诸如周期性颜色的更改（闪烁），或显示状态（电动机接通）。

除了特定的 WinCC 应用程序外，VBS 的一般功能也可用于自定义 Windows 环境，例如：

1）将数据传送到另一个应用程序（例如 Excel）。

2）从 WinCC 启动外部应用程序。

3）创建文件和文件夹。

2．过程、模块和动作的工作原理

WinCC 中 VBS 允许用户通过过程、模块和动作实现运行环境的动态化。

过程：过程由代码段组成，可在工程中被多次调用。可通过引用过程名称来获取该段代码或另一个过程。可在 WinCC 中创建带有或不带返回值的过程。过程本身并没有触发器，它们只能被动作调用。

模块：将相互关联的过程编译到模块的单元中是一种比较好的做法。例如，创建针对过程的模块，这些过程必须在特定画面中使用或属于特定主题，如辅助的数学函数或数据库访问功能。

动作：动作始终由触发器激活，即触发事件。动作可以在图形对象属性中组态，可以在图形对象上发生的事件中组态，或者以全局方式在项目中组态。在动作中，可以过程的形式调用多次使用的代码。

过程、模块和动作的工作原理如图 10-15 所示。

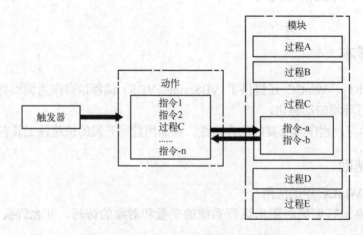

图 10-15　过程、模块和动作的工作原理

3．过程、模块和动作的特征

（1）过程特征

WinCC 中的过程具有如下属性：

1）由用户创建和修改。

2）可通过设置密码来防止修改和查看。

3）无触发器。

4）存储于模块中。

WinCC 没有提供预定义过程，但提供了代码模板和智能感知功能来实现诸如简化编程之类的目标。根据模块分配的不同，过程的适用范围也有所不同。

① 标准过程

标准过程适用于计算机上所创建的所有项目。

② 项目过程

项目过程仅适用于创建该过程的项目。

（2）模块特征

模块是用于存储一个或多个过程的文件。WinCC 中的模块具有以下属性：

1）可通过设置密码来防止修改和查看。

2）扩展名为*.bmp。

根据存储在其中的过程的有效性的不同，模块分为两类：

① 标准模块

包含的过程在所有项目中均有效。标准模块存储在 WinCC 文件系统的下列路径：
<WinCC-Installationsverzeichnis>\ApLib\ScriptLibStd\<Modulname>.bmo。

② 项目模块

包含项目特定的过程。项目模块存储在 WinCC 文件系统的下列路径：
<Projektverzeichnis>\ScriptLib\<Modulname>.bmo。由于项目模块存储在项目目录中，所以在复制 WinCC 项目时会复制这些模块。

（3）动作特征

动作在全局脚本中一次性定义完成之后便独立于画面而存在。全局脚本动作仅在定义该动作的项目中有效；画面对象动作仅在定义该动作的画面中有效。

WinCC 中的 VBS 动作分为两类：VBS 动作和全局脚本动作。

VBS 动作具有以下属性：

1）动作由用户创建和修改。

2）可通过设置密码来防止修改和查看全局脚本中的动作。

3）动作至少含有一个触发器。

4）全局脚本中动作的扩展名为*.bac。

5）全局脚本动作存储在 WinCC 文件系统的下列路径：<Projektverzeichnis>\ScriptAct\Aktionsname.bac。

（4）触发器特征

在系统运行状态下，动作的启动有赖于触发器。一个触发器通过与动作相关联而形成触发事件。动作无法在没有触发器情形下执行。WinCC 中的触发器分为三种类型。

1）定时器：非周期性或周期性触发器，例如，调用一个画面或者每小时进行一次调用。

2）变量：变量值的改变。

3）事件：对象属性的修改（例如颜色的更改），或针对对象的事件（例如鼠标单击）。

10.3.2　VBS 开发环境

同 C 脚本一样，WinCC 为 VBS 的创建和编辑提供了两个不同的编辑器。一个是图形编辑器中的 VB 脚本动作编辑器，用于在对象处创建 VBS 动作；另一个是全局脚本编辑器，用于创建过程和全局动作。

两者的区别在于：在整个项目中有效的全局过程只能在全局脚本中创建；VBS 动作编辑器只能用于创建画面特定的过程和调入动作中的全局过程。图形编辑器中画面特定的过程在动作的声明区域定义。

1. 全局脚本 VBS 编辑器

过程和全局脚本动作在全局脚本编辑器中创建和编辑。全局脚本提供了与 WinCC 中 C 脚本编辑器类似的一系列过程。

如图 10-16 所示，可在 WinCC 项目管理器项目窗口中，使用快捷菜单"（Open）"命令启动全局脚本。在 WinCC 项目管理器中，通过双击打开模块或动作时也会自动启动全局脚本。弹出全局脚本 VBS 编辑器，如图 10-17 所示。

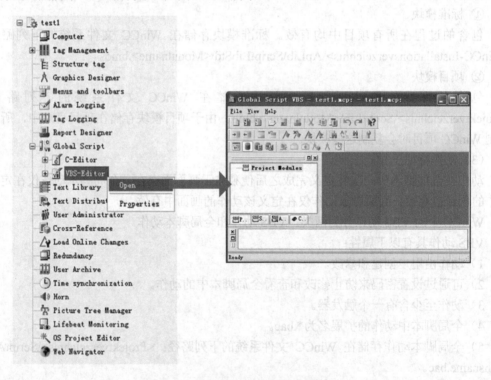

图 10-16　打开全局脚本 VBS 编辑器

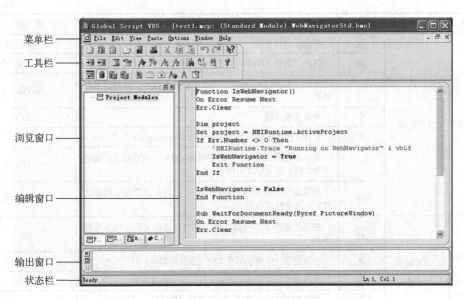

菜单栏 ——

工具栏 ——

浏览窗口 ——

编辑窗口 ——

输出窗口 ——
状态栏 ——

图 10-17　全局脚本 VBS 编辑器

1）菜单栏和工具栏：在菜单栏和工具栏中提供了创建过程和动作需要的所有命令。其中，工具栏分为三类，与图中三行工具条一一对应。见表 10-8。

表 10-8　全局脚本 VBS 编辑器工具栏

工 具 栏	按钮	功　　能	组　合　键
"标准"工具栏		创建新的项目模块（仅全局脚本）	\<ALT\>+\<F1\>
		创建新的标准模块（仅全局脚本）	\<ALT\>+\<F2\>
		创建新的全局动作（仅全局脚本）	\<ALT\>+\<F3\>
		打开现有动作或现有模块（仅全局脚本）	\<CTRL\>+\<O\>
		保存活动编辑窗口的内容。该功能只有在编辑窗口打开时才可用。保存后，浏览窗口中的显示将被刷新（仅全局脚本）	\<CTRL\>+\<S\>
		剪切选择的文本并将它复制到剪贴板上。该功能仅在选择了文本时才可用	\<CTRL\>+\<X\>
		将所选文本复制到剪贴板。该功能仅在选择了文本时才可用	\<CTRL\>+\<C\>
		将剪贴板上的内容粘贴到光标所在的位置。该功能只有在剪贴板中有内容时才可使用	\<CTRL\>+\<V\>
		将活动编辑窗口的内容作为项目文档打印。该功能只有在编辑窗口打开时才可用	\<CTRL\>+\<P\>
"编辑器"工具栏内容		将光标所在的行向右缩进一个位置	—
		将光标所在的行向左缩进一个位置	—
		将通过鼠标选择的行标记为注释。如果未通过鼠标选择任何行，则将光标所在行标记为注释	—
		从通过鼠标选择的行中删除注释标记。如果未通过鼠标选择任何行，则将光标所在行的注释标记删除	—
		在当前行设置书签。再次执行会从当前行删除书签	\<CTRL\>+\<F9\>
		在编辑窗口中，删除从当前代码开始的所有书签	\<CTRL\>+\<SHIFT\>+\<F9\>
		将光标向前移动一个书签	\<F9\>

工 具 栏		按钮	功　　能	组 合 键
"编辑器"工具栏内容			将光标向后移动一个书签。	<SHIFT+F9>
			打开"查找（Find）"对话框以在代码中进行文本搜索	<CTRL+F>
			打开"替换（Replace）"对话框以在代码中进行搜索和替换	<CTRL+H>
			重复搜索过程	<F3>
			打开"脚本编辑器选项（Script editor options）"对话框	—
			最多可撤销最近 30 次的编辑器动作。只有在已执行编辑器动作后，此功能才可用	<CTRL+Z>
			重复最后一次撤消的编辑动作。只有在已撤销编辑器动作后，此功能才可用	<CTRL+Y>
"编辑"工具栏的内容	工作场所		在当前编辑窗口所属的浏览窗口中选择文件（仅全局脚本）	—
			在浏览窗口中显示所有文件（仅全局脚本）	—
			在浏览窗口中仅显示脚本文件（仅全局脚本）	—
			在浏览窗口中仅显示语法正确的文件（仅全局脚本）	—
	脚本		在当前编辑窗口的代码中执行语法检查	<F7>
	WinCC 对象		打开"信息/触发器（Info/Trigger）"对话框	<CTRL>+<T>
			打开变量选择对话框，返回作为返回值的所选变量名	<CTRL>+<U>
			打开变量选择对话框，返回带有相关引用的变量名	<CTRL>+<W>
			打开画面/对象浏览器，可在其中选择一个随后会将其名称用于返回值的画面/对象	<CTRL>+<Q>
			打开供选择画面的画面选择对话框，并返回画面名称，必要时，可带有服务器前缀	<CTRL>+<B>

可以使用"视图（View）"→"工具栏（Toolbars）"命令显示和隐藏工具栏，还可以将其移动到编辑器内的任意位置。

2）浏览窗口：在浏览窗口中可管理过程、模块和动作。另外可在此查找代码模板，可通过拖放将此模板插入到用户的动作或过程中。

可通过将过程从浏览窗口拖放到代码的相应位置上将过程调入另一个过程或动作中。

浏览窗口中的显示在保存编辑的文档期间始终保持更新。如果改变了文件，将通过文件名称之后的*号来显示。

模块中所包含的过程显示在浏览窗口的模块文件下面。"动作（Actions）"选项卡控件还显示为动作组态的触发器和过程，如有必要，还包括那些在动作模块中直接定义的触发器和过程。

浏览窗口还可用于：

① 创建用于构建脚本的子目录。

② 直接移动、复制、粘贴、删除和重命名模块和目录。

浏览窗口中的显示可使用"视图（View）"→"工作场所（Workplace）"菜单命令进行单独组态。可以选择是要显示所有文件类型、仅脚本文件还是仅语法正确的文件。可使用"视图（View）"→"工作场所（Workplace）"→"显示（Display）"菜单命令显示或隐藏浏览窗口。

3）编辑窗口：在编辑窗口中编写和编辑动作。每个过程或动作都将在自己的编辑窗口中被打开。可同时打开多个编辑窗口。

在编辑窗口中通过突出显示语法和智能感知对用户进行支持。所有的常规编辑器功能（例如撤销/重复、查找/替换、复制、粘贴、剪切、字体设置以及打印机设置）仍然可用。

4）输出窗口：语法检查之后的错误消息显示在输出窗口中。双击相应错误行以访问代码中的相关位置。

5）状态栏：状态栏包含当前所选功能的信息或关于编程的提示。

（1）创建和编辑过程

项目和标准过程可在 WinCC 中使用 VBS 进行编程。

项目过程只能在当前的项目中被调用。由于过程存储在项目目录中，所以在复制项目时会自动复制这些过程。

标准过程可被所有与项目连接的计算机调用。在复制项目到另一个计算机上时，必须手动将标准过程复制到目标计算机上的相应目录中。

1）使用过程。VBS 过程是一段代码，它仅创建一次，并可在项目中多次重复使用。代码经编写后保存在过程中，过程通过动作中的当前参数或其他过程调入，这样就不必重复地输入相同的代码。该代码结构比较清晰且易于维护，如图 10-18 所示。

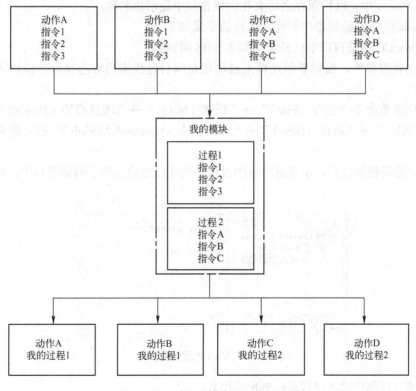

图 10-18　过程、模块和动作的关系

过程的重复调用特点可用于如下场合:

① 使用不同的起始值进行计算(过程带有返回值)。

② 检查变量值(过程带有返回值)。

③ 执行任务(过程带有返回值)。

它具有如下的优点:

① 只编写一次代码。

② 只需在一个地方,即在过程中作修改,而不需在每个动作中修改。

③ 动作代码更简短,因而也更明了。

相互关联过程应存储在同一模块中。当一个特定的过程在系统运行状态下被某个动作调用时,包含该过程的模块将被加载。在构建模块和过程时,要注意以下两点:

① 在运行系统中,加载的模块越多,系统的性能就越差。

② 模块越大,包含的过程越多,模块加载时间就越长。

因此,合理组织模块十分重要,例如,针对特定系统部分/画面的过程组织一个模块。

2) 创建新过程。可使用 WinCC 中的全局脚本 VBS 编辑器对标准项目和标准过程进行编程,两种过程的创建步骤是相同的。根据过程是分配给项目模块还是标准模块来定义过程的类型。

在创建新过程时,WinCC 会自动分配一个标准名称 "procedure#",其中#代表一个连续数。如果在编辑窗口中编辑该过程,则为该过程分配一个相应的名称,可在以后通过该名称将过程调入到动作中。过程保存之后会在浏览窗口中显示该名称。

在全局脚本 VBS 编辑器中创建新过程的步骤如下:

① 在 WinCC 浏览窗口中打开全局脚本 VBS 编辑器。

② 在浏览窗口中,根据要创建标准过程还是项目过程来相应选择标准模块或项目模块选项卡控件。

③ 使用菜单命令 "文件(File)" → "新建(New)" → "项目模块(Project Module)" 或 "文件(File)" → "新建(New)" → "标准模块(Standard Module)" 打开现有模块或创建新模块。

④ 在创建新模块之后,不带返回值的过程结构就已经输入到了编辑窗口中,如图 10-19 所示。

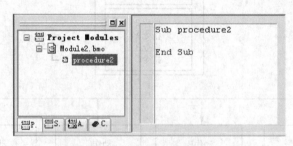

图 10-19　VBS 过程编辑窗口

⑤ 直接在代码中输入过程名:Sub 过程名。

⑥ 要在现有模块中插入一个过程:在浏览窗口中选择模块,然后选择 "插入新过程

（Add New Procedure）"上下文菜单项，会显示对话框"新建过程（New Procedure）"，如图 10-20 所示。

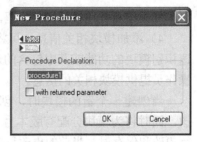

⑦ 输入过程名并选择该过程是否应具有返回值参数。返回值变量的定义随后会输入到代码中（DimRetVal）。

⑧ 单击"确定（OK）"按钮，确认设置。

3）编辑过程。新建的 VBS 过程代码在全局脚本编辑器窗口中编写。每个过程的代码可通过过程名称调入其他的过程。

图 10-20　新建过程对话框

已有的 VBS 过程代码也可以在全局脚本 VBS 编辑器中修改，如果修改了画面中的过程，修改在下一次加载画面后才会生效。

使用拖放功能将要插入的过程从浏览窗口移动到代码中的合适位置，或者鼠标右键单击，从弹出菜单中选择"PassProcedureCall"选项。

全局脚本还提供以下功能以支持编辑窗口中的工作：

① 编辑窗口中的颜色编码和缩排：代码的某些部分具有表 10-9 所示的默认颜色。

表 10-9　代码部分默认颜色

颜色	说明	示例
蓝色	关键字	函数
绿色	注释	'为注释
红色	字符串（字符串和数字）	"Object1"
深蓝色	预处理语句	——
黑色粗体	常量	vbTrue、vbFalse
黑色	其他代码	——

可通过编辑器设置在编辑窗口中自定义颜色编码。选择"工具（Tools）"→"选项（Options）"菜单命令和"脚本编辑器选项（Script Editor Options）"对话框来定义设置。

为了清晰地组织代码，可通过缩排方式构造代码。"脚本编辑器选项（Script Editor Options）"对话框还可用于定义编写时跳格键的距离和自动缩排。

② 智能感知与突出显示语法：在文本输入期间，出现的上下文相关的列表包含当前代码位置处可能具有的属性、方法和对象。如果从列表中插入一个元素，则还会自动输入所需的语法。

③ 常规 VBS 函数：可在编辑窗口中使用快捷菜单（鼠标右键单击弹出菜单）中的"函数列表（Function List）"命令显示常规 VBS 函数列表。

④ 对象、属性和方法的列表：使用编辑窗口中的快捷菜单（鼠标右键单击弹出菜单），可通过调用图形编辑器中的"对象列表（Object List）"命令来查看可能对象的列表。在此列表中，全局脚本仅提供"HMIRuntime"对象，因为不存在对图形编辑器对象的直接访问。

使用快捷菜单的"属性/方法（Properties/Methods）"命令，可调用可能的属性和方法的列表，也可根据脚本的上下文使用组合键<CTRL>+<Space>调用这些列表。

⑤ 代码模板：在编辑器浏览窗口中的"代码模板（Code Templates）"选项卡中，可找到常用指令的选择表，例如循环指令和条件指令。可以通过"拖放"在过程代码中插入模板。

如果要将代码模板插入代码，则必须使用相应的数据替换模板中的"_XYZ_"占位符。

4）添加模块相关信息。可将相关信息添加到每个模块中，以便在稍后进行编辑时可快速识别模块的功能或其中包含的过程。如果在组态项目时涉及多个操作员，则应该为不同的操作员提供模块相关的信息。

当创建一个新的模块时，创建日期将自动输入到与模块有关的信息中，且不能进行更改，同时将为模块分配有版本号 1.0；当编辑模块时，可单独地分配版本编号；在对模块进行更改和保存时，当前的更改日期将自动输入，且不能修改。

可添加以下信息：

① "创建者"（Createdby）。

② "更改者"（Changedby）。

③ "注释"（Comments），例如模块功能/所包含的过程。

添加模块信息的步骤如下：

① 打开全局脚本。

② 在浏览窗口中选择要添加信息的模块。

③ 单击工具栏中的"信息/触发器（Info/Trigger）"按钮 🕘 或选择弹出菜单命令"信息（Info）"，将打开"属性...（Properties...）"对话框。

④ 输入所需的信息。

5）密码保护。可为模块分配密码以保护其不会受到未授权的访问。密码是模块相关信息的一部分。

① 打开全局脚本。

② 在浏览窗口中选择要为其分配密码的模块。

③ 单击工具栏中的"信息/触发器（Info/Trigger）"按钮或选择弹出菜单命令"信息（Info）"，"属性...（Properties...）"对话框打开。

④ 激活复选框"密码（Password）"，会显示对话框"输入密码（Enter Password）"。

⑤ 输入密码并进行确认。

⑥ 单击"确定（OK）"按钮，确认设置。

设置完成之后，如果试图打开此模块或此模块中包含的过程，则会出现提示要求输入密码。

要清除密码保护，可禁用"密码（Password）"复选框。

要更改密码，可打开"属性（Properties）"对话框，然后单击"更改（Change）"按钮，随后输入新密码。

注意：如果忘记了模块密码，将无法编辑此模块。

6）保存过程。WinCC 从来不对单个过程进行保存，而是保存在其中已经编写了过程的模块。保存模块之前，检查代码的语法是否正确。在保存模块时，会自动检查其中包含的过程，对于存在语法错误的情况，会出现关于是否要带错误保存此模块的提示，这样，就可以保存未完整编写的模块和过程。在运行系统中，语法不正确的过程不会运行。

保存步骤如下：

① 单击工具栏中的"语法检查（Syntax Check）"按钮 📄。

② 如果在输出窗口中出现语法错误，则双击错误行并在代码中更正此错误。重复步骤①和②直至代码正确为止。

③ 单击工具栏中的 "保存（Save）" 按钮 ■ 保存此模块。

7）重命名过程或模块。在如下情况下重命名过程和模块：

① 当在创建新模块/新过程时自动分配的标准名称（procedure#或 Module#）更改为自我说明性名称时。

② 当复制模块或过程为了诸如创建与现有模块具有相似内容的新模块时。

重命名过程步骤如下（重命名模块步骤与之相同）：

① 打开要重命名的过程。

② 在过程的标题中输入新名称。

③ 保存过程以便该名称可传送到浏览窗口中。过程名称始终唯一且使用不能超过一次。

（2）创建和编辑全局脚本动作

在 WinCC 中使用 VBS 时，在本地（对整个项目有效）和全局（对所有计算机有效）动作之间没有区别，这一点与 C 语言不同。已组态的动作始终全局有效。

1）创建新全局脚本动作。全局脚本 VBS 编辑器中创建新动作的步骤如下：

① 打开全局脚本。

② 激活浏览窗口中的 "动作（Actions）" 选项卡控件。

③ 单击工具栏中的按钮 ■ 或选择菜单命令 "文件（File）" → "新建（New）" → ■ "动作（Action）"。一个新动作将在编辑器窗口中打开。该动作保存之后会显示在浏览窗口中。

④ 新动作创建后，编辑器自动建议一个文件名称（Action#.bac），可以更改此名称。

2）编辑 VBS 动作。同过程的编辑一样，WinCC 提供了常规 VBS 函数，对象、属性和方法列表，代码模板等功能帮助用户进行 VBS 动作的编辑。

3）密码保护。可通过为动作分配密码来保护全局脚本中的动作，以防止对其进行未授权的访问。密码是动作相关信息的一部分。具体密码设置方法同过程的密码保护步骤类似。

4）保存动作。在运行系统中运行动作之前，必须将其保存。保存动作与保存其他任何 Windows 文件一样，使用 "文件（File）" → "保存（Save）" 命令或相应图标。

保存动作之前，检查代码的语法是否正确，代码中的语法错误将显示在全局脚本的输出窗口中。双击错误行可直接访问代码中的错误位置。

动作的保存步骤与过程类似。

5）触发器。与 C 动作类似，编辑动作完成后，通过单击工具栏中 "信息/触发" 按钮，打开信息/触发属性对话框。可为全局脚本 VBS 动作设置变量触发或时间触发，其中时间触发还分为周期触发或非周期触发。

2. VB 动作编辑器

同 C 脚本一样，在图形编辑器中，可以通过 VBS 动作使对象属性动态化，同样，也可以使用 VBS 动作来响应对象事件。

对于 VBS 动作的组态，可以使用 VB 动作编辑器来实现。此编辑器可以在对象属性对话框中通过以下方法打开，即单击鼠标右键选中期望的属性或事件，然后从弹出的菜单中选择 "VBS 动作（VBS-Action）"。已经存在的 C 动作在属性或事件处用蓝色箭头标记，如图 10-21 所示。

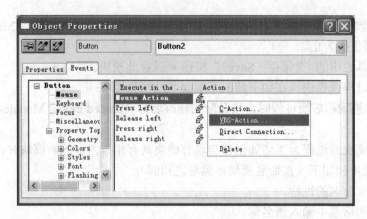

图 10-21　对象属性对话框

如图 10-22 所示，在动作编辑器中，可以编写 VBS 动作。对于属性的 VBS 动作，必须定义触发器。对于事件的 VBS 动作，由于事件本身就是触发器，所以不必再定义。完成的 VBS 动作必须进行编译，如果编译程序没有检测到错误，则可以通过单击"确定"按钮，退出动作编辑器。

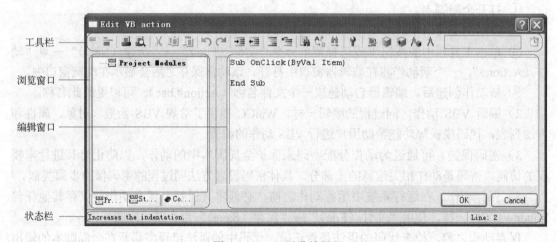

图 10-22　VB 动作编辑器

创建新动作时，"Option explicit"指令会自动在声明区域（图形编辑器）中设置且不能删除，或者自动输入到动作的第一行中（全局脚本）。该指令是必需的，因为它可避免由未经声明的不正确的变量符号所导致的错误。该指令要求始终用"Dim"指令在代码中定义变量。

同全局脚本编辑器不同，VBS 动作编辑器中声明区域默认隐藏。如果在图形编辑器的 VB 动作编辑器中创建动作，则可使用按钮 ≡ 在编辑窗口中显示动作的声明区域。该声明区域还可用于设定要在当前画面中全局使用的常规设置，例如：

1）变量定义。

2）想要仅使用于该画面的过程。

3）组态 VBS 动作。

同 C 脚本一样，VBS 动作可用于图形对象属性动态化，或者事件的动态化。表 10-10

描述了组态 VBS 动作的步骤。

表 10-10　组态 VBS 动作的步骤

步　骤	过程：创建 VBS 动作
打开对象属性对话框	① 打开图形编辑器； ② 打开期望的 WinCC 画面； ③ 打开所期望对象的对象属性对话框
打开 C 脚本动作编辑器	单击鼠标右键选择期望的属性或事件，从弹出的菜单中选择 C 动作来打开动作编辑器
编辑 VBS 动作代码	在编辑 VBS 动作代码时，可以使用拖动功能将要插入的过程从浏览窗口移动到代码中的合适位置或者右键单击鼠标，从弹出菜单中选择 "PassProcedureCall" 选项。 另外，可以利用代码模块和编辑窗口中提供的各种功能进行编辑，在编辑窗口中空白处右键单击鼠标，弹出的菜单中有对象列表、属性/方法、功能列表、快速指导信息、语法检查以及书签等选项可供选择
编辑 VBS 动作代码	 说明：不要在声明区域中创建任何可直接执行的代码！ 注意当创建一个变量时，它不得包含一个数值（Value=VT_EMPTY）。在声明之后再用相应的值初始化变量

步　骤	过程：创建 VBS 动作
设置 VBS 动作的触发器	对于已经为对象属性创建的 VBS 动作，必须设置触发器。对于事件 VBS 动作，由于事件本身就是触发器所以不必自定义。 触发器的定义通过如下所示的工具栏按钮来执行。可以选择使用事件或变量触发器。 　　　　Default trigger　　　🕐 在触发器事件的下拉菜单中可选项有：变量、标准周期、画面周期、窗口周期和动画周期
语法检查	保存动作之前，单击工具栏中 按钮或快捷键<F7>来检查代码的语法是否正确。代码中的语法错误将显示在弹出窗口中。 　　　Syntax Check　　 ✕ 　　　✕　　缺少语句 (5)：1-1 　　　　　　确定
确定	通过单击动作编辑器的确定按钮，可将已编写的 C 动作放置在期望的属性或事件处。通过 C 动作动态化的属性后时间将用绿色箭头标记。 在运行系统中运行动作之前，必须将其保存。关闭带有画面的动作编辑器时，图形编辑器中的动作会自动应用。在图形编辑器中只能保存语法正确的动作。不过，如果带有错误的动作仍需要保留和退出，则输入注释

注：图形编辑器可用于编写动作和画面特定的过程，也可调用在全局脚本中编程的全局过程，但不用于编写对整个项目有效的全局过程。

10.3.3　激活 VBS 动作

在全局脚本中定义的脚本总是在发生所组态的触发器时执行。图形运行系统中的脚本则是在画面被调用及所组态的事件或触发器发生时执行。

为了可以执行画面独立的、全局脚本的全局动作，必须在运行系统计算机的启动列表中注册全局脚本编辑器，步骤如下：

1）在 WinCC 项目管理器的计算机上下文菜单中选择"属性（Properties）"命令。将打开"计算机属性（Computer Properties）"对话框。

2）单击"启动（Startup）"选项卡。

3）选择选项"全局脚本运行系统（Global Script Runtime）"。

4）单击"确定（OK）"按钮确认输入。

10.3.4　VBScript 应用

本部分包含 WinCC 中与以下主题相关的 VBS 使用示例。

1）访问图形编辑器中的对象（例如颜色或文本更改）。

2）设置上述对象的 RGB 颜色。

3）组态语言切换。

4）禁用运行系统。

5）启动外部程序。

6）对画面更改进行全局组态（通过全局脚本）。

7）通过属性组态画面更改。

8）对诊断输出使用跟踪。

9）设置变量的值。

10）读取变量的值。

11）检查对变量的读取/写入动作是否成功。

12）根据不同写入类型设置变量的值。

【例10-2】 访问图形编辑器中的对象

可以使用 VBS WinCC 对所有图形编辑器对象进行访问，以使图形运行环境动态化。根据变量或周期性（例如闪烁）情况，可在执行操作（例如在按钮上单击鼠标）时，使图形对象动态化。

在以下示例中，每次单击鼠标时，运行系统中圆的半径都会设置为 20。

```
Dim objCircle
Set objCircle= ScreenItems("Circle1")
objCircle.Radius = 20
```

【例10-3】 定义对象的颜色

图形对象的颜色通过 RGB 值（红/绿/蓝）定义，可以设置或读出图形对象的颜色值。

以下示例将"ScreenWindow1"的填充颜色定义为蓝色。

```
Dim objScreen
Set objScreen = HMIRuntime.Screens("ScreenWindow1")
objScreen.FillStyle = 131075
objScreen.FillColor = RGB(0, 0, 255)
```

【例10-4】 如何组态语言切换

可使用 VBS 切换 WinCC 的运行系统语言。最常用的是包含相应语言代码的按钮，这些按钮位于项目的起始页上。

在 VBS 中通过使用国家代码（例如，1031 表示德语-默认，1033 表示英语-美国等）指定运行系统语言。有关所有国家代码的汇总，请参见标题为"区域方案 ID（LCID）图"的主题下的 VBS 基本知识。

使用按钮上的"Mouse click"事件创建 VBS 动作，输入以下动作代码，将运行系统语言切换为德语。

```
HMIRuntime.Language = 1031
```

【例10-5】 禁用运行系统

可以使用 VBS 终止 WinCC 运行系统，例如，通过鼠标单击，依靠变量值或其他事件（例如，启动运行系统时密码的多次错误输入）。

以下示例会终止 WinCC 运行系统。

```
HMIRuntime.Stop
```

【例10-6】 全局组态画面

VBS 可用于启动全局画面更改，因而会在分布式系统的客户机上显示服务器中的画面。为此，服务器的前缀必须位于目标画面之前。

为按钮组态以下画面更改代码，例如：

```
HMIRuntime.BaseScreenName = "Serverprefix::New screen"
```

【例10-7】 通过属性更改画面组态

如果在组态中使用分区画面（例如，在用户界面的基本画面标题和操作栏中和用于实际画面显示的嵌入画面窗口中），应使用画面窗口的属性更改组态画面。

为了显示其他画面，必须更改"ScreenName"画面窗口的属性。 必须在同一画面中对动作和画面窗口进行组态。

在以下示例中，执行动作时"ScreenWindow"画面窗口中会显示"test.pdl"画面。

```
Dim objScrWindow
Set objScrWindow = ScreenItems("ScreenWindow")
objScrWindow.ScreenName = "test"
```

【例10-8】 通过 Trace 组态诊断输出

如果已将 GSC 诊断窗口插入画面中，则可以使用 Trace 命令在运行系统的诊断窗口中显示诊断输出。

GSC 诊断按调用的先后顺序发出包含在动作中的 Trace 方法。这也适用于在动作中调用过程中的 Trace 指令。Trace 指令的有目的执行（例如针对变量值的输出）可实现对动作进度以及在动作中调用的过程的跟踪。Trace 指令以"HMIRuntime.Trace(<Ausgabe>)"形式输入。

GSC 诊断显示来自 C 和 VBS 的跟踪输出。

以下示例将文本写入诊断窗口中：

```
HMIRuntime.Trace "Customized error message"
```

【例10-9】 写入变量值

可以用 VBS 将变量值写入 PLC 中，例如通过在按钮上单击鼠标来指定设定值，或设置内部变量值以触发其他动作。

下面涉及和介绍了多种写入形式。

1）在以下示例中，将值写入"Tag1"变量内。

```
'HMIRuntime.Tags("Tag1").Write 6
```

这是最简单的写入形式，因为不会生成任何对象引用。

2）通过对象引用写入。在以下示例中，将创建变量对象的本地副本并将值写入"Tag1"内。

```
'VBS129
Dim objTag
Set objTag = HMIRuntime.Tags("Tag1")
objTag.Write 7
```

通过利用引用，可以在写入之前使用变量对象。可以读取变量值，进行计算，并再次写入：

```
'VBS130
Dim objTag
Set objTag = HMIRuntime.Tags("Tag1")
objTag.Read
objTag.Value = objTag.Value + 1
objTag.Write
```

3）同时写入。通常，待写入的值会传送到变量管理，然后重新开始对动作进行处理。但某些情况下，必须确保实际写入了值之后，才能重新开始对动作进行处理。

此类写入通过将附加的可选参数指定为值 1 来实现。

```
Dim objTag
Set objTag = HMIRuntime.Tags("Tag1")
objTag.Write 8.1
```

或

```
Dim objTag
Set objTag = HMIRuntime.Tags("Tag1")
objTag.Value = 8
objTag.Write ,1
```

4）通过状态处理写入。为了确保成功写入值，必须在写入过程之后执行错误检查或确定变量状态。

为此，执行写入操作后需检查"LastError"属性。测试成功（即成功放置任务）后，即检查变量状态。

对于写入任务，过程的当前状态尚不确定。要确定该状态，必须读取变量。读取过程之后，"质量代码"属性中指定的值会提供变量状态指示，如有必要，还会涉及发生故障的 AS 连接。

在以下示例中，将写入"Tag1"变量。如果写入期间出现错误，全局脚本诊断窗口中会显示错误值和错误描述。最后，检查质量代码，如果质量代码不是 OK（0x80），便在诊断窗口中显示该代码。

```
Dim objTag
Set objTag = HMIRuntime.Tags("Tag1")
objTag.Write 9
If 0 <> objTag.LastError Then
HMIRuntime.Trace "Error: " & objTag.LastError & vbCrLf & "ErrorDescription: " & objTag.
ErrorDescription & vbCrLf
Else
objTag.Read
If &H80 <> objTag.QualityCode Then
HMIRuntime.Trace "QualityCode: 0x" & Hex(objTag.QualityCode) & vbCrLf
End If
End If
```

【例 10-10】 读取变量值

可以用 VBS 读取变量值并对其执行进一步的处理，这样便可以执行诸如通过在按钮上单击鼠标来获取系统状态信息或执行计算的操作。

下面涉及和介绍了多种读取形式。

（1）简单读取

在以下示例中，将读取"Tag1"的值并在全局脚本诊断窗口中显示该值：

```
HMIRuntime.Trace "Value: " & HMIRuntime.Tags("Tag1").Read & vbCrLf
```

这是最简单的读取形式，因为不会生成任何对象引用。

1）通过对象引用读取。在以下示例中，将生成变量对象的本地副本，读取该变量值并在全局脚本诊断窗口中显示该值：

```
Dim objTag
Set objTag = HMIRuntime.Tags("Tag1")
HMIRuntime.Trace "Value: " & objTag.Read & vbCrLf
```

2）通过利用引用可以使用变量对象。可以读取变量值，进行计算，并再次写入：

```
Dim objTag
Set objTag = HMIRuntime.Tags("Tag1")
objTag.Read
objTag.Value = objTag.Value + 1
objTag.Write
```

使用 Read 方法将已读取的过程变量添加到图像，从该刻起这些变量会通过 AS 周期性请求。 如果该变量已存在于图像中，则会返回其中包含的值。

对于关闭画面，变量动作会再次结束。

（2）直接读取

通常，变量值从变量图像读取。但在某些情况下，例如为了同步快速过程，可能需要直接从 AS 读取变量值。

如果将读取过程的可选参数设置为 1，则不会周期性地登录变量，而是通过 AS 单次请求该值。

```
Dim objTag
Set objTag = HMIRuntime.Tags("Tag1")
HMIRuntime.Trace "Value: " & objTag.Read(1) & vbCrLf
```

（3）通过状态处理读取

为了确保值有效，应在读取之后进行检查。 这通过控制质量代码来执行。

在以下示例中，将读取"myWord"变量，然后检查 QualityCode。如果质量代码未对应 OK（0x80），则在全局脚本诊断窗口中显示 LastError、ErrorDescription 和 QualityCode 属性。

```
Dim objTag
```

```
Set objTag = HMIRuntime.Tags("Tag1")
objTag.Read
If &H80 <> objTag.QualityCode Then
HMIRuntime.Trace "Error: " & objTag.LastError & vbCrLf & "ErrorDescription: " & objTag.
ErrorDescription & vbCrLf & "QualityCode: 0x" & Hex(objTag.QualityCode) & vbCrLf
Else
HMIRuntime.Trace "Value: " & objTag.Value & vbCrLf
End If
```

【例 10-11】 写入对象属性

VBS 可实现对所有图形编辑器画面对象的属性的访问。运行期间可以读出各个属性以便进行修改或更改。以下示例说明了各种访问形式的程序。

（1）属性的简单设置

在以下示例中，画面中包含的"Rectangle1"对象的背景颜色被设置为红色：

```
ScreenItems("Rectangle1").BackColor = RGB(255,0,0)
```

这是最简单的写入形式，因为不会生成任何对象引用。

（2）通过对象引用设置属性

在以下示例中，将创建对画面中所包含"Rectangle1"对象的引用，并使用 VBS 标准函数 RGB() 将背景设置为红色：

```
Dim objRectangle
Set objRectangle = ScreenItems("Rectangle1")
objRectangle.BackColor = RGB(255,0,0)
```

必须更改多个对象属性时，引用非常有用。使用智能感知时，该过程即会列出所有对象属性。

（3）通过画面窗口设置属性

图形编辑器中的 VBS 提供两种可行的画面超越访问方法：

使用"ScreenItems"：通过画面窗口的 Screen 对象；

使用"HMIRuntime.Screens"：通过基本画面。

1）通过画面窗口引用。以下示例中，在从属画面窗口中更改矩形的颜色。相应脚本在画面窗口"ScreenWindow1"所处的画面"BaseScreen"中执行。此画面窗口会显示包含名称为"Rectangle1"的"Rectangle"类型对象的画面。

```
Sub OnLButtonUp(ByVal Item, ByVal Flags, ByVal x, ByVal y)
Dim objRectangle
Set objRectangle = ScreenItems("ScreenWindow1").Screen.ScreenItems("Rectangle1")
objRectangle.BackColor = RGB(255,0,0)
End Sub
```

2）通过基本画面引用。可通过 HMIRuntime.Screens 引用具有待修改对象的画面。该画面相对于基本画面的规范通过以下访问代码进行定义：

[<Grundbildname>.]<Bildfenstername>[:<Bildname>]... .<Bildfenstername>[:<Bildname>]

在以下示例中，将创建对"Rectangle1"画面中包含的"Screen2"对象的引用，并将背景颜色设置为红色。

这种情况下，画面"Screen2"位于"Screen1"中。"Screen1"显示在基本画面"BaseScreen"中。

```
Dim objRectangle
SetobjRectangle=HMIRuntime.Screens("BaseScreen.ScreenWindow1:Screen1.ScreenWindow1:Screen2").
ScreenItems("Rectangle1")
objRectangle.BackColor = RGB(255,0,0)
```

无需指定画面名称。可以通过画面窗口名称唯一地访问某一画面。因此，只需指定画面窗口的名称，如下示例所示：

```
Dim objRectangle
SetobjRectangle=HMIRuntime.Screens("ScreenWindow1.ScreenWindow2").ScreenItems("Rectangle1")
objRectangle.BackColor = RGB(255,0,0)
```

这种访问类型可实现在不同画面中访问画面窗口中的对象。

（4）利用返回值使属性动态化

基于属性的动作不仅能由事件触发或周期性触发，而且能直接通过动作使属性动态化。

在以下示例中，通过返回值使对象的背景颜色动态化。例如，传送的值可能来自 PLC 中事件的评估，并用于运行状态的图形显示：

```
Function BackColor_Trigger(ByVal Item)
BackColor_Trigger = RGB(125,0,0)
End Function
```

【例 10-12】 在服务器上启动操作（记录对象）

在多用户项目中，Logging 对象目前仅作用于服务器上。以下示例说明了如何通过客户机启动服务器上的动作，以及如何在客户机上相应地交换和删除归档段。

该示例显示的是使用控制变量启动的全局动作。控制变量的内容决定调用"Restore"方法还是"Remove"方法。动作结束时，控制变量设置为"0"。

查询会阻止在客户机计算机上启动动作。

路径和时间段由内部变量传递。

路径信息还可能包含网络版本。因此，不能将要交换的归档段存储在本地服务器上。但必须保证服务器可以直接访问该路径。

完成本示例要执行的操作如下：

在 WinCC 项目管理器中创建以下内部变量并将其设为遵循项目范围内的更新：

1）StartLogging（无符号 8 位值）。

2）SourcePath（文本变量 8 位字符集）。

3）TimeFrom（文本变量 8 位字符集）。

4）TimeTo（文本变量 8 位字符集）。

5) RetVal（带符号 32 位值）。

创建全局 VBS 动作，输入变量"StartLogging"作为周期为"发生更改时"的变量触发器。

将以下脚本复制到动作中：

```
Dim StartLogging
Dim SourcePath
Dim TimeFrom
Dim TimeTo
Dim RetVal
'Exit when running on client
If (Left(HMIRuntime.ActiveProject.Path, 1) = "\") Then
Exit Function
End If
'read parameters
StartLogging = HMIRuntime.Tags("StartLogging").Read
SourcePath = HMIRuntime.Tags("SourcePath").Read(1)
TimeFrom = HMIRuntime.Tags("TimeFrom").Read(1)
TimeTo = HMIRuntime.Tags("TimeTo").Read(1)
'restore or remove depends on the parameter
If (StartLogging = 1) Then
RetVal = HMIRuntime.Logging.Restore(SourcePath, TimeFrom, TimeTo, -1)
HMIRuntime.Tags("RetVal").Write RetVal, 1
HMIRuntime.Tags("StartLogging").Write 0,1
Elseif (StartLogging = 2) Then
RetVal = HMIRuntime.Logging.Remove(TimeFrom, TimeTo, -1)
HMIRuntime.Tags("RetVal").Write RetVal, 1
HMIRuntime.Tags("StartLogging").Write 0,1
End If
```

可以使用如下动作在客户机上启动动作。请注意，必须在设置控制变量之前写入参数。

```
'set parameters
HMIRuntime.Tags("SourcePath").Write "\\client_pc\temp",1
HMIRuntime.Tags("TimeFrom").Write "2004",1
HMIRuntime.Tags("TimeTo").Write "2004",1
'start action
HMIRuntime.Tags("StartLogging").Write 1.1
```

【例 10-13】 调用 ActiveX 控件的方法

以下示例说明了如何调用嵌入在 WinCC 画面中的 ActiveX 控件的方法和属性。

（1）WinCC 函数趋势控件

本示例将描述抛物线的值用来填充函数趋势控件"Control1"的"Trend 1"。

要通过 VBS 使趋势动态化，在"数据供应（Data Supply）"下"数据连接（Data Connection）"选项卡上的控件组态对话框中设置"0 -无（0 - None）"。

```
Dim lngFactor
Dim dblAxisX
Dim dblAxisY
Dim objTrendControl
Dim objTrend
Set objTrendControl = ScreenItems("Control1")
Set objTrend = objTrendControl.GetTrend("Trend 1")
For lngFactor = -100 To 100
dblAxisX = CDbl(lngFactor * 0.02)
dblAxisY = CDbl(dblAxisX * dblAxisX + 2 * dblAxisX + 1)
objTrend.InsertData dblAxisX, dblAxisY
Next
```

（2）通过数组提供值的 WinCC 函数趋势控件

在本示例中，给函数趋势控件"Control1"的"Trend 1"提供数组中存储的值。

要通过 VBS 使趋势动态化，在"数据供应（Data Supply）"下"数据连接（Data Connection）"选项卡上的控件组态对话框中设置"0 -无（0 - None）"。

```
Dim lngIndex
Dim dblAxisX(100)
Dim dblAxisY(100)
Dim objTrendControl
Dim objTrend
Set objTrendControl = ScreenItems("Control1")
Set objTrend = objTrendControl.GetTrend("Trend 1")
For lngIndex = 0 To 100
dblAxisX(lngIndex) = CDbl(lngIndex * 0.8)
dblAxisY(lngIndex) = CDbl(lngIndex)
Next
objTrend.InsertData dblAxisX, dblAxisY
```

（3）WinCC 函数趋势控件（WinCC V7 之前的版本）

本示例将使用描述抛物线的值填充名为"Control1"的函数趋势控件。

```
Dim lngFactor
Dim dblAxisX
Dim dblAxisY
Dim objTrendControl
Set objTrendControl = ScreenItems("Control1")
For lngFactor = -100 To 100
dblAxisX = CDbl(lngFactor * 0.02)
dblAxisY = CDbl(dblAxisX * dblAxisX + 2 * dblAxisX + 1)
objTrendControl.DataX = dblAxisX
objTrendControl.DataY = dblAxisY
objTrendControl.InsertData = True
Next
```

（4）通过数组提供值的 WinCC 函数趋势控件（WinCC V7 之前的版本）

在本示例中，给名为"Control1"的函数趋势控件提供 100 对值。为正确传送各对值，不能直接执行传送（例如在"dblAxisXY"中），而应通过中间变量（例如"varTemp"）进行传送。

```
Dim lngIndex
Dim dblXY(1)
Dim dblAxisXY(100)
Dim varTemp
Dim objTrendControl
Set objTrendControl = ScreenItems("Control1")
For lngIndex = 0 To 100
  dblXY(0) = CDbl(lngIndex * 0.8)
  dblXY(1) = CDbl(lngIndex)
  dblAxisXY(lngIndex) = dblXY
Next
varTemp = (dblAxisXY)
objTrendControl.DataXY = varTemp
objTrendControl.InsertData = True
```

（5）Microsoft Web 浏览器

本示例用于控制 Microsoft Web 浏览器。

```
Dim objWebBrowser
Set objWebBrowser = ScreenItems("WebControl")
objWebBrowser.Navigate "http://www.siemens.de"
...
objWebBrowser.GoBack
...
objWebBrowser.GoForward
...
objWebBrowser.Refresh
...
objWebBrowser.GoHome
...
objWebBrowser.GoSearch
...
objWebBrowser.Stop
...
```

10.4 VBA

图形编辑器中包含了一个 VBA（Visual Basic for Application）编辑器，可用来自动组态画面。VBA 编辑器等同于 Microsoft Office 系列产品中的编辑器。

10.4.1 VBA 的概述

1．VBA 的功能

利用 VBA 可扩展图形编辑器的功能，并可进行自动组态。可在图形编辑器中使用 VBA 进行的操作见表 10-11。

表 10-11　VBA 的功能

功 能 分 类	功 能 说 明
增强图形编辑器的功能	访问组件库
	用户自定义菜单和工具栏
	多语言组态
编辑画面	访问画面属性，编辑层/缩放设置，创建菜单和工具栏
编辑对象	创建删除对象，访问对象属性
给画面和对象添加动态属性	添加直接变量连接，添加动态对话，添加脚本，添加动作
事件处理	对某些时间作出反应（例如在型编辑器中插入一个对象）
访问外部程序	可访问外部支持 VBA 的应用程序，例如，从 Excel 工作簿中读取值，然后将它分配给对象属性

2．VBA 与 VBS 的区别

VBA 与 VBS 的区别见表 10-12。

表 10-12　VBA 与 VBS 的区别

项　目	VBA	VBS
语言	Visual Basic	Visual Basic
可调式	可以	可以
可访问其他应用程序	可以	可以
WinCC 已集成功能	是	是
适用范围	WinCC 组态环境（CS） 图形编辑器	WinCC 运行环境（RT） 图形编辑器、全局脚本
可访问对象	WinCC 组态软件（CS） 图形编辑器、变量（Tags）、 报警、归档、文本	WinCC 运行环境（RT） 图形编辑器、变量（Tags）
功能近似于	动态向导和 ODK	C-Script 和 ODK

10.4.2 VBA 编辑器

在图形编辑器中启动 VBA 编辑器的方式为：按快捷键<ALT>+<F11>或选择"工具（Tools）"→"宏（Macros）"→"Visual Basic 编辑器（Visual Basic Editor）"选项。如果尚未在图形编辑器中打开画面，则只能编辑全局或项目特定的 VBA 代码。

全局或项目特定的数据以及所有打开的画面都显示在 VBA 编辑器的项目管理器中。如图 10-23 所示。

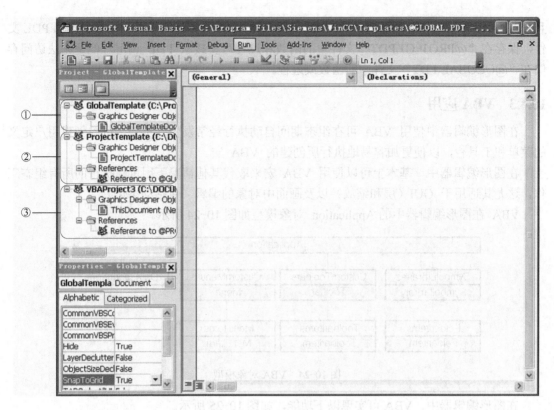

图 10-23　VBA 编辑器

由图 10-23 可以看出，WinCC 项目中的 VBA 代码可通过 VBA 编辑器进行组织和管理。在这里指定 VBA 代码是仅在一个画面中可用、在整个项目中可用还是在所有项目中都可用。根据放置 VBA 代码的位置，VBA 代码分为三类：全局 VBA 代码、项目特定的 VBA 代码和画面特定的 VBA 代码。

（1）全局 VBA 代码

如图 10-23 中标号 1 所示位置，全局 VBA 代码是指写在 VBA 编辑器中"GlobalTemplate Document"下的 VBA 代码，该 VBA 代码保存在 WinCC 安装目录下的"@GLOBAL.PDT"文件中。该类 VBA 代码可在计算机的所有 WinCC 项目范围内使用。如果需要将此 VBA 代码应用于其他计算机上，可使用 VBA 编辑器中的导出和导入功能。

（2）项目特定的 VBA 代码

如图 10-23 中标号 2 所示位置，项目特定 VBA 代码是指写在 VBA 编辑器中"ProjectTemplateDocument"下的 VBA 代码，该 VBA 代码保存在每个 WinCC 项目根目录下的"@PROJECT.PDT"文件中。保存在"@GLOBAL.PDT"文件中的函数和过程可直接在"ProjectTemplateDocument"中调用。

项目特定 VBA 代码在当前项目中的所有画面中有效。如果需要此 VBA 代码位于其他计算机上，可使用 VBA 编辑器中的导出和导入功能。

（3）画面特定的 VBA 代码

如图 10-23 中标号 3 所示位置，画面特定 VBA 代码是指写在文档"ThisDocument"中且与 VBA 编辑器中相应画面相关的 VBA 代码。此 VBA 代码连同该画面一起另存为 PDL 文件，保存在"@PROJECT.PDT"文件中的函数和过程可直接从 PDL 调用，但是无法访问存储在"@GLOBAL.PDT"文件中的函数或过程。

10.4.3 VBA 应用

在图形编辑器中使用 VBA 可在组态期间自动执行经常发生的步骤。可以创建用户定义的菜单和工具栏，以便更加容易地执行所创建的 VBA 宏。

在图形编辑器中，基本上可以使用 VBA 宏来取代其他情况下用鼠标执行的所有组态工作，这尤其适用于 GUI（层和缩放）以及画面中对象的编辑（包括动态化）。

VBA 在图形编辑器中的 Application 对象模型如图 10-24 所示。

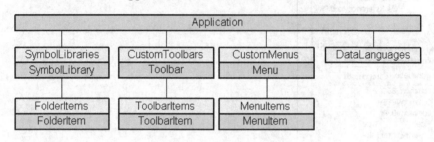

图 10-24 VBA 对象模型

在图形编辑器中，VBA 可实现以下功能，如图 10-25 所示。

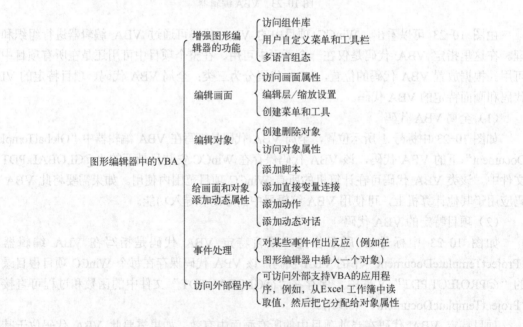

图 10-25 VBA 功能分类

下面通过几个实例来说明如何在图像编辑器中使用 VBA。

1. 使用 VBA 进行语言设置

使用 VBA，可以在图形编辑器中针对多种不同的语言执行组态，这样就可以访问图形编辑器中与语言相关的对象属性，还可以使用用户定义的菜单和工具栏以不同的语言显示。在 VBA 中，外文文本存储在类型为"LanguageTexts"的列表中，与语言相关的字体设置存储在类型为"LanguageFonts"的列表中。

（1）用户界面语言

如果不使用 VBA，则只能在 WinCC 中切换到其他桌面语言。在 WinCC 中切换桌面语言时，会触发"DesktopLanguageChanged"事件，可以通过替换与语言相关的工具图标来调整用户定义的菜单和工具栏，以满足用户需要。

下列对象以及与语言相关的关联属性会对用户界面语言的切换进行响应。

1）FolderItem 对象。

2）Menu 对象和 MenuItem 对象。

3）ToolbarItem 对象。

（2）项目语言

可以使用"CurrentDataLanguage"属性来更改项目语言。

【例 10-14】 将组态语言更改为"英语"。

```
Sub ChangeCurrentDataLanguage()
Application.CurrentDataLanguage = 1033
MsgBox "The Data language has been changed to english"
Application.CurrentDataLanguage = 1031
MsgBox "The Data language has been changed to german"
End Sub
```

所有与语言相关的属性（如 ToolTipText）均会受到此更改的影响。

（3）使用 VBA 针对多种语言进行组态

可以通过以下两种方式，使用 VBA 对多种语言进行组态。

1）语言切换：对象的文本属性。

可以使用 VBA 来更改与语言相关的对象属性（例如"Text"）。为此，应将文本分配给相应的属性，然后更改组态语言，以使用其他语言来分配文本。

2）LanguageTexts 列表：用户定义的菜单和工具栏以及对象的文本属性。

可以将各个对象的多语言文本直接保存在类型为"LanguageTexts"的关联列表中。为此，应输入该语言的语言 ID 及相关文本。

WinCC 文档（"索引"→"语言 ID"）中提供了语言代码的完整列表。

【例 10-15】 为按钮"myButton"分配德语标签和英语标签。

```
Sub AddLanguagesToButton()
Dim objLabelText As HMILanguageText
Dim objButton As HMIButton
Set objButton = ActiveDocument.HMIObjects.AddHMIObject("myButton", "HMIButton")
'Set defaultlabel:
objButton.Text = "Default-Text"
'Add english label:
Set objLabelText = objButton.LDTexts.Add(1033, "English Text")
'Add german label:
```

```
Set objLabelText = objButton.LDTexts.Add(1031, "German Text")
End Sub
```

2．自定义菜单和工具栏

（1）图形编辑器中用户定义的菜单和工具栏

可以使用图形编辑器中的用户定义菜单和工具栏来执行 VBA 宏。应用程序特定的菜单和工具栏与画面特定的菜单和工具栏之间有所不同，并且具有以下属性：

1）应用程序特定的菜单/工具栏：图形编辑器打开时始终可见。以下情况下应使用应用程序特定的菜单和工具栏：通过这类菜单和工具栏执行的 VBA 宏必须能够随时可供用户访问。

2）画面特定的菜单/工具栏：与特定的画面相关，只要画面可见，此类菜单/工具栏就保持可见。当所用的 VBA 宏仅与特定画面相关时，应使用画面特定的菜单和工具栏。

（2）用户定义的菜单和工具栏的定位

对于用户定义的菜单，"Position"参数决定其在菜单栏中的最终位置。但是，应用程序特定的菜单始终位于图形编辑器中"窗口（Window）"菜单的右侧，而画面特定的菜单始终位于图形编辑器中"帮助（Help）"菜单的左侧。

如图 10-26 所示，首先插入画面特定的菜单和工具栏，然后再插入应用程序特定的菜单和工具栏。

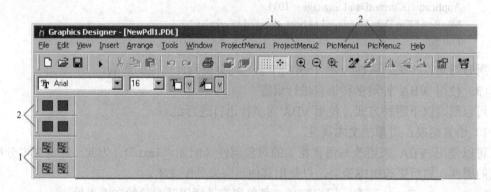

图 10-26　用户定义的菜单和工具栏

（3）用户定义的菜单和工具栏的属性

对于用户定义的菜单和工具栏，可以用连字符来分隔条目，例如，根据某些类别进行分隔。此外，还可以在用户定义的菜单中创建子菜单。

以下组态选项可用于用户定义的菜单和工具栏（及其条目）：

1）可见（是/否）：显示或隐藏该项（Visible 属性）。

2）激活（是/否）：激活条目或使条目变暗（Enabled 属性）。

3）用复选标记进行标记（是/否）：仅对菜单项适用（Checked 属性）。

4）快捷键：用于调用菜单项的组合键（ShortCut 属性）。

5）状态文本：显示在状态栏中的文本（StatusText 属性）。

6）工具提示文本：仅对图标适用（ToolTipText 属性）。

例如，如果无法在某一时间执行宏，则可隐藏菜单项，这样就可以避免出现意外的错误操作。

可以用多种语言为用户定义的菜单和工具栏创建所有文本和标签，以便用户定义的菜单和工具栏也可以对语言切换进行响应。

【例 10-16】 创建新的应用程序特定的菜单

即使关闭了图形编辑器中的所有画面，应用程序特定的菜单也会保持可见。例如，可以使用"Started"事件在早期插入应用程序特定的菜单，可将 VBA 代码置于"GlobalTemplateDocument"中（如果希望该菜单在所有项目中都可用），或者置于"ProjectTemplateDocument"中（如果希望该菜单在当前项目中可用）。

1）在图形编辑器中打开 VBA 编辑器（<ALT>+<F11> 或"工具"→"宏"→"Visual Basic 编辑器"（"Tools"→"Macros"→"Visual Basic Editor"））。

2）在项目管理器中，打开要在其中编写 VBA 代码的文档。

3）如果要在图形编辑器中创建用户定义的菜单，则可在文档中插入"CreateApplication Menus()"过程。以下示例创建了两个用户定义的菜单：

```
Sub CreateApplicationMenus()
'Declaration of menus...:
Dim objMenu1 As HMIMenu
Dim objMenu2 As HMIMenu
'Add menus.  Parameters are "Position", "Key" und "DefaultLabel":
Set objMenu1 = Application.CustomMenus.InsertMenu(1, "AppMenu1", "App_Menu_1")
Set objMenu2 = Application.CustomMenus.InsertMenu(2, "AppMenu2", "App_Menu_2")
End Sub
```

4）使用 <F5> 启动过程。

经过以上步骤，"App_Menu_1"和"App_Menu_2"这两个菜单被插入"窗口（Window）"菜单的右侧。如图 10-27 所示。

图 10-27　用户自定义菜单

【例 10-17】 为菜单添加新菜单条目

可以在用户定义的菜单中插入三种不同类型的菜单项：

1）菜单条目：用于调用 VBA 宏。

2）分隔线：使用户定义菜单的设计更加清晰。

3）子菜单：与用户定义的菜单相同（例如命令构建）。

另外，"Position"参数用于确定菜单项在用户定义菜单中的顺序，"Key"参数是菜单项的唯一标识。如果使用"MenuItemClicked"事件调用 VBA 宏，则使用此参数。

1）在图形编辑器中打开 VBA 编辑器（<ALT>+<F11> 或"工具"→"宏"→"Visual Basic 编辑器"（"Tools"→"Macros"→"Visual Basic Editor"））。

2）在项目管理器中，打开要在其中编写 VBA 代码的文档。

3）如果要在以前创建的用户定义菜单中创建菜单项，则可在文档中插入"InsertMenuItems()"过程。 以下程序在用户定义的菜单"App_Menu_1"中创建若干个菜单项：

```
Sub InsertMenuItems()
Dim objMenu1 As HMIMenu
Dim objMenu2 As HMIMenu
Dim objMenuItem1 As HMIMenuItem
Dim objSubMenu1 As HMIMenuItem
'Create Menu:
Set objMenu1 = Application.CustomMenus.InsertMenu(1, "AppMenu1", "App_Menu_1")
'Next lines add menu-items to userdefined menu.
'Parameters are "Position", "Key" and DefaultLabel:
SetobjMenuItem1=objMenu1.MenuItems.InsertMenuItem(1,"mItem1_1","App_MenuItem_1")
SetobjMenuItem1=objMenu1.MenuItems.InsertMenuItem(2,"mItem1_2","App_MenuItem_2")
'Adds seperator to menu ("Position", "Key")
Set objMenuItem1 = objMenu1.MenuItems.InsertSeparator(3, "mItem1_3")
'Adds a submenu into a userdefined menu
SetobjSubMenu1=objMenu1.MenuItems.InsertSubMenu(4,"mItem1_4","App_SubMenu_1")
'Adds a menu-item into a submenu
SetobjMenuItem1=objSubMenu1.SubMenu.InsertMenuItem(5,"mItem1_5","App_SubMenuItem_1")
SetobjMenuItem1=objSubMenu1.SubMenu.InsertMenuItem(6,"mItem1_6","App_SubMenuItem_2")
End Sub
```

4）使用 <F5> 启动过程。

完成以上步骤之后，"InsertMenuItems()"过程将这些菜单项插入菜单"App_Menu_1"中，如图 10-28 所示。

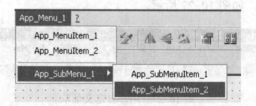

图 10-28　新建"菜单项"

10.5　习题

1．项目函数的目的是什么？它们保存在项目文件的哪个文件夹中？

2．什么时候用时间触发器？在使用它们时应注意什么问题？

3．简述 WinCC 中 action 和函数有哪些不同。

4．能在不同的项目之间传递项目函数吗？如果可以，如何实现？

5．为什么使用 GetTag()函数的所有变量标签都应组态为触发器？

第11章 用户管理

本章学习目标

了解 WinCC 用户管理在工程项目中的作用；掌握用户访问权限、画面访问权限等的设置方法；能够使用用户管理功能对 WinCC 用户权限进行合理分配及管理。

系统运行时，可能需要创建或修改某些重要的参数，例如修改液位和流量等参数的设定值、修改 PID 控制器的参数等。很明显，这类的操作只允许指定的人员进行，禁止未经授权的人员访问系统的重要数据、修改系统的重要参数以及进行影响 WinCC 系统正常运行的操作，以保障生产的安全。

用户权限管理主要是组态不同层次的用户来管理生产过程，对于不同的用户，系统管理员可以根据需要授予用户各自的权限并设置相应的密码，系统因此有了分层的访问保护。

11.1 WinCC 用户管理器

11.1.1 用户管理器概述

"User Administrator"编辑器用于设置用户管理系统。其主要功能就是分配用户，指派和管理用户的访问权限，以便杜绝未经授权的访问。在"User Administrator"中将对 WinCC 功能的访问权限即"Authorizatior"进行分配。这些授权，既可以分配给单个用户，也可以分配给用户组。一个用户最多可分配 999 种不同的权限。用户权限可在系统运行时分配。

当用户登录到系统时，用户管理将检查该用户是否已注册。如果用户没有注册，将不会为其赋予任何授权。也就是说，用户既不能调用或查看数据，也不能执行控制操作。

如果已注册的用户调用一个受访问权限保护的功能，则用户管理器将检查用户是否具有允许其如此操作的相应授权。如果没有，用户管理器将拒绝用户访问所期望的功能。

用户管理器还提供"Tag Logon"功能的组态功能，该功能将允许用户通过诸如使用功能切换键所设置的变量值登录到工作站。一段时间后自动注销用户也将在"User Administrator"中进行组态。

如果安装了 WinCC "chip card"选项，则"User Administrator"将提供芯片维护的功能。

为了分配和维护用户权限，用户管理器被分为两个组件：用户管理器组态系统和用户管理器运行系统。用户管理器组态系统用来创建和管理用户、分配用户权限和设置用户密码等。当新用户被创建、分配权限和设置密码后，该用户的权限将记录在一个表格中；用户管理器运行系统的主要任务是对系统登录和访问权限进行监视。

WinCC 用户管理器的主要任务概括如下：

1）创建、编辑用户（最多创建 128 个）和用户组（最多创建 10 个）。

2）分配和管理用户的访问权限。

3）设置访问保护。

4）有选择地防止未授权访问单个系统功能。

5）在指定的时间长度内用户未进行任何操作时，使用户自动退出登录，防止未授权的访问。

11.1.2 用户管理器结构

在 WinCC 项目管理器的浏览目录中，用鼠标右键单击"User Administrator"，选择"打开"或双击即可进入 WinCC 用户管理器，如图 11-1 所示。可以看出，用户管理器包括菜单栏、工具栏、状态栏以及项目窗口。

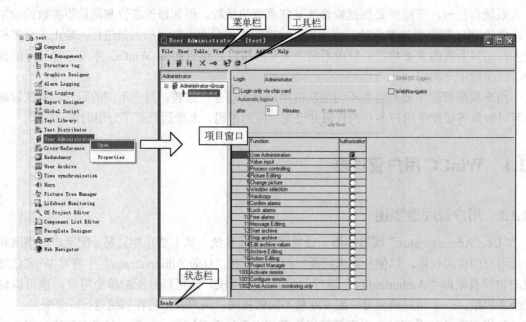

图 11-1 WinCC 用户管理器

1. 菜单栏

菜单栏包括"File"菜单、"User"菜单、"Table"菜单、以及"AddOns"菜单等。

（1）"File"菜单

"File"菜单下有打印项目文档、查看项目文档、设置项目文档和退出命令。

（2）"User"菜单

在"User"菜单下有添加用户、复制用户、添加用户组、删除用户/组、更改密码和 Web 选项。

使用"Add user"菜单项可以打开"Add new user"对话框（或先添加用户组，再在用户组中添加用户），如图 11-2 所示。在"Login"文本框中输入用户名，输入字符长度最少有 4 个字符、最多不超过 24 个字符。在

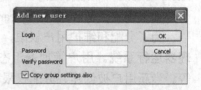

图 11-2 "Add new user"对话框

"Password"文本框中输入不少于 6 个字符、最多不超过 24 个字符。为对其进行确认，在"Verify password"文本框中再次输入新密码。如果已经添加了新用户的用户组的授权也要应用到新用户上，则应选择"Copy group settings also"复选框。

注：一个用户名只能被分配一次。

（3）"Table"菜单

使用"Table"菜单可修改或扩展表格窗口中的用户权限，但不能删除"User Administration"权限，它是为"Administrator-Group"的成员永久设置的。在"Table"菜单下有插入授权、删除授权和设备指定授权命令选项。

1）使用"Insert authorization"命令可将具有新授权的一行插入到表格窗口的表格中。

2）使用"Delete authorization"命令可删除授权表中的一行，所有已注册的用户都将丢失已删除的授权。只能在组态系统中删除授权，且系统禁止删除某些授权。

3）使用"Plant-specific authorization"命令可以为 LTO-/PCS7 项目指定是应该为整个设备还是只为单个区域启用某一功能。

（4）"Addons"菜单

"Addons"菜单项包含"Tag Logon"功能。

"Tag Logon"功能将为某用户分配一个变量值。该用户随后将在运行系统中，通过设置变量值（例如通过功能键切换）登录工作站。

2．工具栏

工具栏中的符号将允许更快地执行操作，不必通过菜单进行多次选择直到选中所需要的功能。

　▮：在所选的组下生成新用户。

　▮▮：生成新用户组。

　▮▮：复制所选用户的属性。

　✕：删除所选用户和用户组。

　━◦：改变所选用户的口令。

　▮?：所选项的在线帮助。

3．状态栏

状态栏的左侧包含了常规的程序信息，右侧的域提供了关于键盘设置的信息。

4．项目窗口

项目窗口包括了左面的浏览窗口和右边的表格窗口。通过浏览器窗口可以查看已建立的组及相应用户的树形结构。表格窗口上半部分包含选择的名称或用户标识符，所有与该用户有关的设置均显示在表格窗口中；表格窗口下半部分显示了选择用户的权限（也称为授权）。

在与用户有关的参数设置中，"Automatic logout"选项用于设置用户登录运行系统后的退出方式，避免用户登录后未退出被其他人员通过此用户访问运行系统。如果时间框中输入为"After 0 Minutes"，则用户直到系统关闭访问后才退出登录。组态的自动退出登录时间从用户登录时开始计算，分为绝对时间和空闲时间，绝对时间表示达到设定的时间后用户将无条件地自动退出登录，空闲时间表示用户在该时间长度内没有任何操作时自动退出登录。如果只允许用户通过芯片卡登录，则需要勾选"Login only via chip card"复选框。

首次打开"User Administrator"时，表格窗口中包含一些 WinCC 预置的授权，这些预置的授权包含标准授权和系统授权两部分，如图 11-1 所示。编号 1～17 为预置的标准授权，编号 1000～1002 的是 3 个预置的系统授权。

WinCC 预置的标准授权的含义见表 11-1。除"User Administration"授权以外，其他标准授权都可以进行删除或编辑。具有较低编号的授权不包含在具有较高编号的授权中，但将独立代替每个授权功能。"Administrator-Group"的成员始终具有"User Administration"授权，标准授权将在组态系统中进行分配，但只在运行系统中产生作用，这将避免已登录的用户在运行系统中对所有系统区的未经许可的访问。

表 11-1　WinCC 中的预置授权

编　号	名　称	含　义
1	用户管理（User Administration）	该授权允许用户访问用户管理器，如果设置了该授权，则用户可以调用用户管理器并进行改变
2	数值输入（Value input）	该授权允许用户在 I/O 域中手动输入数值
3	过程控制（Process controlling）	该授权将使用户能够完成控制操作，例如手动/自动切换
4	画面编辑（Picture Editing）	该授权允许用户改变画面和画面元素（例如通过 ODK）
5	切换画面（Change Picture）	该授权允许用户触发画面切换，从而打开另一个已组态的画面
6	窗口选择（Window Selection）	该授权允许用户在 Windows 中切换应用程序窗口
7	硬拷贝（Hardcopy）	该授权允许用户硬拷贝当前的过程画面
8	确认报警（Confirm alarms）	该授权将使用户能够确认消息
9	锁定报警（Lock alarms）	该授权允许用户锁定消息
10	释放报警（Free alarms）	该授权允许用户解锁（释放）消息
11	消息编辑（Message Editing）	该授权允许用户改变报警记录中的消息（例如通过 ODK）
12	启动归档（Start archive）	该授权允许用户启动归档过程
13	停止归档（Stop archive）	该授权允许用户停止归档过程
14	编辑归档值（Edit archive values）	该授权允许用户组态归档变量的计算过程
15	归档编辑（Archive Editing）	该授权允许用户控制或改变归档过程
16	动作编辑（Action Editing）	该授权允许用户执行和改变脚本（例如通过 ODK）
17	项目管理器（Project Manager）	该授权允许用户访问 WinCC 项目管理器

1000～1099 之间的授权是系统授权。WinCC 预置的 3 个系统授权的含义见表 11-2，它们由系统自动生成，用户不能对其进行创建、修改或删除。正如任何其他授权一样，可将系统授权分配给用户。系统授权在组态系统中以及在运行系统中都是有效的。在组态系统中，系统授权将避免未在项目中登录的用户未经许可访问诸如服务器项目等操作。

表 11-2　系统授权

编号	名　称	含　义
1000	远程激活（Activate remote）	如果存在该设置，则用户可从其他计算机上启动或停止该项目的运行系统
1001	远程组态（Configure remote）	如果设置了该条目，则用户可从其他计算机上进行组态，并对项目进行修改
1002	仅进行监视（Web Access monitoring only）	如果设置了该条目，则用户从其他计算机上只能打开项目，而不能进行修改或执行控制操作

11.2 组态用户管理

组态用户管理系统时必须采取下列基本操作：

1）添加所需要的用户组。

2）设置用户组的相应授权。

3）添加用户，并分配各自的登录名称和口令。当添加新的用户时，可对组的属性进行复制。此时，建议为用户分配具备相应授权（希望这些用户拥有的授权）的组。

4）为各种不同用户选择特定的授权。此时可以设置用户自动退出登录的时间，该时间段结束以后，系统将自动注销用户，以防止发生未经授权的输入。也可确定用户是否能够只通过芯片卡进行登录，以及如果用户通过 Web 连接到系统时应使用哪些设置。

11.2.1 创建用户组和用户

打开 WinCC 用户管理器后，可以在原有的管理员组下建立新的管理员用户并设置密码。用鼠标右键单击浏览窗口的"Administrator-Group"，在弹出的菜单中选择"Add user"或选中"Administrator-Group"后，单击工具栏按钮 ，将弹出"Add user"对话框，如图 11-2 所示。

在图 11-2 中"（Login）"文本框中输入新用户的用户名：Admin（用户名要求不少于 4 个字符），在"Password"文本框中输入新用户的登录口令即密码：123456（密码要求不少于 6 个字符），在"Verify password"文本框中输入的密码必须与"Password"文本框中设置的密码完全一致，否则将出现错误提示。单击"OK"按钮完成新用户的创建，新创建的用户在浏览窗口的管理员组下可以查看，如图 11-3 所示。

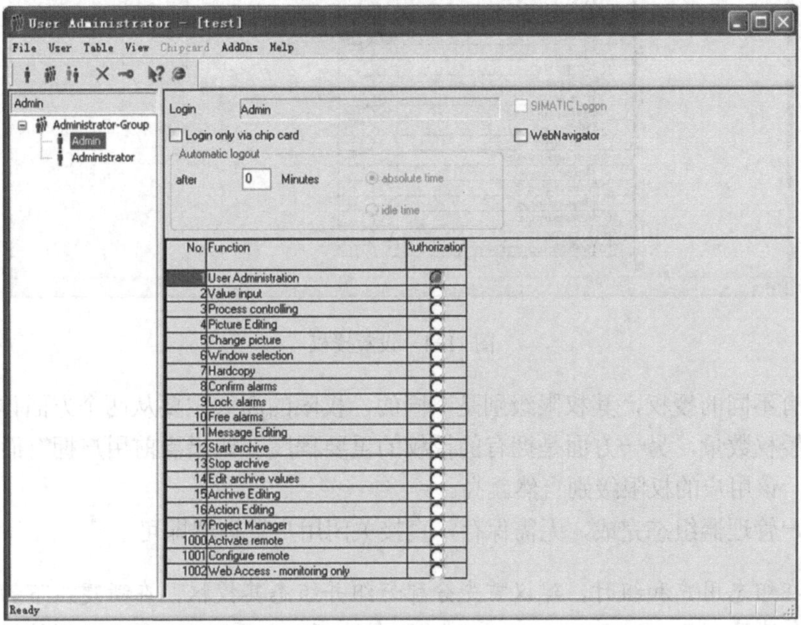

图 11-3 查看用户

如果创建的用户比较多，可以建立不用的用户组对用户进行管理。对于一个成熟的用户管理系统，只能有少数几个用户属于管理员组。在用户管理器的浏览窗口用鼠标右键单击在弹出的菜单中选择"Add group"或单击工具栏的 ![] 按钮，将自动添加一个用户组到浏览窗口中，可以对用户组的名称进行修改。添加新的用户组后，可以在组中按照上面介绍的方法添加用户，也可以为新建的用户组进行授权，在组中创建的用户可继承用户组所设置的授权，也可单独进行授权。右键单击浏览窗口中的用户，还可以选择"Copy user"、"Add group"、"Change password""Delete user/group"等。

11.2.2　添加授权

新的用户组和新的用户添加完成后，需要给每个用户添加相应的授权。用户可以直接继承用户组所设置的授权，也可以单独进行授权。在用户管理器的浏览窗口中，选中需要设置授权的用户组或用户，双击表格窗口中要设置给当前用户组或用户的授权后的圆圈，当小圆圈变为红色时，该授权被选中，表示此用户组或用户拥有该项授权。如图 11-4 所示，名称为"user1"的用户具有"Picture Editing"和"Window Selection"两项授权。

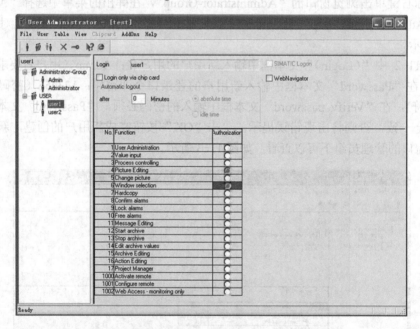

图 11-4　设置授权

用户拥有不同的授权，其权限级别是不同的，权限的高低主要从两个方面体现：一个方面是拥有的授权数量，另一方面是拥有的授权的重要程度。如果当前用户拥有而其他用户没有这个授权，该用户的权限级别自然就高。

此时用户管理器组态完成，无需保存，直接关闭用户管理器即可。

注意：在组态用户和组时，建议首先分配好组并组态其授权，在新建组下的用户时，默认情况下是勾选了"Copy group settings also"复选框，如图 11-2 所示，则该组的所有设置复制到新建的用户中。当然，也可以对单个用户进行组态。

11.2.3 插入和删除授权

除了 WinCC 预置的标准授权和系统授权，还可以根据项目的需要添加自定义的授权。单击用户管理器的菜单命令"Table"→"Insert authorization"，将打开"Insert Line"对话框，可以设置新添加的授权的行号，单击"OK"按钮后，将在表格窗口的指定行号增加一项授权，接下来可以编辑该项授权的功能。

如图 11-5 所示，插入一个行编号为 18，功能为"Process Parameters"的授权，将该授权赋给"USER"的"user2"用户。

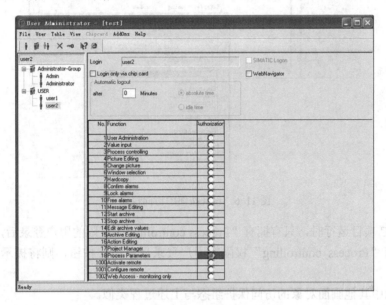

图 11-5　插入授权

除了"User Administration"授权和系统授权，用户选中表格窗口中任意一项授权，通过单击用户管理器的菜单命令"Table"→"Delete authorization"，可以删除该项授权。

11.3　为画面对象分配访问权限

在画面中有时需要对操作对象设置访问权限，如操作按钮、需要在画面中输入数值的I/O 域等。在用户管理器中组态用户组和用户的授权后，接下来就要在过程画面中对那些需要设置访问保护的画面对象进行组态。此处以一个按钮的授权设置为例，只有拥有"Process controlling"授权的用户单击此按钮才起作用。

双击按钮对象打开"Object Properties"对话框，如图 11-6 所示。激活"Properties"选项卡，在左侧窗口选择"Miscellaneous"，右侧窗口选择"Authorization"属性项。可以看到，默认情况下"Authorization"属性的静态值是"<No access-protection>"。用鼠标双击或右键单击"<No access-protection>"，在弹出的菜单中选择"Edit"命令，打开"Authorizations"对话框，在授权列表中选择"Process controlling"授权，如图 11-6 所示，单击"OK"按钮退出对话框，该按钮的"Authorization"属性的静态值将更新为"Process controlling", 完成了访问保护的组态。

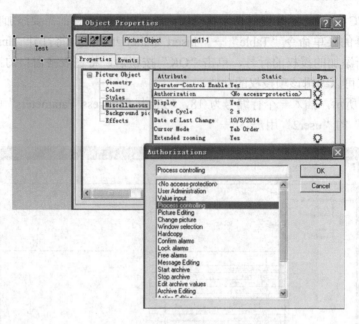

图 11-6　设置按钮的访问权限

当 WinCC 项目运行时，只有拥有"Process controlling"权限的用户登录后，才能操作按钮。如果没有"Process controlling"权限的用户登录后单击此按钮，则将提示"Insufficient permission"。

过程画面中其他画面对象的访问保护组态与上述过程类似。

11.4　组态用户登录和注销的对话框

系统运行后需要弹出用户登录的对话框，将前述的用户名和密码输入后，该用户可以进行相应的操作，如改变变量输入值、切换画面等，用户登录的对话框如图 11-7 所示。如果没有输入用户名和密码，则用户不能操作任何设置了授权的对象。执行注销操作后，系统恢复到没有登录之前的状态，用户只能观看起始画面的信息，不能进行任何操作。

如果要弹出用户登录对话框，可以通过两种方式实现：一种方式是通过按下预先设置的热键来调出登录对话框；另一种方式是通过单击按钮弹出登录对话框，该按钮的"Mouse"事件必须组态了相应的脚本程序。

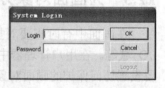

图 11-7　系统登录对话框

11.4.1　使用热键

在 WinCC 项目管理器的浏览窗口中，用鼠标右键单击项目名称，在弹出的菜单中选择"Properties"，打开"Project properties"对话框，激活"Hot Keys"选项卡，可以设置用户登录和注销的热键，如图 11-8 所示。

选中"Actions:"列表中的"Logon",单击"Assign"按钮下的文本框,同时按下要分配给"Logon"动作的热键,例如〈Ctrl〉+〈F1〉键,这时两个键将出现在文本框中,如图 11-8 所示,单击"Assign"按钮即可以将该热键分配给"Logon"动作。如果动作没有设置热键,选中该动作时文本框中将显示"None"。

用同样的方法可以将热键〈Ctrl〉+〈F2〉分配给"Logoff"动作,则项目运行时可以通过按下〈Ctrl〉+〈F1〉和〈Ctrl〉+〈F2〉来进行用户的登录和注销。

图 11-8 设置用户登录和注销的热键

11.4.2 使用按钮

WinCC 项目运行后,也可以通过单击按钮来弹出用户登录对话框,但必须为该按钮的"Mouse"事件组态相应的脚本程序。

在画面中添加两个按钮,其文本分别为"LogOn"和"LogOut"。为"LogOn"按钮组态的"Mouse"事件的 C 脚本程序如图 11-9 所示。为"LogOut"按钮组态的"Mouse"事件的 C 脚本程序如图 11-10 所示。

```
#include "apdefap.h"
void OnClick(char* lpszPictureName, char* lpszObjectName, char* lpszPropertyName)
{
#pragma code("UserAdmin.DLL")
#include "pwrt_api.h"
#pragma code()
PWRTLogin(1);
}
```

图 11-9 "LogOn"按钮的 C 脚本程序

```
#include "apdefap.h"
void OnClick(char* lpszPictureName, char* lpszObjectName, char* lpszPropertyName)
{
#pragma code("UserAdmin.DLL")
#include "pwrt_api.h"
#pragma code()
PWRTLogout();
}
```

图 11-10 "LogOut"按钮的 C 脚本程序

11.5 使用与用户登录相关的内部变量

在 WinCC 项目运行时,如果希望在过程画面或报表中显示已登录的用户的相关信息,可以使用系统提供的两个内部变量中的一个,见表 11-3。

表 11-3 与用户登录相关的内部变量

变 量 名 称	WinCC 用户管理器中的描述
@CurrentUser	用户 ID
@CurrentUserName	用户名

根据使用了两个变量中的哪个变量，显示已登录用户 ID 或完整的用户名。

在过程画面中插入一个 I/O 域，将 I/O 域与@CurrentUser 或@CurrentUserName 建立变量连接，设置 I/O 域的数据格式为字符串，运行项目可以看到，当有用户登录时，登录的用户名显示在此 I/O 域中。

11.6 使用附件——变量登录

WinCC 用户管理器提供了用于"Tag Logon"的组态功能，该功能为某些用户分配一个变量值，该用户随后将在运行期间通过设置变量值，例如通过功能键操作切换登录到工作站。

组态"Tag Logon"功能的步骤如下：

1）将操作站分配给一个已组态的变量。

2）确定将用于"Tag Logon"功能的数值范围的最小值和最大值。

3）将特定变量值分配给特定的用户。

一旦完成其工作，用户就可通过将变量值设置为所组态的注销值，再次退出登录。如果用户通过"Tag Logon"登录到运行系统，则就不可能通过用户对话框登录到同一台计算机上。

说明：如果已经选择了"SIMATIC Logon"选项，则禁用"Tag Logon"功能。

11.6.1 计算机分配

单击 WinCC 用户管理器菜单命令"AddOns"
→ "Tag Logon" → "Computer Assignment"，打开
"Assignment Computer-Tag"对话框，如图 11-11 所
示，此处将计算"ZHOUSHAN"分配到指定的变

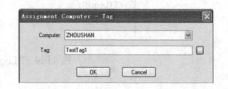

图 11-11 "Assignment Computer-Tag"对话框

量"TestTag1"。既可为每个计算机分配一个不同的变量，也可为所有计算机分配同样的变量。所使用的变量必须是二进制的 8 位、16 位以及 32 位数值。

11.6.2 组态

单击 WinCC 用户管理器菜单命令"AddOns" → "Tag
Logon" → "Configuration"，打开"Configuration"对话
框，用于指定变量的最小值和最大值，如图 11-12 所
示。"Tag Logon"功能使用该变量，即"TestTag1"。

最小值的范围为 0~32767，最大值的范围为 1~
32767，但是输入的最大值数值必须大于最小值。

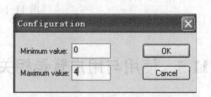

图 11-12 "Configuration"对话框

11.6.3 分配用户

单击 WinCC 用户管理器菜单命令"AddOns"→
"Tag Logon"→"User Assignment",打开"Assignment
User-Value"对话框,用于把变量值分配给指定用户,
如图 11-13 所示。如果打开该对话框以前已经在用户
管理器中选择了用户,就会在对话框中直接显示已存
在的分配。

在"Value"下拉列表中选择变量的数值,从
"User"下拉列表中选择希望分配给的用户,所有在用
户管理器创建的用户都会显示,之后单击"Assign"
按钮,即将该数值分配给相应的用户,并在下面的表格中显示,选中某一分配,单击
"Delete"按钮,可以删除选择的分配。

图 11-13 "Assignment User-Tag"对话框

注意:每个变量值只能分配给一个用户。

运行项目,当变量 TestTag1=1 时,用户 Admin 自动登录;当变量 TestTag1=0 时,用户
Admin 自动注销。

11.7 远程操作

对于多用户系统,当 WinCC 客户机访问项目服务器时,会弹出远程访问权限"System
Login"对话框,如图 11-7 所示,这时需要输入登录的用户名及密码。这样的登录操作属
于远程操作,以此登录的用户应该在用户管理中添加,并且必须具有远程激活和远程组态
的权限。

远程激活是编号 1000 的系统授权,如果设置该权限,用户可以从其他计算机上激活或
取消激活该项目的运行系统。

远程组态是编号 1001 的系统授权,如果设置该权限,用户可以从其他计算机上组态和
修改项目。

11.8 习题

1. 简述用户管理的必要性。
2. 简述 WinCC 用户管理器的组态和运行方式的功能。
3. WinCC 的权限级是绝对的或分等级的吗?请解释。
4. 描述如何在用户管理器中生成用户组、用户和权限级。

第 12 章　WinCC 数据库

本章学习目标

了解 WinCC 数据库；了解 WinCC 历史记录归档的路径和名称；了解归档数据的备份；掌握 Microsoft SQL Server 2005 的使用；掌握以 CSV 格式保存和查看归档数据。

12.1　WinCC 数据库概述

在 WinCC V6.0 以前的版本中采用的是优秀的小型数据库 Sybase Anywhere 7，从 WinCC V6.0 版以后不再使用这个数据库，WinCC V6.2 采用的是 Microsoft SQL Server 2000 中型数据库，WinCC V7.0 采用 Microsoft SQL Server 2005。Microsoft SQL Server 2005 及其实时响应、性能和工业标准已经全部集成在 WinCC 中。Microsoft SQL Server 2005 数据库作为组态数据和归档数据的存储数据库，用户可以通过 WinCC 集成的工具分析显示数据，也可以通过多种开放接口（如 SQL、ODBC、OLE-DB 和 OPC HAD）用外部工具分析数据库中的数据。

12.2　WinCC 归档数据库结构

WinCC 归档数据库的组成如图 12-1 所示。

WinCC 的归档包括过程值归档和消息归档。WinCC 的数据库文件保存在项目文件的根目录下，例如一个项目名称为 WinCCTest，项目属性的启动列表中选择了"启动变量运行"和"启动变量记录运行"两个选项，项目运行一段时间后，项目文件夹的根目录下会产生如下数据文件：

1）WinCCTest.Mdf：组态数据库文件，用来管理组态状态下的数据，是主数据库文件。

2）WinCCTestRT.Mdf：运行数据库文件，用来管理运行状态下的数据，是主数据库文件。

3）WinCCTestAlg.Mdf：报警记录中消息归档数据库文件。

4）WinCCTestTlg.Mdf：变量记录中过程值归档数据库文件。

WinCC 用户在组态变量记录归档和报警记录归档时由多个单独的分段组成。可在 WinCC 变量记录和报警记录中组态过程值归档和消息归档的最大容量和单个分段的容量，如果单个分段容量超限或达到更新周期，就会启动新的数据归档片段；当数据片段的总体尺寸达到最大时，最早的数据片段就会被新的归档数据覆盖。

1．变量记录中的过程归档

WinCC 在运行状态下，变量记录中的过程值归档被分为两种类型：快速归档和慢速归档。对于归档周期小于或等于 1min 的归档称为快速归档，即 TagLogging Fast，此类过程值归档以压缩方式存储在归档数据库中。对于归档周期大于 1min 的归档称为慢速归档，即 TagLoggingSlow，此类过程值归档以非压缩方式存储在归档数据库中。

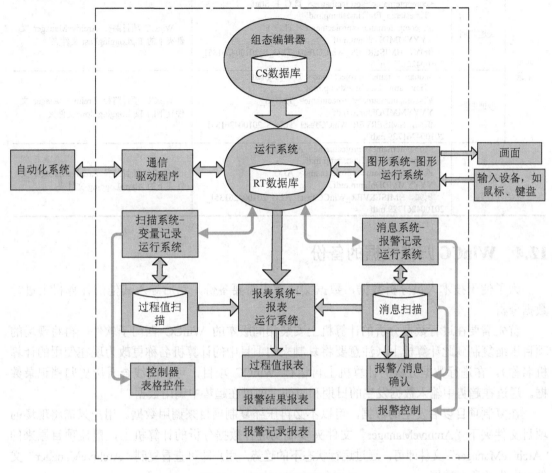

图 12-1 WinCC 数据库的组成

2. 报警记录中的消息归档

报警记录中的消息分为两种类型：长期归档和短期归档。长期归档和过程值归档一样，把数据分成多个数据片段；短期归档存储在内存中，数据备份在硬盘上。如果电源断电，当电源重新恢复后，备份数据会被加载在内存中。

12.3 WinCC 历史记录归档的路径和名称

WinCC 变量记录归档都称为历史记录归档，归档数据库名称和存储路径见表 12-1。

表 12-1 归档数据库名称和存储路径

类　型	名　　称	路　径
运行数据库文件	ProjectNameRT.mdf，例如，WinCCtestRT.mdf	WinCC 项目文件夹的根目录
组态数据库文件	ProjectName.mdf，例如，WinCCtest.Mdf	WinCC 项目文件夹的根目录

类　型		名　称	路　径
变量记录	快速归档	\<computername\>\<projectname\>_TLG_F_Start_Timestamp_EndTimestamp.mdf 或\<computername\>\<projectname\>_TLG_F_YYYYMMDDhhmm.mdf 例如，HMISERVER_WinCCTest1_TLG_F_201004261351_201004261729.mdf	WinCC 项目路径 ArchiveManager 文件夹下的 TagLoggingFast 文件夹
	慢速归档	\<computername\>\<projectname\>_TLG_S_Start_Timestamp_EndTimestamp.mdf 或\<computername\>\<projectname\>_TLG_S_YYYYMMDDhhmm.mdf 例如，HMISERVER_WinCCTest1_TLG_S_201004261351_201004261729.mdf	WinCC 项目路径 ArchiveManager 文件夹下的 TagLoggingSlow 文件夹
报警记录		\<computername\>\<projectname\>_ALG_Start_Timestamp_EndTimestamp.mdf 或\<computername\>\<projectname\>_ALG_YYYYMMDDhhmm.mdf 例如，HMISERVER_WinCCTest1_ALG_201004261351_201004261729.mdf	WinCC 项目路径 ArchiveManager 文件夹下的 AlarmLogging 文件夹

12.4　WinCC 归档数据的备份

为了便于技术人员分析数据，数据文件首先需要备份，然后导入其他的计算机上进行数据分析。

首先需要在进行数据分析的计算机上安装相同版本的 WinCC 西门子软件，再将现场的项目压缩复制到此计算机上（注意要将复制来的项目中的计算机名称更改为现在使用的计算机名称）。在进行数据分析的计算机上再运行 WinCC 项目，可以离线查看历史归档记录数据。通过在趋势中输入数据发生的日期和时间，即可在趋势中调用数据。

在复制项目以后发生的数据，可以不必再压缩复制项目来调用数据。用户只需将现场的项目文件夹下 "ArchiveManager" 文件夹复制到进行数据分析的计算机上，覆盖项目原来的 "ArchiveManager" 文件即可，通过运行状态下的趋势，用户即可查看复制 "ArchiveManager" 文件夹发生的所有数据。

12.5　在 Microsoft SQL Server 2005 中查看 WinCC 归档数据

单击 "开始" → "程序" → "Microsoft SQL Server 2005" → "SQL Server Management Studio" 命令，打开 SQL Server 管理器，如图 12-2 所示，可以直接查看非压缩的归档数据，其中标出的部分是与 WinCC 相关的数据库。

WinCC Databases：

1）CC_Project_Data_Time。

2）CC_Project_Data_TimeR。

3）Computername_Project_ALG_Time。

4）Computername_Project_TLG_F_Time。

5）Computername_Project_TLG_S_Time。

WinCC 归档数据库的关键数据库表见表 12-2。

图 12-2 Microsoft SQL Server 2005 Management Studio

表 12-2 WinCC 归档数据库的关键数据库表

数 据 库	数据库表	数 据 库	数据库表
TagLoggingRT	Archive TagCompressed TagUncompressed	AlarmLoggingRT	AlgCSDataDEU MsArcLong

12.6 在 WinCC 趋势中以 CSV 格式保存归档数据

WinCC 具有可以访问归档数据的控件，包括 WinCC Online Table Control、WinCC Online Trend Control 和 WinCC User Archive Control，分别显示变量归档数据、报警归档数据和用户归档数据。除此之外，第三方应用程序可以运用选件 Connectivity Pack 进行数据库访问。这里主要介绍 WinCC 自带控件访问数据库的功能。

WinCC V7.0 趋势中增加了归档数据保存为.CSV 格式的功能，而 CSV 格式文件可用 Microsoft Excel 打开查看归档数据。

WinCC V7.0 中以 CSV 格式保存归档数据的步骤如下：

1）双击趋势控件打开趋势控件属性（趋势控件中有组态好的需要以 CSV 格式保存的归档数据）。

2）在工具栏选项中选择"Export data"选项，在趋势的工具栏中会出现 图标（此步骤既可在组态状态下操作，也可在运行状态下操作）。

3）在 WinCC 运行状态下，单击 图标选择，以 CSV 格式查看归档数据的时间范围。如图 12-3 所示，可以选择起始时间到终止时间段（1-Start and end time），也可以选择时间范围，从开始时间以后的 500ms、1second、1minute、1hour、1day 这些选项，还可以乘以一个系数 Factor 扩大选择范围从几个 500ms、几秒、几分、几小时到几天。还可以选择数据的点数（2-Number of measurement points）。选择好时间后，单击"OK"按钮。

4）单击趋势的工具栏中的 图标，打开"导出数据（Export Data）"对话框，如图 12-4

所示，在文件名称处可以输入需要以 CSV 格式保存归档数据的文件名称，或使用默认名称。数据导出范围项可以选择 0-All 或 1-Selection。文件格式为 CSV。单击"OK"按钮就可将趋势中的在上一步选择的时间范围内的归档数据以 CSV 格式保存。

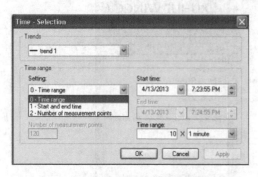

图 12-3　保存归档数据时间范围选择　　　　　　　图 12-4　"导出数据"对话框

5）归档数据保存为 CSV 格式的文件，其保存路径为项目目录下"Export"文件夹下的"Online TrendControl"中。

6）双击 CSV 格式文件夹，可以用 Microsoft Excel 打开查看归档数据。

12.7　习题

1. 简述 WinCC V7.0 数据库的结构和特点。
2. WinCC 访问数据库有哪些方法？
3. 简述如何在 Microsoft SQL Server 2005 中查看 WinCC 归档数据。

第13章 系 统 诊 断

本章学习目标

了解诊断功能的作用，掌握通过 TIA 诊断与 WinCC 诊断对运行的系统和过程进行诊断。

13.1 TIA 诊断

全集成自动化可提供对系统来说极为重要的集成诊断功能，与相应的 SIMATIC 组件相连接，SIMATIC WinCC 支持对正在运行的系统和过程进行诊断，并支持多种方式，包括：

1）RSE（Report System Error）。

2）直接从 WinCC 跳转至 STEP 7 硬件组态环境。

3）直接从 WinCC 跳转至 STEP 7 编程环境。

4）应用 WinCC/ProAgent 的可靠的过程诊断。

本节着重讲解直接从 WinCC 跳转至 STEP 7 硬件组态环境和编程环境。

直接跳转允许从 WinCC 运行系统直接跳转到相关的 STEP 7 的硬件组态或编程环境，这将使故障诊断迅速、方便。需要注意的是，直接跳转只有在特定的条件下才能执行，要求如下：

1）基于 TIA 的项目，"编译 OS" 功能已被执行。

2）如果将要组态具有专门操作员控制等级的操作员权限，则必须已经使用用户管理器创建了该等级。

3）AS 的连接参数必须已经通过外部变量确定，因此，在"编译 OS"期间，外部变量必须已存在于 S7 连接中。STEP 7 符号可在变量选择对话框中隐含地"编译"。

4）对于从 WinCC 跳转至 STEP 7 编程环境，要求在 S7 程序中，必须已经生成参考列表。

具体步骤如下：

1）将图形对象（如按钮）插入到画面中。

2）用鼠标选中对象，在动态向导对话框的"Dynamic Wizard"选项卡中选择"Network Entry Point"，如图 13-1 所示，随后向导将指导用户完成需要的组态步骤。

3）在"Select trigger"对话框中选择"Mouse click"，如图 13-2 所示。

4）在"Set options"对话框中选择当前对象的属性，在"Tag Name"中选择外部变量，该属性将被连接到所选变量上，如图 13-3 所示。

5）在下一个"Set options"对话框中，选择在跳转时是否检查 STEP 7 写入权限，如果要执行检查，还需要设置授权等级，如图 13-4 所示。

6）当组态直接跳转时，将创建一个执行跳转的脚本，如图 13-5 所示，按照跳转至硬件组态或跳转至程序块对脚本函数进行修改：如果是跳转至硬件组态，需要使用函数 GetHWDiag、GetHWDiagLevel，如果跳转至编程环境，需要使用函数 GetKopFupawl、GetKopFupawlLevel。

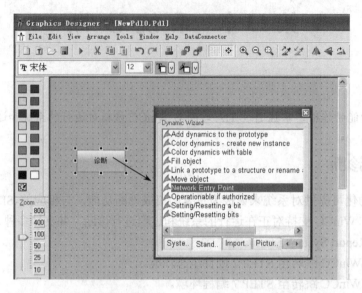

图 13-1　在"Dynamic Wizard"中选择"Network Entry Point"

图 13-2　Select+rigger

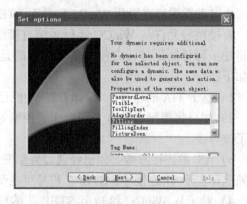

图 13-3　选择对象属性及变量

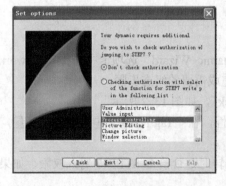

图 13-4　"授权等级设置"

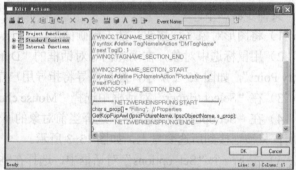

图 13-5　直接跳转脚本

7）保存编译已修改的脚本，关闭对话框。

13.2 WinCC 诊断

13.2.1 脚本诊断

为了方便地在运行系统中执行和测试 VB 脚本，WinCC 提供了一系列工具：

1）GSC 运行系统。

2）GSC 诊断应用窗口。

3）调试器。

4）ApDiag 诊断工具。

使用这些工具可以分析动作在运行系统中的行为。

1．GSC 运行系统和 GSC 诊断

通过将 GSC 运行系统和 GSC 诊断应用程序窗口插入到过程画面中可对其加以使用。此过程画面可以是为诊断之用而开发的，可在运行系统中对其进行调用。

这些应用程序窗口用于以下各种不同的场合：

1）运行系统处于活动状态时，GSC 运行系统提供关于所有（全局脚本）动作的动态行为的信息、启用各个启动以及各动作的登录和注销，并提供对全局脚本编辑器的访问点。

2）对于 C 脚本而言，GSC 诊断按调用的顺序输出 printf 指令（包含在动作中），这也适用于动作中调用的函数中的 printf 指令。利用 printf 指令可以输出变量的数值，也可以跟踪动作流和调用的函数。甚至导致调用 OnErrorExecute 函数的错误条件，也可以利用 printf 指令显示在 GSC 诊断窗口中。

对于 VBS 而言，GSC 诊断按调用的先后顺序执行包含在动作中的 Trace 指令。这也适用于在动作中调用的过程中的 Trace 指令。Trace 指令的执行（例如针对变量值的输出）可实现对动作进度以及在动作中调用的过程的跟踪。Trace 指令以"HMIRuntime. Trace(<Ausgabe>)"形式输入。

（1）GSC 诊断

1）在过程画面中使用"Smart Objects"选项板，将"Application Window"插入到画面中，如图 13-6 所示。

2）从"Window Contents"对话框中选择"Global Script"选项，并单击"OK"按钮确认选择，如图 13-7 所示。

3）选择"Template"对话框中的"GSC Diagnostics"选项，如图 13-8 所示。

4）单击"OK"按钮确认选择以插入诊断窗口，如图 13-9 所示。

5）改变 GSC 诊断控件的静态属性。在图形编辑其中，选择"GSC Diagnostics"，单击鼠标右键，从弹出菜单中选择"Properties"选项，弹出"Object Properties"对话框，将"Properties"选项卡中"Miscellaneous"的所有静态属性由"NO"改成"Yes"，如图 13-10 所示。

6）激活 WinCC 项目，弹出 GSC 诊断窗口如图 13-11 所示，其中将显示全局脚本中 Trace 指令所指向的文本的输出结果。

图 13-6 Objects 选项板

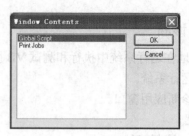

图 13-7 "Window Contents" 对话框

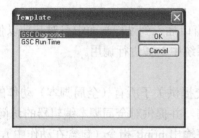

图 13-8 "Template" 对话框

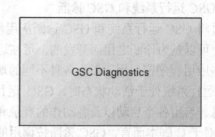

图 13-9 "GSC Diagnostics" 窗口

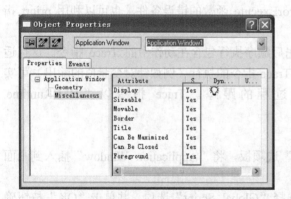

图 13-10 Object Properties

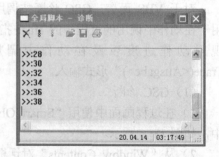

图 13-11 GSC 诊断窗口

GSC 诊断工具栏可使诊断窗口中的输出受控，用户还可以根据需求保存、打印和打开窗口内容。

1）✕ 删除诊断窗口内容。

2）⏸ 停止正在更新的窗口。

3）⏵ 激活正在更新的窗口。

4）📂 在窗口中打开一个文本文件（停止状态下）。

5）💾 将窗口内容保存在文本文件中（停止状态下）。

6）🖨 打印窗口内容（停止状态下）。

（2）GSC 运行系统

GSC 运行系统是在运行系统中显示所有全局脚本动作的动态行为的窗口。此外，还可以在运行期间，使用 GSC 运行系统影响每个单独动作的执行，并提供对全局脚本编辑器的访问。

如图 13-12 所示，系统将输出以下信息：

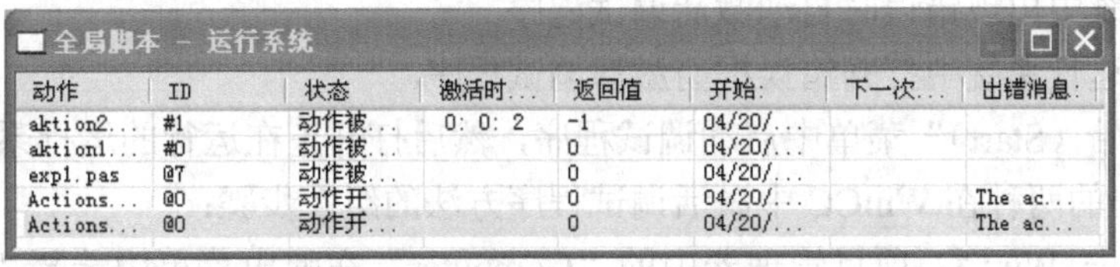

动作	ID	状态	激活时…	返回值	开始…	下一次…	出错消息…
aktion2…	#1	动作被…	0：0：2	-1	04/20/…		
aktion1…	#0	动作被…		0	04/20/…		
exp1.pas	@7	动作被…		0	04/20/…		
Actions…	@0	动作开…		0	04/20/…		The ac…
Actions…	@0	动作开…		0	04/20/…		The ac…

图 13-12　GSC 运行系统

1）动作名称：动作的名称。

2）ID：动作 ID。它们由系统在内部使用，GSC 运行系统将相应的动作名称连同动作 ID 一起提供。动作 ID 和动作名称之间链接的有效性仅持续到运行系统停止，或在运行期间动作被保存为止。

3）状态：提供有关动作当前状态的信息。

4）激活时间间隔：两次调用动作之间的时间间隔，表现形式为小时、分和秒。

5）返回值：动作的返回值。

6）开始：当前动作启动的日期和时间。

7）下一次开始：动作再次启动的日期和时间。

8）错误消息：发生错误时包含错误文本。

GSC 运行系统的组态过程与 GSC 诊断类似，这里不再赘述。

2. 调试程序

调试程序仅可用于在运行系统中测试 VBS，共有三种：

1）Microsoft 脚本调试器（仅适用于 VBS 调试）。

2）调试程序"InterDev"（包含在随 Developer Studio 所提供的安装材料范围内）。

3）Microsoft 脚本编辑器（MSE）调试程序（包含在随 Microsoft Office 所提供的材料中）。

其中，Microsoft 脚本调试器可从 Microsoft 下载中心获取，URL 如下：

http://www.microsoft.com/downloads/Search.aspx?displaylang=en833a6a92-961e-4ce1-9069-528d22605127

在搜索框中输入相应测试程序名称即可。下面对 Microsoft 脚本调试器进行简要的说明。

（1）调试原理

Microsoft 脚本调试器为 VBS 的调试提供了以下功能：

1）查看要调试的脚本源代码。

2）处理要检查的脚本。

3）修改变量和属性值。

4）监视脚本进程。

当错误已经出现且调试程序打开时，脚本会显示在窗口中（写保护）。可以浏览整个脚本文档、设置断点、在运行系统中再次执行脚本以及逐步处理脚本。

（2）激活脚本调试器

激活调试程序有多种方法：

1）运行系统中出现错误时自动激活调试程序。

2）通过在运行系统中打开错误框而激活调试程序。

3）从"开始（Start）"菜单中启动调试程序，然后打开正在运行的运行系统脚本。

以下是主要的两种在 WinCC 中激活调试程序方法的组态步骤：

1）右键单击 WinCC 项目管理器中的"Computer"在弹出菜单中选择"Properties"命令，将出现"Computer Properties"对话框。

2）选择"Runtime"选项卡控件，如图 13-13 所示。

图 13-13 "Runtime"选项卡

3）激活所需的调试选项。在全局脚本和图形编辑器中的动作的调试行为可以相互独立地进行设置。

4）如果运行系统中出现错误，应直接启动调试程序，则选择"Start debugger"。

5）如果不想直接启动调试程序但希望显示具有相关错误信息的错误对话框，则选择"Display error dialog"可通过一个按钮在错误框中启动调试程序。

6）使用"OK"按钮，确认输入。

（3）脚本调试器

如图 13-14 所示，Microsoft 脚本调试器提供了多种帮助调试 VBS 的组件。

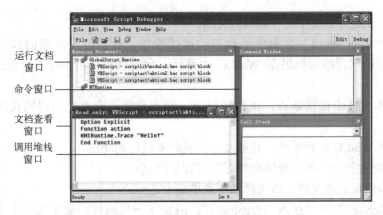

图 13-14　脚本调试器

1）命令窗口。可使用"View"→"Command Window"菜单命令来调用"Command Window"。

脚本在运行系统中运行时，调试程序的"Command Window"可用于编译和修改当前正在运行的脚本中的变量和属性值之类的操作。在"Command Window"中所做的更改会直接作用在运行脚本中，这样可立即对所规划的更改进行测试。

可以在"Command Window"中执行以下动作：

① 输入命令：可以直接在 VBS 中输入和执行命令。

② 更改变量值：可以直接在"Command Window"中编译和修改变量值。这涉及当前脚本中的变量以及全局变量。

③ 修改属性：可以读取和写入当前脚本上下文中所有对象的属性。

如果脚本已经到达断点或者从断点跳到了其他命令，则可以始终使用"Command Window"。

注意：在"Command Window"中所执行的更改对脚本的源代码没有任何影响，只是为了在调试程序中做测试之用。

2）运行文档窗口。可通过"View"→"Running Documents"菜单命令来调用"Running Documents"窗口。

此窗口显示当前运行在 WinCC 运行系统中的所有脚本，根据是来自全局脚本（"GlobalScript Runtime"）还是来自图形运行系统（"PDLRT"）的脚本进行分隔，将显示所有正在运行的全局脚本运行系统动作和模块。在图形运行系统中，根据触发器控制的动作（picturename_trigger）和事件控制的动作（picturename_events）来分隔脚本。

3）调用堆栈窗口。可通过"View"→"Call Stack"菜单命令来调用"Call Stack"窗口。

此窗口显示所有正在运行的动作和所调用过程的列表。例如，调用某过程时，会将其名称添加到"Call Stack"列表中，过程结束后，该名称会从列表中删除。可以从该列表中选择一个过程，以跳到脚本文档中调用该过程的相应位置。

4）脚本调试。为了找出系统上的逻辑之类的错误，可以使用 Microsoft 脚本调试器逐步处理脚本，在运行系统中测试每段单独脚本行的作用。

① 激活要在运行系统中进行调试的文档。

② 从"开始（Start）"菜单中手动启动调试程序，然后打开所需的脚本文件，或在 WinCC 中激活调试程序。如果在 WinCC 中激活，则尝试执行错误脚本时调试程序会自动打开。

③ 在脚本文件中设置断点。正常情况下，断点设置在有可能出现错误的那些代码行之前。

④ 切换到 WinCC 运行系统，并触发会引发脚本运行的动作。

调试程序将在第一个断点处停止并对当前行作标记。

5）为逐步浏览脚本文档，请选择以下菜单命令之一：

"调试（Debug）"→"跳入（StepInto）"：跳到下一代码行。如果脚本在此行中调用过程，则将使用"跳入（StepInto）"命令跳到该过程。然后可以逐步处理所调用的过程。

"调试（Debug）"→"跳过（StepOver）"：跳过所调用的过程。调用了过程，但调试程序并不在该过程的各单独行处停止，而是过程执行完毕之后调试程序移动到当前脚本的下一行。

6）中断过程的逐步处理，选择"调试（Debug）"→"跳出（StepOut）"菜单命令，调试程序随即跳到下一动作。

7）逐步处理到文档末尾或选择"调试（Debug）"→"运行（Run）"菜单项再次在运行系统中启动该脚本。

3．ApDiag

WinCC 脚本处理是一个真正的开放式系统，其基础编程语言 C 功能非常强大，可提供很高的自由度，并允许调用 WindowsAPI 和专用的 DLL 函数。但是，不正确地使用这些功能也可能导致系统崩溃，不恰当地组态也会显著降低系统性能。为了解决这些问题，可以借助 ApDiag.exe 诊断工具对运行系统的动作进行监视，对错误和性能问题进行分析。

注意： 诊断应用程序本身也会影响计算机的性能，因为采集附加值要花费时间。为了降低计算机性能的耗损，可单独激活和禁用各个诊断功能，以免在运行期间降低运行系统的性能。因此，在最终调试阶段应确保诊断功能已禁用。

ApDiag.exe 位于安装目录的"...\Siemens\WinCC\Utools"文件夹中。打开 WinCC 后，即可照例双击启动该应用程序，如图 13-15 所示。它与运行系统是否激活无关。如果没有打开任何项目，则可创建与动作控制器的链接。

当更改项目或关闭 WinCC 时，ApDiag 将结束。

ApDiag 为前端显示，以便能够不断地显示诊断信息，而与系统内的操作和浏览无关。设置窗口位置和大小，使 ApDiag 的干扰尽量小。保存这些设置，并在下次启动时重新建立。

下面对 ApDiag 菜单命令进行简单说明。

（1）诊断（Diagnostics）

菜单"诊断（Diagnostics）"提供了多种类型的诊断信息。

① 使用"启动（Start）"、"更改（Change）"和"停止（Stop）"可控制诊断信息（跟踪）的记录。

② 菜单命令"存档（OnFile）"可用于定义各类型诊断信息的输出源。

③ 使用命令"概要文件（Profile）"可测量动作的运行时间并可监视队列的增长。

④ 使用命令"填充变量（FillTags）"可激活或禁用将重要诊断信息保存在内部变量中的功能。

下面具体讲解各类诊断信息：

① 启动、更改和停止。使用菜单命令"启动（Start）"可打开如图 13-16 所示对话框，可在其中选择诊断等级，单击"确定（OK）"按钮，可在指定等级上启动诊断并写入跟踪点。

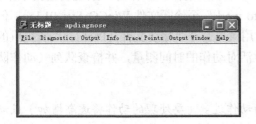

图 13-15　ApDiag 诊断工具

图 13-16　"等级（Level）"对话框

等级越高，跟踪点出现得就越频繁，重要性就越低。在等级 1 中，将只输出故障；而从等级 3 开始，也将采用 printf(OnErrorExecute)输出信息；等级 9 和等级 10 主要用于测试 script.exe 应用程序是否有响应。

当前的诊断等级将被选中。选择另一等级并单击"确定（OK）"可更改等级，并退出对话框，"启动（Start）"操作将被禁用。此时单击菜单命令"更改（Change）"，可识别跟踪是否已启动，并在必要时更改当前的诊断等级。

使用菜单命令"停止（Stop）"结束跟踪点的写入。由于写入跟踪点会影响性能，所以正常运行期间应关闭跟踪。

勾选"在 WinCC 启动时自动启动（begin Start von WinCC automatisch starten）"复选框，可使每次打开项目时，以指定的等级自动启动诊断。

② 存档。如图 13-17 所示，对话框"存档（OnFile）"可用于将诊断信息（如 OnErrorExecute、printf）转换到文本文件中。所有设置均存储在注册表中，从而可在重新启动后仍然保留。

a）Nothing In File（文件中无内容）。由于转换诊断消息会影响系统性能，且"OnFile"对话框中的设置在重新启动 WinCC 或计算机后仍将保留，因此可使用选项"文件中无内容（Nothing In File）"禁止将诊断消息写入文件中。

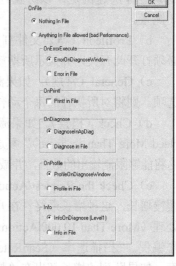

图 13-17　"存档（OnFile）"对话框

b）Anything In File（文件中包含内容）。使用该选项可激活诊断信息的发送过程。实际涉及的信息取决于"存档（On File）"下的设置。

● OnErrorExecute 此参数可用于定义是否将 OnErrorExecute（这是 WinCC 标准函数，在出现错误时由系统调用）输出到文件或输出窗口中。如果未显示诊断窗口，则 OnErrorExecute 丢失，这时将启用另一个错误分析并将结果输出到文件。

● OnPrintf 此参数可用于设置由 printf() 产生的输出是输出到文件还是输出窗口中。

● OnDiagnose 诊断启动后，相应等级的所有跟踪信息均可发送至文件。

● OnProfile 此参数用于定义由 OnProfile 所提供的诊断信息是输出到文件还是应用程序窗口中。

● Info 该参数定义通过"信息（Info）"菜单输出的信息是否应输出到文件。

③ 概要文件。默认情况下，存在 10 000 个以上的排队操作时，系统会输出以下消息："Action Overflow: morethan 10 000 Actions to work"至诊断文件 WinCC_Sys_01.log，但通过此条目很难确定队列增长或溢出的原因。使用菜单命令"概要文件（Profile）"所提供的诊断信息可在早期检测到队列的增长或溢出，激活对动作的时间测量，并检查队列（动作队列）的增长。

注意：如果在过短的周期内正在运行的动作过多（要处理的动作将逐渐增加）或动作被挂起（如休眠、循环、输出对话框以及等待另一个应用程序的响应），则队列会溢出。这时，所有其他动作均会被阻塞在队列中，并无法得到处理。

在某种程度上，可再次对这些队列进行处理，但如果队列中多达 10000 个条目，这将不再有可能。

a）Profileoff（概要文件关闭）。由于性能测量本身会带来额外的负载，而且重新启动 WinCC 或计算机后在本环境中进行的所有设置均将保留，因此集成了一个上级开关，可使用其进行快速浏览，以防止任何诊断测量保持开启状态。此选项为上级选项，可用于关闭测量。

b）Profileon（概要文件打开）。此选项为上级选项，可用于打开测量。为了激活测量，必须打开此开关，并显示所期望的信息。

c）General（常规）。如果激活了"调用各个动作的时间（Call on time for each action）"选项，则将对所执行的每个动作进行时间测量，并通过标准函数"On Time"输出结果。

d）Check（检查）。如果激活了"检查运行需要超过 xx 毫秒的动作（Check ich Action Need More Than xx msec）"复选框，则将输出运行时间大于规定时间的所有动作的运行时间。这将能够限制输出的数目，并减少测量本身产生的负载（函数 On Time 将不再继续循环）。

e）Check the Request/Action Queues（检查请求/动作队列）。使用此参数可识别队列中的缓慢增长，这种增长最终（在几小时或几天后）将导致出现错误消息"超过 10 000 个动作待处理（More Than 10 000 Actions to Work）"。这些参数还可以检查各个画面，以便正确进行动作编程。"扫描速率（ScanRate）"值可用于定义应在增加了多少个新作业后检查队列的长度。如果队列的增长超出在"梯度（Gradient）"中所定义的值，则将以 printf 的形式输出警告。例如，如果输入"扫描速率（ScanRate）"为"100"且"梯度（Gradient）"为"30"，则每放置 100 个新条目（动作）到队列中，即会检查队列的增长是否超过 30 个条目（100 个新作业中得到处理的少于 70 个）。如果是，则诊断信息将以 printf() 的形式输出。

④ 填充变量（Fill Tags）。使用菜单命令"填充变量（Fill Tags）"可启动将重要诊断值保存在变量中的功能，"填充变量"对话框如图 13-18 所示。

诊断变量在 WinCC 项目的创建期间生成，并可按通常的方式使用，也可使用内部函数 FillDiagnoseInTags()启动和关闭该功能。该函数的描述请参见 WinCC 帮助。

注意：*写入诊断值会产生额外的基本负载。由于诊断值也必须写入变量中，因此各个启动动作的运行时间将延长。因此，该功能只应短时启动。*

WinCC 诊断变量：

@SCRIPT_COUNT_TAGS，此变量包含当前通过脚本请求的变量数。

@SCRIPT_COUNT_REQUEST_IN_QUEUES，此变量包含当前的作业数。

@SCRIPT_COUNT_ACTIONS_IN_QUEUES，此变量包含当前待处理的动作数。

（2）输出（Output）

1）输出到画面（Output On Screen）。使用菜单命令"输出到画面（Output On Screen）"将打开一个诊断窗口，如图 13-19 所示。

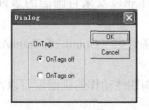
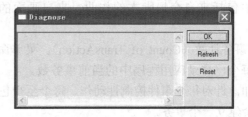

图 13-18 "填充变量"对话框　　　　　图 13-19 "输出到画面"对话框

迄今所收集的跟踪条目将输出到该窗口中。与"输出窗口（Output Window）"不同，诊断窗口只有在已打开并使用"刷新（Refresh）"按钮时才更新，仅当执行"复位"或诊断缓冲区已写满时，才删除这些内容。

2）输出到文件（Output To File）。菜单命令"输出到文件（Output To File）"可用于将迄今所收集的跟踪条目一次性存储到文本文件中，如图 13-20 所示。

图 13-20 "输出到文件"对话框

3）复位缓冲区（Reset Buffer）。使用菜单命令"复位缓冲区（Reset Buffer）"将删除迄今所收集的跟踪条目。

该功能与诊断窗口中的"复位（Reset）"按钮相对应。

（3）信息（Info）

1）第一个动作（First Action）。菜单命令"第一个动作（First Action）"将提供正在运行的动作的相关信息，进而可用于识别队列中处于首位的动作，例如，由于循环而阻塞了其他动作处理的动作。

与 OnErrorExecute 类似，当前正在处理的动作将被输出到文本文件中。此外，还将输出这些动作的堆栈，以便能够识别动作是否在 DLL 调用中被挂起等问题。

与当前处理的动作相关的信息，将再次作为 OnErrorExecute 输出。

2）连接计数（Count of Connections）。菜单命令"连接计数（Count of Connections）"将列出已经与动作控制建立了连接的所有应用程序。

3）请求队列中的动作计数（Count of Actions in RequestQueue）。菜单命令"请求队列中的动作计数（Count of Actions in RequestQueue）"将输出当前队列中待处理的动作数。

其中包括来自全局脚本的作业、来自画面的周期性作业以及来自画面的事件控制性作业。

4）事务计数（Count of TransAction）。菜单命令"事务计数（Count of TransAction）"将列出每个已登录应用程序中的当前事务数。

例如，针对每个事件控制性动作、每个至少包含一个周期性动作的画面窗口以及各全局脚本均会建立一个事务。

5）各个事务的动作计数（Count of Actions of Each Transaction）。菜单命令"各个事务的动作计数（Count of Actions of Each Transaction）"将列出各事务中包含的动作数。

输出采用以下形式：

① 应用程序的名称。

② 事务的编号。

③ 动作数。

在列表的结尾将输出动作的总数。

6）各个事务中的变量计数（Count of Tags in Each Transaction）。菜单命令"各个事务中变量的计数（Count of Tags in Each Transaction）"将列出各事务中所请求的变量数。

输出采用以下形式：

① 应用程序的名称。

② 事务的编号。

③ 变量进入系统的周期时间。

④ 变量数。

在列表的结尾将输出事务中请求的变量总数。

7）周期中的动作计数（Count of Actions in Cycle）。菜单命令"周期中的动作计数（Count of Actions in Cycle）"将按触发器分类列出周期性动作数。

8）函数计数（Count of Fuctions）。菜单命令"函数计数（Count of Functions）"提供标准函数和项目函数的数目，并按名称列出这些函数。

（4）跟踪点（Trace Point）

使用菜单命令"改变等级（Change Level）"可以更改某些跟踪点的级别。

例如，如果仅需要某一个跟踪点，则可以将相应级别设置得较高，不再受其他跟踪点干扰。

要更改级别，可以双击所需跟踪点的"Actual Level"，在对话框中设置所需级别，单击"确定"按钮离开对话框，通过复位再次设置原始级别。

（5）输出窗口（Output Window）

用于打开或关闭输出窗口，如图 13-21 所示。

输出窗口对应应用程序窗口 GSC 诊断，具有下列优点：

1）它独立于组态，不必访问组态，特别是第三方项目。

图 13-21　输出窗口

2）画面变化后，它仍可见。

3）甚至可以在激活运行系统之前打开它，因此可以在加电期间显示错误消息，而应用程序窗口 GSC 诊断在此期间仍隐藏错误消息。

13.2.2　通信诊断

通信诊断用于查明并清除 WinCC 和自动化系统间的通信故障。

在一个项目中，WinCC 站上的通道单元可能对应多个连接，一个连接下有多个变量。如果通道单元下的所有连接都有故障，那么首先应检查此通道单元对应的通信卡的设置和物理连接；如果只是部分连接有问题，而通信卡和物理连接是好的，那么应检查所建立连接的设置，即检查连接属性中的站地址、网络段号、PLC 的 CPU 模块所在的机架号和槽号等是否正确；如果故障表现在某个连接下的部分变量，则这些变量的设定地址有误。

1．驱动程序连接状态

通常在运行系统中会首先识别出在建立连接时发生的故障或错误。当 WinCC 项目建立好通信连接并完成通信组态之后，激活 WinCC 项目。单击 WinCC 项目菜单栏的"Tools"菜单中"Status of Driver Connections"选项，打开"Status-Logical Connections"对话框，如图 13-22 所示，可显示当前运行的 WinCC 项目的所有与自动化系统 PLC 连接的通信状态。如果通信已连接上，在状态栏中显示"OK"；如果没连接上，在状态栏中显示"Disconnec"，表示组态或硬件错误。

2．通道诊断

WinCC 提供了一个工具软件 Channel Diagnosis（通道诊断），如图 13-23 所示。通过选择"开始"→"SIMATIC"→"WinCC"→"Tools"→"Channel Diagnosis"可以打开通道诊断应用程序。

在运行系统中，WinCC 通道诊断为用户既提供了激活连接状态的快速浏览，也提供了有关通道单元的状态和诊断信息。

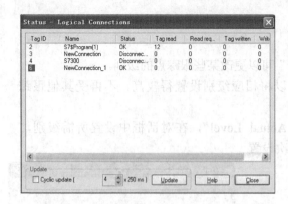

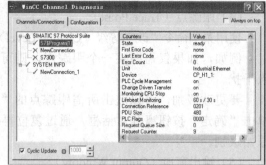

图 13-22 "Status-Logical Connections" 对话框　　　　　　　图 13-23　Channel Diagnosis

3. 变量的诊断

在运行系统的变量管理器中，可用查询当前变量的质量代码和变量改变的最后时刻来进行变量的诊断。

在 WinCC 项目激活状态下，将鼠标指针指向要诊断的变量，会出现一个提示框，如图 13-24 所示，提示框中显示了该变量的过程值、质量代码和最后的修改时间等信息。通过质量代码可查出变量的状态信息。如果质量代码为 80，则表示变量连接正常；如果质量代码不为 80，则可通过质量代码表来查找原因。

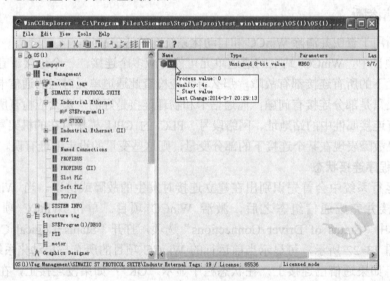

图 13-24　诊断变量的状态

13.3　习题

1. 在 STEP 7 全集成自动化框架内，组态 WinCC 工程并组态 TIA 集成诊断功能。
2. 简述 WinCC 通信诊断的几种方法。
3. WinCC 脚本诊断提供了哪些工具？

第14章 文 本 库

本章学习目标

了解 WinCC 对多语言的支持，掌握文本库和文本分配器的使用方法，掌握多语言画面、多语言消息的组态方法。

14.1 创建多语言项目

通常，WinCC 允许为安装在操作系统上的每种语言创建项目。安装 WinCC 时也提供了一组可用来设置 WinCC 组态界面的语言，标准安装版的 WinCC 包括德语、英语、西班牙语、意大利语和法语，而亚洲语言版本的 WinCC 可安装日语、中文（繁体或简体）、朝鲜语和英语。

如果组态项目时项目工程师的母语为一种语言，而项目产品所应用的对象语言为另一种或几种语言，则需要进行语言的转换，WinCC 支持创建在运行系统中以多种语言运行的项目。

如果要把项目用在另外一台计算机上，则目标计算机上的 WinCC 必须安装与源计算机相同的语言。

14.1.1 WinCC 中的语言支持

当使用 WinCC 创建多语言项目时，可在多种系统级别上对语言进行设置，需要注意不同级别之间的差异。

1. 操作系统语言

操作系统语言是在操作系统中所设置的语言环境，类似 WinCC 这样的"非 Unicode"应用程序在其中运行。

2. 操作系统用户界面语言

操作系统用户界面语言是指显示操作系统的 GUI 时所使用的语言，所有 Windows 的菜单、对话框和帮助文本都以这种语言进行显示。组态期间，在 WinCC 组态中以操作系统用户界面语言显示一些系统对话框，如"打开"和"另存为"对话框等。操作系统用户界面语言只有在多语言操作系统中才能进行切换。

3. WinCC 用户界面语言

WinCC 用户界面语言是指 WinCC 组态中的项目界面语言，也就是组态期间显示 WinCC 菜单、对话框和帮助时所使用的语言。安装期间，可将任意一种语言设置为所安装的 WinCC 用户界面语言。安装 WinCC 时所选择的语言在首次启动 WinCC 时将被设置为

WinCC 用户界面语言，下次启动时，使用上次设置的用户界面语言来显示界面。

4．项目语言

项目语言是指用于创建项目的语言。为了在运行系统中有多种语言可供使用，可创建一个包含多种项目语言的项目。除了随 WinCC 安装的语言外，还可选择操作系统所支持的任何其他语言为项目语言。

14.1.2　多语言组态环境

1．语言组合

如 14.1.1 所述，WinCC 和操作系统上存在各种不同的语言设置选项，所以可进行许多不同的语言组合。

1）在首选语言下组态单语言项目：操作系统语言、操作系统用户界面语言、WinCC 用户界面语言和组态语言都是相同的。

2）用非首选语言组态单语言项目：操作系统用户界面语言和 WinCC 用户界面语言均属于首选语言，项目语言则是系统运行中希望实现的语言。如果组态亚洲语言（如中文简体），则要正确设置操作系统语言以保证显示所使用的字符集。

3）组态一个多语言项目，一种语言是首选语言：操作系统用户界面语言和 WinCC 用户界面语言均属于首选语言，项目语言则是系统运行中希望实现的语言。以首选语言组态项目，并在项目完成时移交用于翻译的文本。

4）使用不同语言的项目工程师在一台计算机上组态：可以选择一种中性语言（如英语）作为操作系统用户界面语言。各位组态工程师都可将 WinCC 用户界面语言设置为自己的首选语言，随后将在运行系统中显示的语言设置为项目语言。

2．操作系统要求

在组态多语言项目时，操作系统必须满足下列要求：

1）操作系统上必须安装有项目语言。

2）操作系统上必须制定正确的系统区域设置（操作系统语言）作为默认设置，特别是采用亚洲语言进行组态时。

3）操作系统上必须提供任何要使用的特殊字体，尤其是非拉丁字体，如西里尔字母或亚洲语言字体。

4）必须在操作系统中安装相应输入法来输入字体，对于每个正在运行的应用程序，可以选择不同的输入法。

3．组态多语言的编辑器

（1）文本分配器

文本分配器是一种可用于轻松导出 WinCC 项目中与语言相关文本的工具，导出的数据在外部程序中进行翻译，翻译后再次导入这些文本。

（2）文本库

除图形编辑器的文本外，所有项目文本均在文本库中进行集中管理。文本库可以集中设置字体，对于翻译文本，既可以直接在"Text Library"编辑器中翻译，也可以利用文本分配器使用导出和导入功能。

（3）图形编辑器

项目画面中可包括不同的文本元素，如 Active 控件的静态文本、工具提示或标签等。来自图形编辑器的文本将存储在与它相关的画面，可以通过文本分配器导出要翻译的文本，也可以直接在图形编辑器中输入译文。

（4）报警记录

报警记录用于组态运行系统中所出现的报警消息。消息系统的文本将集中在文本库中进行管理，可以在报警记录编辑器或者文本库编辑器中直接翻译文本，也可以通过文本分配器导出要翻译的文本。

如果存在数量极大的消息文本，建议将其导出使用 SIMATIC STEP7 进行组态。来自 SIMATIC 管理器的报警记录文本在传送完成后存储在文本库，且必须在文本库中进行翻译。

（5）报表编辑器

报表编辑器用于为系统所发出的报表组态布局以及为项目的项目文档创建模板。

（6）用户管理器

在用户管理器中组态的授权均与语言有关，且在文本库中集中管理，通过文本库翻译这些文本或者通过文本分配器导出文本进行翻译。

（7）用户归档

用户归档中所有文本均集中在文本库中进行管理，通过文本库翻译这些文本或者通过文本分配器导出文本进行翻译。

（8）画面目录树管理

来自该 WinCC 选件中的文本均集中在文本库中集中管理，通过文本库翻译这些文本或者通过文本分配器导出文本进行翻译。

14.1.3 多语言项目创建步骤

多语言项目的创建步骤如下：

1）在操作系统上安装所需要的字体和输入法。如果组态非拉丁字体，则可用的相关字体必须是小字体。

2）在操作系统上激活希望组态的语言。

3）安装 WinCC 完整版，它带有 WinCC 用户界面语言使用时所需要的所有语言。如果后来再装语言，则这些语言的标准文本都不会自动传送给文本框

4）在创建项目时，WinCC 图形用户界面语言即为安装 WinCC 时所选用的语言。重新启动，WinCC 将以最近设置的 WinCC 用户界面语言打开。

5）使用熟悉的语言组态项目。该项目语言以后将用作文本翻译的基础。

6）使用文本分配器导出文本记录，生成若干个要翻译的文件。

7）在外部编辑器中翻译文本。

8）重新导入已翻译的文本。

9）在运行系统中测试已翻译完的项目。

14.2 文本库和文本分配器

14.2.1 文本库的使用

除来自图形编辑器的文本外，项目中的所有文本都集中在文本库中进行管理。每个文本条目都将分配一个唯一的 ID 号，根据 ID 号来索引 WinCC 中的文本，如图 14-1 所示。可以看出，文本库以表格的形式表示了不同语言的文本对应关系。

在图 14-1 所示的文本库中，可以对文本库中的文本进行编辑。

（1）添加行

如果需要在文本库中添加新的一行，可以在文本库的末尾进行操作，输入相应的文本信息，系统自动分配文本 ID 编号。

（2）删除行

选中文本库的某一文本或某一行文本，通过菜单命令"Edit"或在文本库的表格单击右键选择"Delete line(s)"选项可以删除选中的信息。

（3）复制和粘贴文本

如果文本在文本库中反复出现，则可复制单个术语，然后将其粘贴在其他位置。

（4）设置字体

可为文本库中创建的每一种语言自定义一种字体，对于非拉丁文字尤其重要。通过菜单命令"Language"→"Settings"，然后选择所要设置字体的语言，打开"Font"对话框，如图 14-2 所示，设置字体、字体样式和字号。

图 14-1 文本库

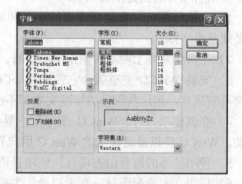

图 14-2 "Font"对话框

如果新选择的语言来源于前一种语言之外的其他语言区，则还需改变操作系统语言（系统位置），以便字符集可在正确的代码页下工作。在切换语言之后，要重新启动操作系统。

（5）创建和删除语言

在组态新的语言或将其用于翻译之前，必须在文本库中创建相应的列。在文本库最多可以同时创建 31 种语言，可以使用操作系统支持的所有语言。通过菜单命令"Language"→"Add/Remove"打开"Add/Remove Language"对话框，如图 14-3 所示，从左边的列表中选择所期望的语言，单击">"按钮，然后单击"OK"按钮将为所选择的语言创建一个不带条目的新列。重复此操作可以添加更多语言序列。

如果不再打算在项目中使用某种语言，则可在右边的列表中选择要删除的语言，单击"<"按钮，然后单击"OK"按钮将其从文本库中删除，项目中该语言下的所有条目均将删除。

（6）过滤

通过菜单命令"Tools"→"Filter"，打开"Filter settings"对话框，如图 14-4 所示，可以选择显示或隐藏各编辑器中的文本记录。

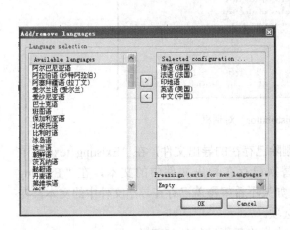

图 14-3 "Add/Remove Language"对话框

图 14-4 "Filter settings"对话框

14.2.2 文本分配器的使用

文本分配器用来导出和导入文本，操作如下：

1. 导出文本

导出文本的步骤如下：

1）在 WinCC 项目管理器浏览窗口中打开文本分配器，或者通过文本库中菜单命令"Tools"→"Export"也可以打开文本分配器。打开的文本分配器如图 14-5 所示。

2）选中或取消选中要从中导出文本的编辑器，必要时，选中或取消选中编辑器的单个对象。

3）在"Export files"区域的"Path"中确定存储导出文件的路径。

4）在"File prefix"中输入有意义的描述，导出的所有文件名均以此开头。

5）在"File format"中选择导出文件的格式"*.txt"或"*.csv"。

6）进行导出设置，如果要导出单个语言，在"Languages"区域，单击"Selection"按钮，选择所需语言。

图 14-5 "Text Distributor" 对话框

7）确定如何处理已存在的文本。如果要删除已存在的导出文件，在"Existing texts"中选择"Delete existing texts"选项；如果要替换已存在导出文件中的文本，在"Existing texts"中选择"Replace existing texts"选项；如果不希望覆盖已存在导出文件中的文本，在"Existing texts"中选择"Keep existing texts"选项。

8）单击"Export"按钮启动导出过程。文本导出后再进行外部翻译。

2．导入文本

导入文本的步骤如下：

1）打开文本分配器。

2）转到"Import texts"选项卡。

3）使用"Import files"中"Path"，确定要导入文件的路径。

4）选中或取消选中要从中导入文件的所需编辑器。

5）在"File prefix"中，输入与文本一起导出的描述，创建的所有导出文件的文件名均以此开头，可以导入的对象将被列出。

6）在"File format"中选择文件的格式。

7）进行导入设置，如果要导入单个语言，在"Languages"区域，单击"Selection"按钮，选择所需语言。

8）确定如何处理已存在的文本。如果要替换已存在的文本条目，在"Existing texts"中选择"Replace existing texts"选项；如果不希望覆盖已存在的文本条目，在"Existing texts"中选择"Keep existing texts"选项。

9）单击"Import"按钮启动导入过程。

14.3　图形编辑器中的多语言画面

14.3.1　图形编辑器中多语言画面描述

1．图形编辑器中的文本

在图形编辑器中，可以以安装在操作系统中的所有语言创建图形对象的文本。

在"Graphics Designer"中组态的文本与各画面一起保存。文本列表对象是一个特殊情况，对于它来说，可以选择是在画面本身中还是在文本库中存储所组态的文本。默认情况下，文本存储在画面中。

某些 ActiveX 控件具有不可为其切换语言的诸如列名称、窗口标题或轴标签等文本属性。在 WinCC 中，这些属性以随 WinCC 安装的所有语言进行存储，并在运行系统中正确显示。如果不是以通过 WinCC 安装的语言进行组态，则这些单元在运行系统中都将以默认运行系统语言（英语）显示。

2．图形编辑器中的语言切换

打开图形编辑器时，所选的运行系统语言将被设置为组态语言。如果希望检查译文或者直接使用其他语言输入文本，则变更"Graphics Designer"中的组态语言，这要求已在操作系统中安装了所需要的组态语言。

要变更项目语言，通过图形编辑器菜单命令"View"→"Language"打开语言选择对话框，其列表框将显示系统中所有可用语言。

切换之后，所有已组态的文本都以所选语言进行显示。如果尚未组态语言，则将使用字符"???"显示其文本，而不会实际显示该文本。

当前项目语言显示在"Graphics Designer"的状态栏中。

14.3.2　组态图形编辑器中多语言画面

在图形编辑器中组态多语言画面对象，步骤如下：

1）组态首选语言下的所有画面和画面对象。

2）翻译画面文本，有两种选择：

① 对于少量的文本在"Graphics Designer"中直接输入翻译后的文本，即切换图形编辑器中的项目语言，并以适当的语言直接在对象中输入所翻译的文本。

② 对于大量文本，建议进行外部翻译：

a）利用文本分配器导出所需翻译文本。

b）在外部编辑器如 Excel 中翻译文本。

c）利用文本分配器将所翻译的文本导入。

3）在相关对象中设置正确的字体。

4）切换图形编辑器中的项目语言，以便检查译文是否完整，未翻译文本显示为"???"。

14.4　报警记录中的多语言消息

14.4.1　与语言有关的消息对象

"Alarm Logging"编辑器可以查找用户文本和标准文本，这两种文本均存储在文本库中。

1．用户文本

用户文本是用户自己组态的文本，用户文本记录包含以下内容：

1）消息类别的名称。

2）消息块的名称。

3）消息类型的名称。

4）消息文本。

5）错误点。

用户文本在输入后立即输入到文本库中。

2．标准文本

标准文本记录使用与 WinCC 一起安装的语言。初次调用"Alarm Logging"编辑器或创建 WinCC 系统消息时，标准文本记录将在文本库的相应语言列中进行输入。标准文本在默认状态下将拥有消息类别、消息类型和消息块的名称，可改变报警记录编辑器和文本库中的标准文本记录。

3．信息文本

信息文本属于用户文本的一种，帮助文本不存储在文本库中，且不能改变其语言。如果只是为一种语言进行组态或一种中性语言（英语）输入文本，才可使用帮助文本。

14.4.2　组态报警记录中的多语言消息

由于报警记录存储在文本库中，所以如果组态的只是少量的消息文本，则可将目标语言消息文本输入到报警记录中，或直接在文本库中对其进行翻译；若已经组态的是大量的消息文本，则使用导入导出功能在外部对其进行翻译后重新导入。

组态步骤如下：

1）打开报警记录，将首选语言设置为项目语言。

2）以首选语言组态所有消息系统文本。

3）若要在报警记录中翻译消息系统文本，则切换项目语言，并输入目标文本语言文本，同时，标准文本也要翻译。

4）若要借助文本分配器翻译消息系统文本，则可以导出文本在外部进行翻译，再重新导入翻译完的文本。

14.5　运行系统中的语言选择

14.5.1　设置运行系统计算机的启动组态

可在 WinCC 项目管理器的计算机属性中，集中设置在运行系统中显示的项目所使用的语言。只能选择在文本库中已经创建的语言作为运行系统语言。

在 WinCC 项目管理器中，鼠标右键单击"Computer"，在弹出菜单中选择"Properties"选项，在"Computer Properties"对话框中选择"Parameters"选项卡，在"Language Setting at Runtime"中选择在运行系统启动项目时所用的语言，在"Default Language at Runtime"中选择用于显示图形对象中文本的语言，如果不存在"Language Setting at Runtime"中对应语言的译文，则相应的文本将以此运行系统默认语言显示。

14.5.2 组态语言切换

用户自己可以在操作元素内组态语言切换，或使用预组态的 WinCC 对象更改语言。

1. 预组态的 WinCC 对象更改语言

下列预组态的 WinCC 对象都是可用的：

1）使用鼠标进行操作的每种 WinCC 语言按钮。

2）用键盘进行操作的每种 WinCC 语言的热键符号。

3）在两种或所有可用 WinCC 语言之间切换的单选按钮列表，将用于更改语言的 WinCC 对象从 WinCC 库（"Operation"组、"Buttons Language"子组）拖放到画面中，如图 14-6 所示。

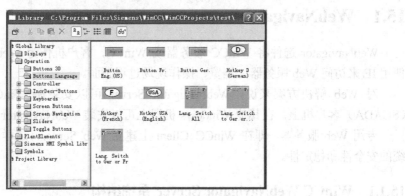

图 14-6   WinCC 库中语言切换按钮

2. 组态画面对象中的语言切换

1）用于在两种语言之间进行切换的按钮。

如果使用按钮，也可组态一个可用来再次切换回另一语言的按钮。通过使用切换功能，只使用一个按钮就可来回切换语言。

2）操作员用来直接输入语言的输入/输出域。

3）用于选择语言的单选按钮或复选按钮。

其中方案 2）和 3）需要脚本编程。

14.6   习题

1. 使用 WinCC 时的语言设置有哪些，它们之间的关系如何？

2. 使用文本分配器进行文本导出导入的步骤是怎样的？

3. 通过实例演示多语言项目的组态过程。

第15章 WinCC 选件

本章学习目标

了解 WinCC 的 WebNavigator 选件、DataMonitor 选件和 ConnectivityPack 选件的功能及各自的应用场合和应用方法；能够根据项目的不同要求恰当地选用选件；掌握主要选件的使用方法，并了解用户归档选件。

WinCC V7.0 的安装盘中有 WebNavigator、DataMonitor 和 ConnectivityPack 选件可供选择安装，下面详细介绍这三个 WinCC 选件的使用。

15.1 WebNavigator

WebNavigator 选件将 WinCC 服务器或 WinCC，客户机作为 Web 服务器，Web 客户机使用 IE 来访问 Web 服务器，浏览、操作现场过程画面。

对 Web 解决方案来说，WebNavigator Server 可以安装在 WinCC 单用户、服务器和（SCADA）客户机上，在其他 Windows 机器上可以安装 WebNavigator 客户机。

专用 Web 服务器，即在 WinCC Client 上建立 Web Server，这样可以最大程度地保证系统的安全性和稳定性。

15.1.1 WinCC WebNavigator Server 系统结构

1. 在 WinCC Server 上建立 Web Server

在 WinCC Server 上建立 Web Server 如图 15-1 所示。

2. WinCC Server 与 Web Server 分离

（1）通过通道进行通信

一组自动化系统被分配给 WinCC 服务器。项目包括诸如程序、组态数据和其他设置等所有数据。在包含 WinCC 和 WinCC WebNavigator 服务器的计算机上，WinCC 项目按 1∶1 的比例建立镜象，不与自动化系统联网，数据通过 OPC 通道进行同步。为此，WinCC WebNavigator 服务器需要一个与 OPC 变量数对应的许可证，部署两道防火墙以保护系统免受未经授权的访问。第一道防火墙保护 WebNavigator 服务器免遭来自 Internet 的攻击；第二道防火墙为 Intranet 提供了额外的安全性，如图 15-2 所示。

（2）通过过程总线进行通信

在包含 WinCC 和 WinCC WebNavigator 服务器的计算机上，WinCC 项目按 1∶1 的比例建立镜象，数据通过过程总线进行同步，部署两道防火墙以保护系统免遭未经授权的访问，如图 15-3 所示。

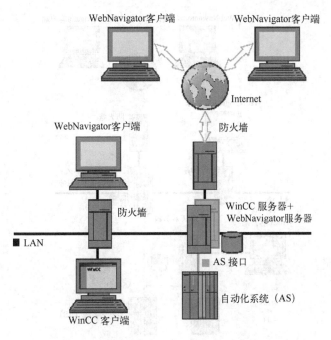

图 15-1　在 WinCC Server 上建立 Web Server

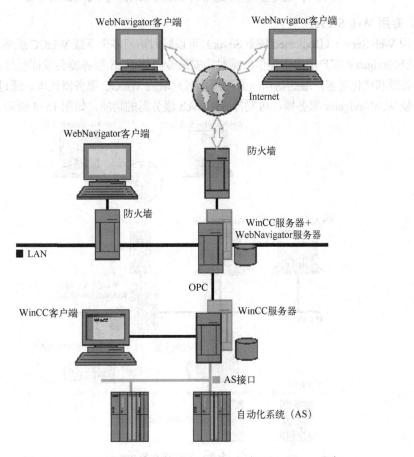

图 15-2　通过通道通信方式的 WinCC Server 与 Web Server 分离

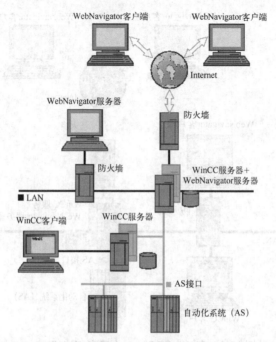

图 15-3　通过过程总线通信的 WinCC Server 与 Web Server 分离

3．专用 Web Server

专用 Web Server（Dedicated Web Sever）可以同时访问多个下级 WinCC 服务器，在大型系统中向 WebNavigator 客户端集中提供数据时，安装专用的 Web 服务器会发挥明显作用。专用 Web 服务器处理和优化对客户端的访问，并可用作客户端的 WinCC 服务器代理。通过在 WinCC 客户端上安装 WebNavigator 服务器，可发挥专用 Web 服务器的功能，如图 15-4 所示。

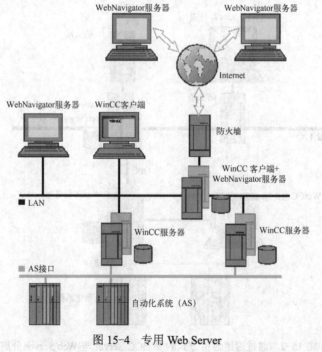

图 15-4　专用 Web Server

15.1.2　WebNavigator 安装条件

WebNavigator 包括安装在 Server 上的 WebNavigator Server 组件和运行在 Internet 计算机上的 WebNavigator Client 组件。监控 WinCC WebNavigator Client 上的画面，就如同平常的 WinCC 系统一样，可在任何位置监控运行在 Server 上的工程。WebNavigator 安装条件见表 15-1。

表 15-1　WebNavigator 的安装条件

安装类别	操作系统	软件	最低硬件配置要求	其他
WinCC Web Navigator Client 安装要求	Windows NT4.0SP6a 或更高版本 Windows2000 专业版 SP2 或 SP3 Windows XP Home Windows XP 专业版 Windows XP 专业版 SP1	Internet Explorer 6.0 SP1 或更高版本	没有特别的硬件要求但 IE6.0 必须能够运行	能够访问 Internet/Intranet 或能通过 TCP/IP 连接到 Web Server
WinCC Web Navigator Server 运行在 WinCC 单用户或 Client 系统时的安装要求	Windows XP 专业版 SP2 或 SP3 Windows XP 专业版 Windows XP 专业版 SP1	Internet Explorer 6.0 SP1 或更高版本	没有特别的硬件要求但 IE6.0 必须能够运行	能够访问 Internet/Intranet 或能通过 TCP/IP 连接到 Web Server
WinCC Web Navigator Server 运行在 WinCC Server 系统时的安装要求	Windows 2000 Server Windows 2000 Advanced Server	Internet Explorer 6.0 SP1 或更高版本 Internet 6.0 基本版本或更高版本	512M RAM 500MB 可用硬盘空间，网络接口	

15.1.3　SIMATIC WinCC/WebNavigator Server V7.0 SP1 的安装

WebNavigator Server V7.0 SP1 的安装步骤如下：

1）Internet 信息服务（IIS）的安装。其流程为：开始→设置→控制面板→添加或删除 Windows 组件→选择 Internet 信息服务（IIS）→下一步→安装完成后重新启动计算机，如图 15-5 所示。

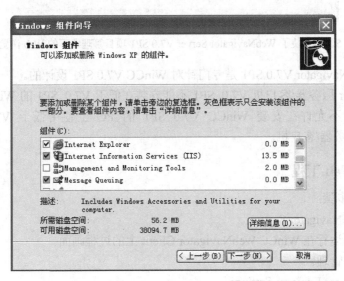

图 15-5　Internet 信息服务（IIS）的安装

2）安装 WebNavigator Server V7.0 SP1 选件。在安装 WinCCV7.0 的软件包中，选择
WebNavigator Server→下一步。

3）安装了 WebNavigator Server V7.0 SP1 选件后，打开 WinCC 项目，在项目管理器下
看到"Web Navigator"选项，如图 15-6 所示。

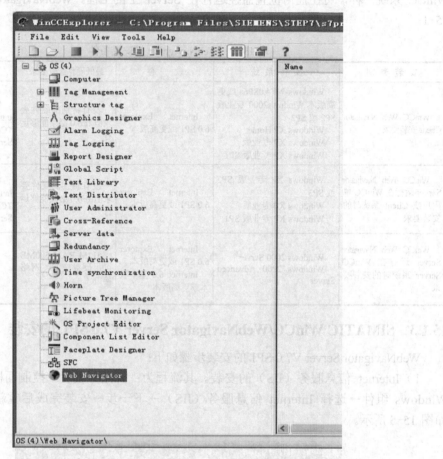

图 15-6 安装了 WebNavigator Server V7.0 SP1 项目管理器下的 Web 浏览器

WinCC WebNavigator V7.0 SP1 是专门针对 WinCC V7.0 SP1 设计的。

WebNavigator 服务器/客户机 V7.0 SP1 不能安装在低于 V7.0 SP1 的 WinCC 版本的计算
机上。同样，也不允许在安装 WinCC V7.0 SP1 的 PC 上使用低于 V7.0 SP1 版本的
WebNavigator 服务器/客户机。

15.1.4 组态 Web 工程

组态分以下步骤：

1）组态 WebNavigator Server。

2）发布能够运行在 WinCC WebNavigator Client 上的过程画面。

3）组态用户管理。

4）组态 Internet Explorer Settings。

270

5）安装 WinCC WebNavigator Client。

6）创建新的过程画面。

在安装了 WinCC 的 WinCC 服务器上或 WinCC 客户机上，组态 Web 服务器的步骤如下：

1．创建新的标准 Web Site 即 HMI 站点

1）在 WinCC 项目的浏览窗口选择"WebNavigator"，右键单击并选择"Web Configurator"。

2）在网络信息服务器即 IIS 下快速建立一个 HMI 应用的站点，给出站点 WebNavigator，从可选的区域中选择 IP 地址，单击"Finish"按钮完成 WebNavigator Server 的组态，如图 15-7 所示。

2．发布过程画面

1）在 WinCC 项目的浏览窗口选择"Web Navigator"，右键单击并选择"Web View Publisher"，如图 15-8 所示。

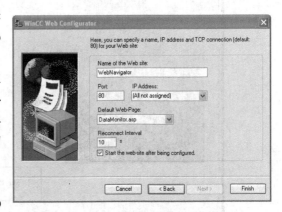

图 15-7　WinCC Web Configurator 参数组态

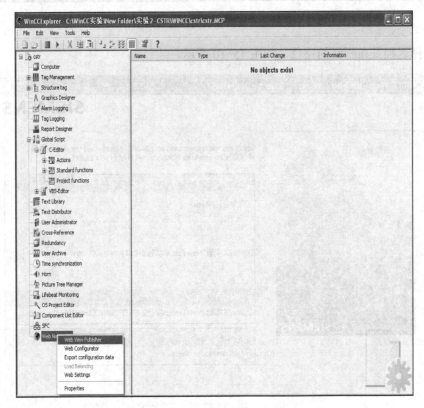

图 15-8　Web 浏览发布器选择

2）打开图 15-9 所示的画面，单击"Next"按钮。

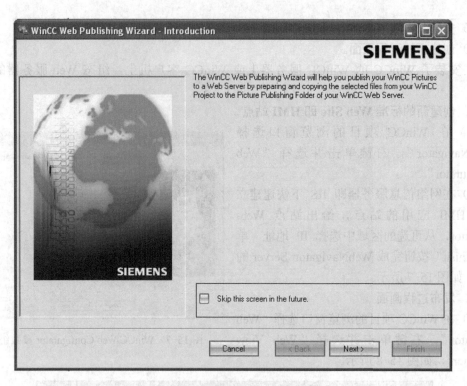

图 15-9　页面发布向导起始画面

3）选择远程发布画面的路径，如图 15-10 所示。

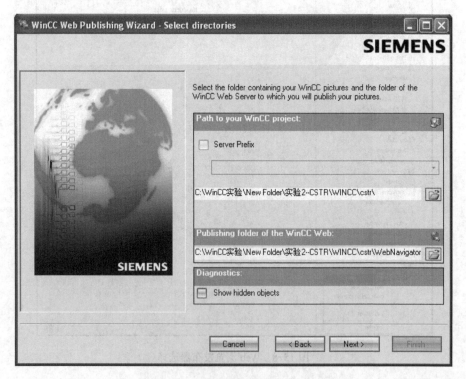

图 15-10　选择远程发布画面的路径

4）单击"Next"按钮。将已发布画面中使用的 C 项目函数移至"Selected Files"列表。无法发布单个 VB 脚本。如图 15-11 所示。

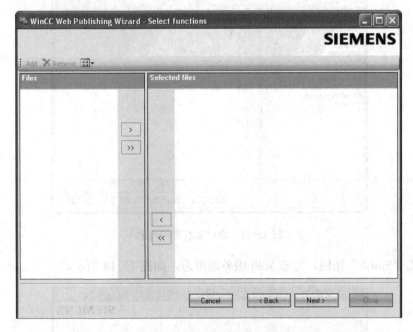

图 15-11　选择要发布的 C 函数

5）将要发布的引用图形移至"Selected Files"列表。如图 15-12 所示。

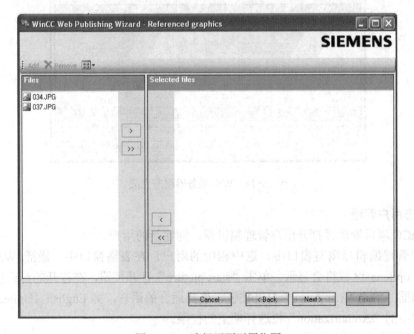

图 15-12　选择画面引用位图

6）单击 按钮选择发布画面的名称，如图 15-13 所示。

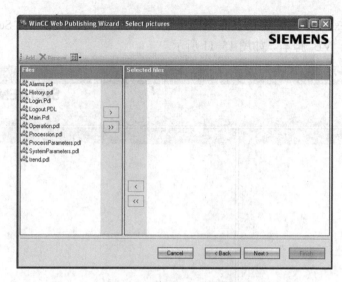

图 15-13　选择要发布的画面

7）单击"Finish"按钮，完成 Web 服务器组态，如图 15-14 所示。

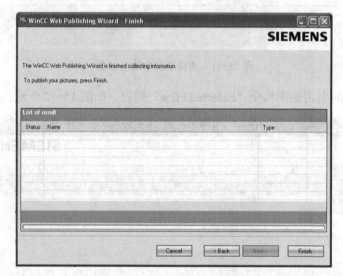

图 15-14　Web 服务器组态完成

3. 组态用户管理

在 WinCC 项目管理器打开用户管理编辑器，创建新的用户。

在用户管理编辑器浏览窗口中，选中相应的用户，在表格窗口中，激活 WebNavigator 选项，Web options 区域将会显示。单击"start picture"打开按钮，在打开的对话框中选择合适的起始画面；单击"Language"打开按钮，选择适合的语言，如 English（United States）；在表格窗口中的"Authorization"栏选择期望的权限。

4. 客户端访问 Web 工程

IE 浏览器设置如下：

1）打开 IE 浏览器，单击"Tools"→"Internet Options"，打开"Internet Options"对话

框，选择安全（Security）选项中的"本地 Intranet（Local Intranet）"，如图 15-15 所示。

2）单击"自定义级别（Custom Level）"按钮，打开如图 15-16 所示"安全设置-Internet 区域"对话框。其中"运行系 ActiveX 控件和插件（Run ActiveX Controls and Plug-ins）"项设置为"启用（Enable）"，"对标记为可安全执行脚本的 Active 执行脚本（Script ActiveX Controls Marked Safe for Scripting）"项设置为"启用（Enable）"。

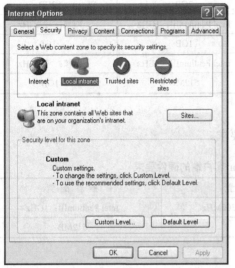

图 15-15 "Internet Options" 对话框   图 15-16 "Security Settings" 对话框

3）单击"OK"按钮，完成在 Internet Explorer 中必需的设置。

5. 安装 WebNavigator Client

1）在 Internet Explorer 的地址栏里输入 WebNavigator Server 的地址，按回车键，在出现的对话框中输入用户名和密码。

如果是第一次访问 WinCC WebNavigator Server，将显示 Web 客户机首次登录画面。

2）单击"Click here to install"链接，把程序复制到客户机上。在打开的"文件下载"对话框中单击"打开"按钮，将文件下载并解压 WinCC WebNavigator Server，然后安装在客户机指定的路径中。

成功安装 WinCC WebNavigator Server 软件后，客户机会被链接到正在运行的服务器工程中。

3）Web 工程。用户定义的画面会被显示。

15.2 DataMonitor

在安装 DataMonitor 时，必须满足某些硬件和软件的组态要求。

15.2.1 DataMonitor 的安装要求

1. 安装 DataMonitor Server 的硬件要求

表 15-2 为安装 DataMonitor Server 的硬件要求。

表 15-2 安装 DataMonitor Server 的硬件要求

DataMonitor 服务器安装类别	CPU/工作内存	最 低 配 置	推 荐 配 置
针对 10 个以上客户端的 WinCC 服务器上的 DataMonitor 服务器	CPU	Intel Pentium 4:2.2GHz	双核；>2.2GHz
	工作内存	2GB	>2GB
运行系统中具有 WinCC 项目的 WinCC 服务器上的 DataMonitor 服务器	CPU	Intel PentiumⅢ；1GHz	服务器；Intel Pentium4；2GHz
	工作内存	2GB	>2GB
WinCC 服务器上的 DataMonitor 服务器	CPU	Intel PentiumⅢ；1GHz	双核；>2.2GHz
	工作内存	1GB	>1GB
WinCC 单用户系统或自带项目的 WinCC 客户端上的 DataMonitor 服务器	CPU	Intel PentiumⅢ；1GHz	双核；>2.2GHz
	工作内存	512MB	1GB

2. 安装 DataMonitor 客户端的硬件要求

表 15-3 为安装 **DataMonitor** 客户端的硬件要求。

表 15-3 安装 DataMonitor 客户端的硬件要求

CPU/工作内存	最 低 配 置	推 荐 配 置
CPU	Intel Pentium Ⅱ ;300MHz	Intel PentiumⅢ；1GHz
工作内存	256MB	512MB

3. 软件要求

安装 DataMonitor 的软件要求见表 15-4～表 15-6。

表 15-4 WinCC 服务器上的 DataMonitor 服务器的软件要求

操 作 系 统	软 件
Windows Server 2003 SP2、Server 2003 R2 SP2 Windows Server 2008 SP2 32 位 Server 2008 R2 SP1 64 位	Internet Explorer V7.0 和更高版本 WinCC Basic System V7.0 SP3 或 WinCC Fileserver V7.0 SP3

表 15-5 WinCC 单用户系统或自带项目的 WinCC 客户端上的 DataMonitor 服务器的软件要求

操 作 系 统	软 件
Windows XP Professional SP3（最多 3 个客户端） Windows 7 SP1（最多 3 个客户端）32 位或 64 位 Windows Server 2003 SP2 或 Server 2003 R2 SP2 Windows Server 2008 SP2 32 位 Server 2008 R2 SP1 64 位	Internet Explorer V7.0 或更高版本 WinCC Basic System V7.0 SP3 或 WinCC Fileserver V7.0 SP3 用于组件 "Excel Workbook Wizard" 和 "Excel Workbook" 的 32 位版 Windows Office 2003 SP3 或 Office 2007

还需要能访问 Intranet/Internet 或与 Web 客户端建立 TCP/IP 连接。

表 15-6 DataMonitor 客户端的软件要求

操作系统	软件
Windows XP Professional SP3 Windows 7 SP1 32 位或 64 位 Windows Server 2003 SP2、Server 2003 R2 SP2 或 Windows Server 2008 SP2 32 位 Server 2008 R2 SP1 64 位 其他可通过 MS 终端服务访问的操作系统，例如 WinCE、Win95	Internet Explorer V7.0 或更高版本 用于组件 "Excel Workbook Wizard" 和 "Excel Workbook" 的 32 位版 Windows Office 2003 SP3 或 Office 2007

15.2.2 安装 DataMonitor

1．DataMonitor V7.0 服务器的安装

（1）从产品 DVD 进行安装

在这种情况下，根据操作系统的不同，将需要特定的 Windows 用户权限。

1）将 WinCC V7.0 安装 DVD 光盘插入 DVD 驱动器中。

2）如果从未禁用自动运行功能，安装程序将在几秒后自动启动。

3）如果从网络驱动器执行安装或者禁用了自动运行功能，则可手动启动安装程序。在 Windows XP 的"开始"菜单中，选择"设置"→"控制面板"→"软件"选项，然后单击"添加新程序"图标，选择需要的安装介质。

4）安装程序启动。

5）单击文本"安装软件"进行安装。

6）选择"DataMonitor 服务器 V7.0 SP1"或"DataMonitor 客户机 V7.0 SP1"组件。当选择 DataMonitor Server 时，Excel Workbook 选件会被自动选择。

7）根据安装程序的指示进行操作。

若要在 DataMonitor 服务器上也安装 DataMonitor 客户机或 WebNavigator Client，其操作步骤如下：

1）使用 Windows 的服务管理器将"CCArchiveConnMon"服务的启动类型设置为手动。

2）重新启动计算机。

3）安装客户机。在安装期间，确保没有 WebNavigator Client 或 DataMonitor 客户机访问服务器。

4）安装完成后，"CCArchiveConnMon"服务启动类型必须切换回自动。

（2）通过 Intranet/Internet 安装

在这种情况下，根据操作系统的不同，将需要特定的 Windows 用户权限。

（3）在网络中使用基于组策略的软件分发进行安装

这种安装可在没有任何用户交互的情况下进行，使用当前用户的 Windows 用户权限即可。

2．DataMonitor V7.0 客户机的安装

1）如果只需要使用"Webcenter"和"Trends and Alarm"，则无需安装 DataMonitor 客户机，可以在客户机 PC 上另外安装"ExcelWorkbook Wizard"。在客户机 PC 上安装"Excel Workbook"需要事先安装"Microsoft Excel 2003 SP3"或"Microsoft Excel 2007"，并将"Excel Workbook"和"ExcelWorkbook Wizard"作为 Excel 的加载项进行安装。

2）可以直接从 WinCC V7.0 DVD 安装盘中安装 DataMonitor V7.0 客户机。

3．安装 Internet 信息服务（IIS）

在安装 DataMonitor 服务器之前，必须先安装 Internet 信息服务（IIS）。安装期间可指定 DataMonitor 服务器的设置。

步骤如下：

1）将 Windows 光盘插入到驱动器中。

2）在 Windows 开始菜单中，选择"设置"→"控制面板"命令，然后单击"软件"符号。

3）打开"添加/删除程序"对话框，并单击"添加/删除 Windows 组件"。

激活上述设置。也可以通过命令行"开始"→"运行"→"cmd"来安装位于安装光盘上的 IIS 组件：

> pkgmgr.exe/iu:IIS-WebServerRole;IIS-WebServer;IIS-CommonHttpFeatures;IIS-StaticContent;IIS-DefaultDocument;IIS-HttpErrors;IIS-ASPNET;IIS-ASP;IIS-ISAPIExtensions;IIS-ISAPIFilter;IIS-Basic Authentication;IIS-WindowsAuthentication;IIS-ManagementConsole;IIS-ManagementService;IIS-IIS6Management Compatibility;IIS-Metabase;IIS-WMICompatibility

4）单击"确定"按钮，关闭对话框后将传送所需的数据并相应地组态 IIS。

15.2.3 DataMonitor 的组件安装

DataMonitor Web Client 由 DataSymphony、DataWorkbook 和 DataView 三个组件组成。这三个组件作为 DataMonitor Web Client 使用时，应注意 DataMonitor Web Server 是建立在 WinCC 服务器上，还是建立在 WinCC 客户端上、WinCC 中央归档服务器上或长期归档服务器上。位置不同，组件的安装也不同，具体见表 15-7 所示。

表 15-7 DataMonitor 组件使用列表

DataMonitor Web Server 建立基础	DataMonitor Web Client
WinCC Server/WinCC Single Station	DataSymphy DataWorkbook DataView
WinCC SCADA Client	DataSymphy DataWorkbook
WinCC Central Archiving Serve	DataSymphy DataWorkbook DataView
WinCC Longoing Term Archiving Server	DataView

1．DataMonitor Server 建立在 WinCC 的服务器上

DataMonitor Server 建立在多用户服务器或 WinCC 单用户服务器上，DataMonitor Client 可以安装 DataSymphony、DataWorkbook 和 DataView 这三个组件来访问 DataMonitor Server 的画面、变量和归档。

2．DataMonitor Server 建立在 WinCC 的客户机上

DataMonitor Server 建立在 WinCC 的 SCADA Client 上，DataMonitor Client 可以安装 DataSymphony 和 DataWorkbook 两个组件来访问 DataMonitor Server 上的画面和变量并支持冗余。因为 WinCC 的 SCADA Client 上没有归档数据，所以 DataMonitor Web Client 不需要安装 DataView。

3．DataMonitor Server 建立在 WinCC 中央归档服务器上

DataMonitor Server 建立在 WinCC Central Archiving Server 上，因为 Central Archiving Server 可以访问和浏览所有 WinCC SCADA Server 上的变量、画面和归档数据，并支持冗余，所以 DataMonitor Client 可以安装 DataSymphony、DataWorkbook 和 DataView 这三个组件。

4．DataMonitor Server 建立在 WinCC 长期归档服务器上

DataMonitor Server 建立在 WinCC Long Term Archiving Server 上，因为 Central Long Term Server 中备份多个 WinCC SCADA Server 的归档数据，所以 DataMonitor Client 可以安装 DataView 组件。但因为 WinCC 长期归档服务器上没有过程组态，所以 DataMonitor Client 没有必要安装其他组件。

15.2.4　DataMonitor V7.0 的新增功能

1．概述

SIMATIC WinCC/DataMonitor 是 SIMATIC WinCC/工厂智能的一个组件。DataMonitor 可用于在 Office 系列软件中提供来自过程级别的数据。

WinCC/DataMonitor 提供了一组用于显示和分析生产数据的强大功能。因此，可以通过 Intranet 或 Internet 直接访问生产数据，也可以有效地监视和分析生产线并创建报告。

2．扩展的用户管理

WinCC DataMonitor 7.0 提供了以下功能，如图 15-17 所示：

1）在 Web 中心内的目录中创建 Web 中心页面。

2）Windows 用户组对 Web 中心中目录的访问权限。

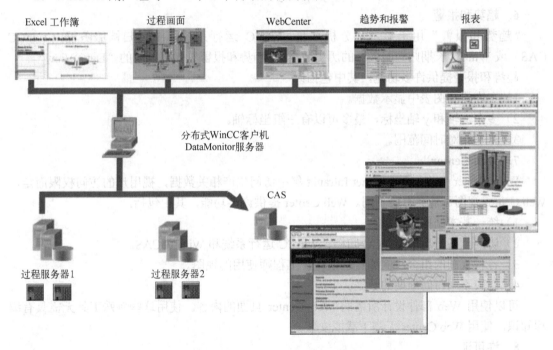

图 15-17　DataMonitor V7.0 特点

3．Excel 工作簿

"Excel 工作簿"是 Microsoft Excel 的一个附件。Excel 工作簿代替了以前的"Dat@ Workbook"并提供许多功能，其中包括：

1）简单的菜单驱动的报表创建。

2）通过 Microsoft Excel 或 Internet Explorer 直接访问 WinCC 数据。

3）用于将 Excel 工作簿集成到用户自己的应用程序中的 VBA 接口。

4. 报表

组件"报表"允许用户在 Internet Explorer 中组态和运行报表模板。创建的报表可以通过电子邮件或 Internet Explorer 中的"下载"进行分发。报表提供许多功能，其中包括：

1）创建 DataMonitor Excel Workbook 或 WinCC Reports 中的模板。

2）事件驱动或基于时间生成报表：每小时、每天、每周以及每月。

3）使用 WinCC 报表模板生成 PDF 文件。

4）保存报表或通过电子邮件发送报表。可以选择是将信息另存为公共报表（所有人都可以访问）还是私人报表（只有特定人员才能访问报表信息）。

5. 过程画面

"过程画面"用于通过 WinCC 过程画面和 Microsoft Internet Explorer 进行监视和浏览。在服务器端，DataMonitor 与 WinCC WebNavigator 工作机制相同，但仅供客户端查看。因此，可使用过程画面实现 WinCC WebNavigator 的新功能和基本过程控制的功能。与基本系统相同，在 Web 客户端中的 C 脚本可以使用有自己头文件的标准函数、全局 C 变量和画面。

"过程画面"代替以前的"Dat@Symphony"。

6. 趋势和报警

"趋势和报警"用于显示和分析来自 WinCC 运行系统、中央归档服务器（WinCC CAS）或 WinCC 长期归档服务器的历史数据。"趋势和报警"代替以前的"Dat@View"。

趋势和报警提供许多功能，其中包括：

1）在表格和图表中显示数据。

2）多个 x 轴和 y 轴坐标，最多可以有三组坐标轴。

3）组态相对时间范围。

7. Web Center

Web Center 允许通过 Internet/Intranet 集中访问生产相关数据，视用户的访问权限而定，Web Center 视图可能会有所不同。Web Center 提供许多功能，其中包括：

1）统一基本结构的模板。

2）访问已备份出的 WinCC 归档、WinCC 运行系统和 WinCC CAS。

3）各种视图的组合，例如管理或维护工程师使用的视图。

4）比较不同时间周期的数据。

可以使用 Web 部件设计所需的 Web Center 页面的内容。使用这些特殊工具无需具有编程知识，使用 Web Center 无需下载或安装。

8. 许可证

使用用于一个客户机的新许可证，可以作为 WebNavigator Client 的一部分在系统中集成一个用于评估和监视的工作站。

15.2.5 组态 DataMonitor 服务器

组态 DataMonitor 服务器需要执行如下步骤：

1）发布数据。

2）执行各种设置。

3）组态 DataMonitor 服务器。

1．发布数据

使用 WebView Publisher，为实现 DataMonitor 的"Process Screens"功能发布过程画面、引用的图形和 C 项目函数。

发布过程画面的操作步骤如下：

1）在 WinCC 项目管理器的浏览窗口中，选择条目"WebNavigator"。

2）打开快捷菜单并选择"Web View Publisher"，启动 WinCC Web View Publisher。如图 15-18 所示。

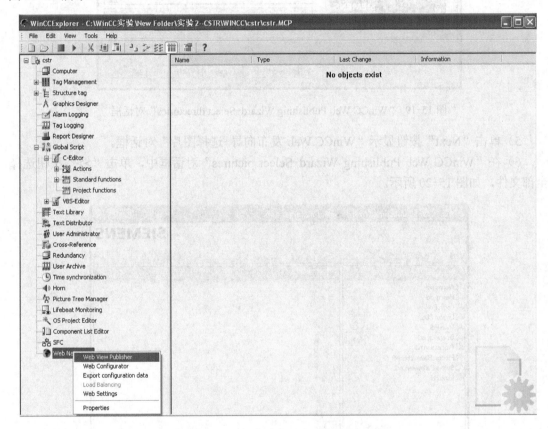

图 15-18　启动 WinCC Web View Publisher

3）在"WinCC Web Publishing Wizard-Introduction"对话框中，单击"Next"按钮，显示"Select directories"对话框。

4）检查所显示的 WinCC 项目的路径以及用于 Web 访问的文件夹，WinCC 项目的路径将显示为"<项目路径>\<项目名称>"，用于 Web 访问的文件夹将显示为"<项目路径>\<项目名称>\WebNavigator"。如果需要，可使用"..."按钮更改路径，如图 15-19 所示。

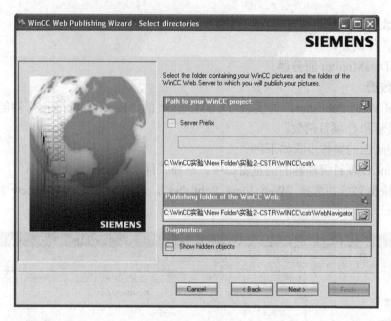

图 15-19 "WinCC Web Publishing Wizard-Select directories" 对话框

5）单击"Next"按钮显示"WinCC Web 发布向导-选择图片"对话框。

6）在"WinCC Web Publishing Wizard-Select pictures"对话框中，单击">>"按钮选择全部文件，如图 15-20 所示。

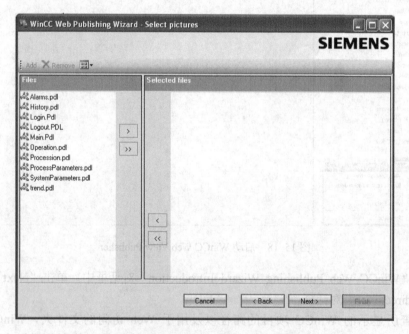

图 15-20 "WinCC Web Publishing Wizard-Select pictures" 对话框

7）单击"Next"按钮，显示"WinCC Web Publishing Wizard-Select functions"对话框。

8）通过">"选择要发布的 C 项目函数。如图 15-21 所示。

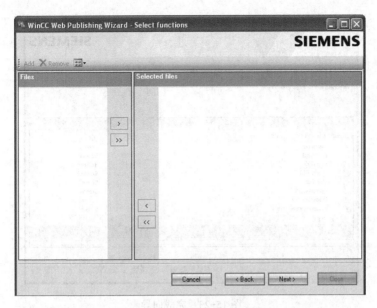

图 15-21 "WinCC Web Publishing Wizard-Select functions" 对话框

9）单击 "Next" 按钮，显示 "WinCC Web Publishing Wizard-Referenced graphics" 对话框。

10）选择在希望发布的过程画面（*.PDL）中要引用的图形，如图 15-22 所示。

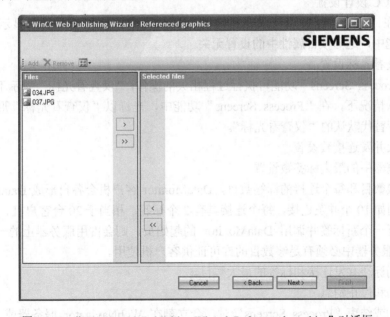

图 15-22 "WinCC Web Publishing Wizard-Referenced graphics" 对话框

11）单击 "Next" 按钮。

12）要发布画面，在 "Finish" 对话框中单击 "Finish" 按钮。完成此过程后，将显示相应的消息。

13）单击 "OK" 按钮，确认输入。

14）要退出 "WinCC Web Publishing Wizard"，单击 "Close" 按钮，如图 15-23 所示。

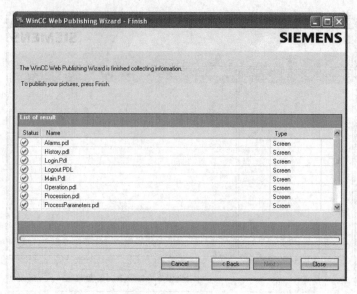

图 15-23 完成向导

2．完成运行系统的设置

使用 WinCC DataMonitor 需要对运行系统进行如下设置：

（1）WinCC 设计设置

可定义在 WinCC 经典设计或在指定的全局设计中，过程画面是否显示在"Process Screens"功能中，这与项目属性中的设置无关。

（2）仅查看光标设置

使用"Process Screens"功能可执行过程相关的操作，"仅查看光标"表示不能执行相关的操作。默认情况下，在"Process Screens"功能中，光标以"仅查看光标"形式使用。可使用其他光标替代默认的"仅查看光标"。

（3）最大并发连接数设置

（4）浏览器中的最大标签数设置

设置连接数目和每个连接的标签数目，DataMonitor 客户机会各自形成 Datamonitor 服务器的负载。例如 10 个并发连接，每个连接具有 2 个标签，相当于 20 台客户机。

如果打开一个新标签并调用 DataMonitor 的起始页，则会占用服务器上的一个许可证，DataMonitor 服务器中必须有足够数目的许可证供客户机使用。

需要分别标注并发连接和标签的最大数目。

（5）启动和停止消息

用户启动或结束"Process Screens"时，会立刻在 WebNavigator 服务器或 DataMonitor 服务器上生成系统消息。

（6）用户名设置

客户机计算机名称、登录时间或注销时间。

3．管理 DataMonitor 的用户

为使用 DataMonitor 客户端上的特定功能，用户需要两次验证，一次验证 DataMonitor 用户身份，一次验证 WinCC 用户身份。对于"WinCCViewerRT"和"Excel Workbook"，使用一个 WinCC 用户身份即可。如果在 DataMonitor 客户端以 DataMonitor 用户和 WinCC 用户身份进行操作，就需要登录两次。通过以下两种方式可以只进行一次登录：

（1）DataMonitor 用户和 WinCC 用户具有相同的名称和密码

此用户必须在 Windows 和 WinCC 中组态，并添加到"SIMATIC HMI"和"SIMATIC HMI VIEWER"用户组。

（2）SIMATIC Logon 允许用户的集中管理

为了将 SIMATIC Logon 与 DataMonitor 结合使用，还必须将 DataMonitor 用户添加到"SIMATIC HMI VIEWER"用户组。

步骤如下：

1）在 WinCC 项目管理器的浏览窗口中，选择条目"User Administrator"，从快捷菜单中选择"Open"命令，将打开"User Administrator"编辑器，如图 15-24 所示。

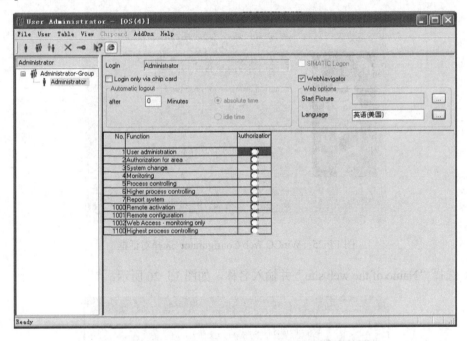

图 15-24 "User Administrator"对话框

2）在浏览窗口中，选择用户或创建新用户。

3）在"User"菜单中选择"Add User"，将打开"Add new user"对话框。

4）在"登录（Login）"中输入名称和不少于六个字符的密码，单击"确定（OK）"按钮。

5）选择新创建的用户。在表格窗口中，选中"WebNavigator"复选框，将显示"Web Options"区域。

6）单击"..."按钮创建起始画面，选择起始画面，如"start.Pd_"。

7）检查所选的语言，必要时可通过"..."按钮更改此设置，只有已在 WinCC 中安装的语言可供选择。

8）用户至少需要具有编号为 1002 的"Web Access-monitoring only"授权。双击授权所在行的"Authorizatior"列，红点表示激活的授权。

9）关闭用户管理器。

4．组态 DataMonitor 网页

组态 DataMonitor 网页的步骤如下：

1）在 WinCC 项目管理器的浏览窗口中选择"WebNavigator"，从快捷菜单中单击"Web Configurator"命令，也可以从 Windows "开始（Start）"菜单选择"开始"→"程序"→"Siemens 自动化"→"选项和工具"→"HMI 工具"→"WinCC Web Configurator"（"Start"→"Programs"→"Siemens Automation"→"Option and Tools"→"HMI Tools"→"WinCC Web Configurator"）命令。

2）Web Configurator 会检测组态是否已存在。若未找到组态，激活"创建一个新的标准 Web 站点（独立）（Create a new standard website（Stand-alone））"，单击"下一步（Next）"按钮，如图 15-25 所示；若找到组态则单击"Next"并检查组态。

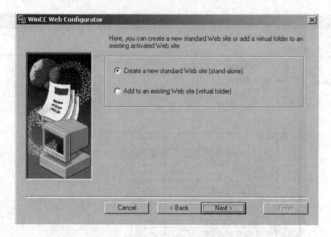

图 15-25　WinCC Web Configurator 选择对话框

3）选择"Name of the web site"并输入名称，如图 15-26 所示。

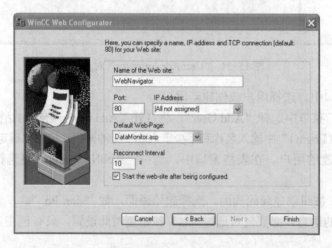

图 15-26　WinCC Web Configurator 填写 Web 站点名称对话框

4）在"Port"字段中输入访问所需使用的端口号。

5）在"IP Address"中，指定是否可以在 Intranet、Internet 或这两个网络上访问计算机。用户只能使用选择列表中提供的地址，选择 All Not Assigned 即可通过 Intranet 和 Internet 访问计算机。

6）选择"DataMonitor.asp"作为默认网页。

7）指定时间间隔，DataMonitor 客户端将在该时间后启动，以便在连接出错时自动建立连接。时间设置为"0 s"时将禁用 Automatic Reconnection 功能。

8）指定组态完成后是否启动网页。

9）如果尚未激活防火墙，则单击"Finish"按钮；如果已经安装防火墙，则单击"Next"按钮。

5. 组态防火墙

1）在 Web Configurator 中，单击"Windows Firewall"，如图 15-27 所示。

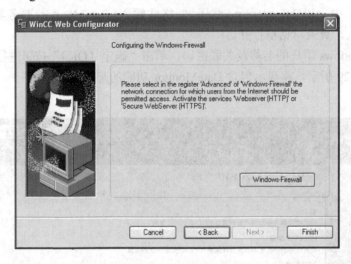

图 15-27   WinCC Web Configurator 中单击"Windows-FireWall"按钮组态 Windows 防火墙

2）单击"Advanced"选项卡，选择所需的网络连接，然后单击"Settings"按钮，"Advanced Settings"对话框随即打开，如图 15-28 所示。

3）选择"Secure Web Server（HTTPS）"或"Web Server（HTTP）"复选框。单击"Edit"按钮来显示 Web 服务器的当前服务设置。

4）单击"OK"按钮关闭所有 Windows 对话框。

5）在 Web Configurator 中单击"Finish"按钮。服务器组态完成。

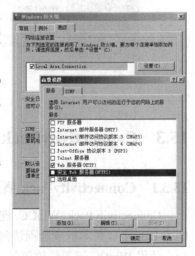

图 15-28   高级设置选项卡

15.2.6   DataMonitor 客户端上的 DataMonitor 起始页

1. 启动 DataMonitor 客户机主页的要求

1）启动 DataMonitor 前，应在 Microsoft Windows 和 WinCC 项目中设置了相应用户并为其分配了相应的权限。

2）确定已在 DataMonitor 服务器上组态、发布和激活 WinCC 项目，以提供 DataMonitor 访问。

2．DataMonitor 客户机主页显示的功能

DataMonitor 的起始页汇总了 DataMonitor 的各种功能：

1）"Process Screens"用于显示过程画面。

2）"Webcenter"用于组态连接及创建 Web 中心页面以显示归档数据。

3）"Trends and Alarms"用于在表格和图表中显示来自归档的消息和过程值。

4）"Publisher Reports"用于创建和显示报表。

5）"Excel Workbooks"用于在 Excel 工作簿中显示过程值和归档值。

3．在 DataMonitor 客户机上启动 DataMonito 主页

1）在 DataMonitor 客户端上启动 Internet Explorer。

2）在 URL 中，以"http://<servername>"格式输入 DataMonitor 服务器的名称，按下〈Enter〉确认输入，登录对话框打开。

3）输入 Windows 用户的名称及关联密码，单击"确定（OK）"按钮进行确认。

4）如图 15-29 所示，将显示包含 DataMonitor 功能的起始页。

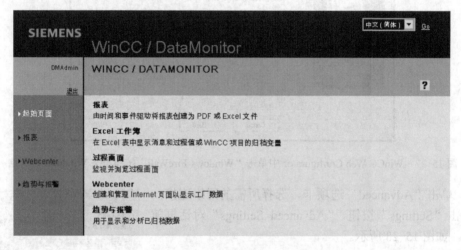

图 15-29　DataMonitor 主页

15.3　ConnectivityPack

15.3.1　ConnectivityPack 概述

ConnectivityPack WinCC 连通性软件包即 WinCC V7.0 选件，通过标准 OPC/WinCC OLE-DB 接口在本机或远程访问 WinCC。它是访问 WinCC 变量、报警和归档的开放性接口。使用 WinCC 连通性软件包，可以实现对 WinCC 的在线和归档数据的授权访问。包括如下功能：

1．WinCC OLE DB Provider 用于访问过程值和报警归档

1）本地访问及远程访问。

2）用于换出归档的归档连接器。

3）画面中的数据连接器。

4）访问用户归档的 MS OLE DB Provider。

2．各种 OPC 方式的访问

1）WinCC OPC HDA 服务器用于访问历史归档数据。

2）WinCC OPC A&E 服务器用于查看 WinCC 消息。

3）WinCC OPC-XML 服务器提供 Web 形式的 OPC 实时数据访问。

3．连通站

1）提供 OPC 服务器用于间接访问 WinCC 站。

2）透明方式访问 WinCC 站及 WinCC CAS。

15.3.2　WinCC OLE DB 访问

1．本地访问及远程访问（过程值和报警归档）

图 15-30 为 ConnectivityPack 本地访问及远程访问过程值和报警归档，还可以访问长期归档服务器。

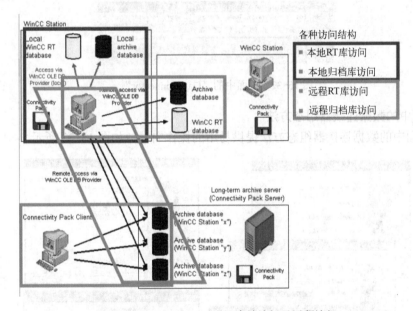

图 15-30　ConnectivityPack 本地访问及远程访问

2．用于换出归档的归档服务器

通过归档连接器，可将已经换出的 WinCC 归档重新连接到 SQL Server，要求安装连通软件包服务器，如图 15-31 所示。

3．画面中的数据连接器功能

使用数据连接器自动在画面上创建对过程值或消息归档的访问。

1）过程值归档以表格或者趋势图形式显示。

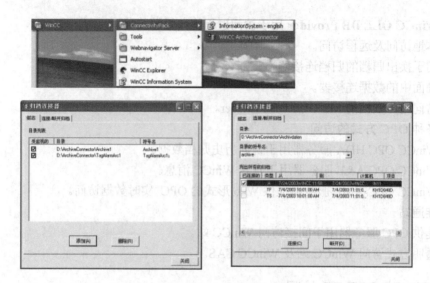

图 15-31　安装连通软件包服务器

2）消息归档以表格形式显示。

要求安装连通软件包服务器，如图 15-32 所示。

图 15-32　画面中的"DataConnector"

4．画面中的数据连接器组态方法

使用画面中的数据连接器组态方法提供易用的操作向导，如图 15-33 所示。

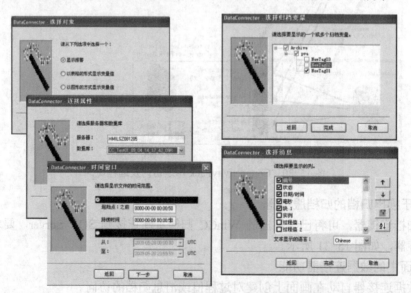

图 15-33　"DataConnector"组态方法的操作向导

5．画面中的数据连接器的运行效果

可以根据需要来更改界面中的对象或者脚本，以满足个性化的要求。如图 15-34 所示。

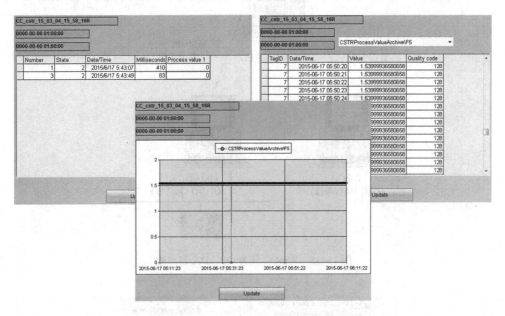

图 15-34　"DataConnector" 的运行效果

15.3.3　OPC 访问

1．WinCC OPC 通道

WinCC 可以用作 OPC 服务器和 OPC 客户端。OPC 通道是 WinCC 的 OPC 客户端应用程序，OPC 通信驱动程序可用作 OPC DA 客户端和 OPC XML 客户端。

当使用 WinCC 作为 OPC DA 客户端时，OPC 通道必须添加到 WinCC 项目上，用于数据交换的连接在 WinCC OPC DA 客户端的 WinCC 项目中创建；这将被用来处理对 OPC DA 服务器的 WinCC 变量的访问。为了简化过程，系统使用 OPC 条目管理器，一个 WinCC OPC DA 客户端可以访问多个 OPC DA 服务器，这需要为每个 OPC 服务器创建一个连接。通过这种方式，WinCC OPC DA 客户端可用作中央操作和监控站。图 15-35 为 WinCC 作为 OPC DA 客户端。

2．OPC HDA 访问

WinCC OPC HDA 服务器是 DCOM 应用程序，为 OPC HDA 客户机提供来自归档系统的必需数据，符合 OPC 历史数据访问 1.20 规范。

安装时选择是否支持写访问。支持可以分析、添加、删除和更新；不支持只能查看和分析 WinCC 归档数据，如图 15-36 所示。

WinCC OPC HDA 可安装在 WinCC 服务器或客户机上，WinCC OPC HDA 支持自定义接口和自动化接口，WinCC 项目必须激活，使用 OPC 基金会提供的 OPC HDA 客户机可以进行测试。

将文件 "SampleClientHDA.exe" 复制到所选的目录中，如图 15-37 所示。

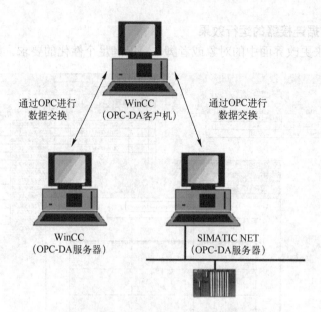

图 15-35　WinCC 作为 OPC DA 客户端

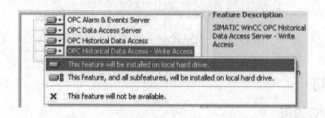

图 15-36　OPC 的安装

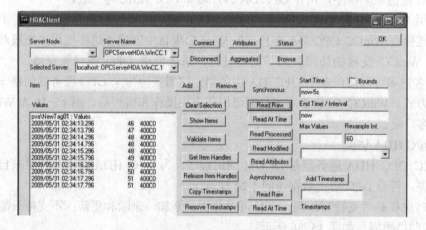

图 15-37　HDA Client

3. OPC A&E 访问

WinCC 可以用作 OPC 服务器和 OPC 客户端。OPC 通道是 WinCC 的 OPC 客户端应用程序。OPC 通信驱动程序可用作 OPC DA 客户端和 OPC XML 客户端。

1）WinCC OPC HDA 可安装在 WinCC 服务器或客户机上。

2）WinCC OPC A&E 支持自定义接口和自动化接口。

3）WinCC 项目必须激活。

4）使用 OPC 基金会提供的 OPC A&E 客户机可以进行测试。

将文件"SampleClientAE.exe"、"二进制"文件复制到所选目录中。如图 15-38 所示。

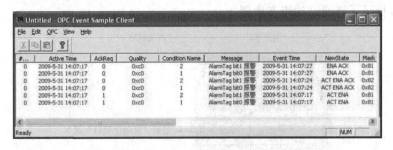

图 15-38　OPC Event Sample Client

4. OPC XML DA 访问

WinCC OPC XML DA 服务器以 Web 页面形式为 OPC XML 客户机提供 OPC 过程数据。WinCC OPC XML DA 服务器是 Microsoft Internet 信息服务（IIS）的 Web 服务的一部分，不是 DCOM 应用程序。WinCC OPC XML DA 服务器的地址是：<http://<计算机>/WinCCOPC-XML/DAWebservice.asmx>。为了建立成功的 OPC 通信，必须遵守以下内容：

1）必须激活 WinCC OPC XML DA 服务器的 WinCC 项目。

2）必须能够通过 HTTP 访问 WinCC OPC XML DA 服务器的计算机。

可以从 OPC 基金会网站上下载客户端程序：OPCDASampleClient.exe。如图 15-39 所示。

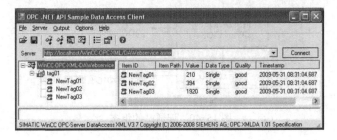

图 15-39　OPC XML Client

15.3.4　连通站

借助连通站，可使用服务器数据包从中央计算机访问 WinCC 站，而无需使用 WinCC 软件。可以通过两个不同的接口访问 WinCC 站：

1）连通站的 OPC 接口。

2）连通性软件包的 OLE DB 接口。

1. 安装和组态

要安装连通站，需要具备下列条件：

1）具有连通性软件包服务器或连通性软件包客户机的 PC。为了将某计算机组态为连通站，需在该计算机上运行连通性软件包客户机安装程序。从 DVD 安装光盘的"安装软件（Installing Software）"菜单中，选择"连通站（Connectivity Station）"条目，安装之后，可建立对 WinCC 站的访问。

2）STEP 7 的 SIMATIC 管理器或当前 SIMATIC NET Edition 的 SIMATIC NCM PC 管理器。

图 15-40 概述了连通站的组态步骤。

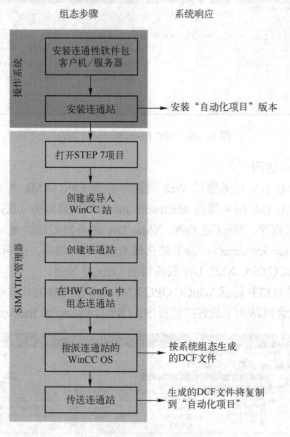

图 15-40 连通站的组态

2. 使用连通站的 OPC 接口

连通站包括 WinCC OPC 服务器，通过该服务器并借助 OPC 客户端可以访问含服务器数据包的 WinCC 站，可以在连通站或单独的计算机上以本地方式使用 OPC 客户端，OPC 客户端需要连通站的 DCOM 访问权限。如图 15-41 所示。

3. 使用连通站的 OLE DB 接口

如果安装了连通性软件包服务器或连通性软件包客户机，则只能使用连通站。连通性软件包服务器/客户机的 WinCC OLE DB 提供者提供了 OLE DB 接口，可以通过此类 OLE DB 接口访问消息和变量。如图 15-42 所示。

4. 用连通站仿真 WinCC 数据

连通站允许通过 OPC 客户机访问不同 WinCC 站的数据。为此，OPC 客户机必须真正地连接到连通站。通过 OPC 在 OPC 客户机和连通站之间进行数据交换，要求连通站所需软件已安装在连通站 PC 上，且连通站已在 S7 项目中组态，并且项目数据已传送到连通站的计算机，并有符合 OPC 规范的 OPC 客户机使用。

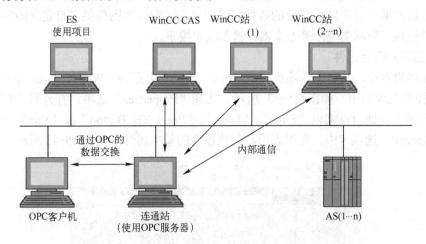

图 15-41　OPC 服务器用于间接访问

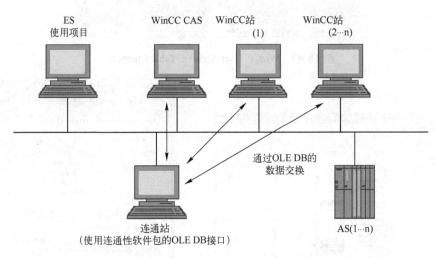

图 15-42　OPC 服务器透明方式访问 WinCC 站及 WinCC CAS

基本步骤如下：

1）在 PC 上启动 OPC 客户机。

2）根据需要的数据选择 OPC 服务器。

3）定义传送的数据如变量等。

4）OPC 客户机连接到连通站并接收 WinCC 数据。

15.4　用户归档选件

用户归档控件用来访问归档和归档视图。在运行时，用户归档选件允许创建或删除数据记录、查看用户归档、通过直接变量连接对变量进行读写、归档导入导出以及定义过滤条件和排序条件等。

用户归档选件提供两种视图：表格视图和窗口视图。表格视图以表格的形式显示用户归档，每个数据占据一行，数据记录的数据域以列显示；窗口视图提供可自定义的界面。用户归档的窗口包括三种域类型：静态文本、输入域和按钮。

1. 组态用户归档选件

在画面编辑器中，从对象选项板"Controls"选项卡中拖动"WinCC User Archive-Table Element"控件至画面中，如图 15-43 所示。选择"Properties"选项，打开属性对话框，如图 15-44 所示。在此可以编辑"Filter"、"Form"、"Press TB Button"和"Sort"属性等静态列。在"General"选项卡中，可组态用户归档控件的基本属性，如图 15-45 所示。

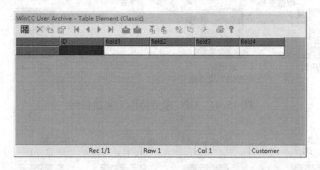

图 15-43　WinCC User Archive-Table Element

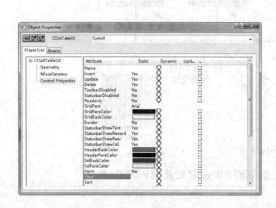

图 15-44　"WinCC User Archive-Table Element"控件属性对话框　　图 15-45　"General"选项卡

如果用户归档的组态在编辑器用户归档中被修改，例如删除访问保护，则图形编辑器中的控件必须被重新链接到此用户归档中，从而使控件识别已改变的归档组态。

用户归档表格元素属性对话框的"Columns"选项卡如图 15-46 所示。在"Columns"域中，选择在用户归档编辑器中创建的域，在"Properties"域可以定义当前所选"Columns"域的属性，单击"Reset"按钮恢复以前的设置。

用户归档控件表格元素属性对话框的"Toolbar"选项卡用于定义允许用户使用的工具栏按钮访问权限；"StatusBar"选项卡用于设置空间状态栏的元素或者是否激活状态栏。

图 15-46 "列"选项卡

2. 运行系统中的用户归档表格元素

在运行期间，用户归档表格元素表格将以表格形式显示和输入用户归档数据。一个单元格中的多行文本将在表格视图中显示为一行，所有的行将在一个单行中总结，如图 15-47 所示。

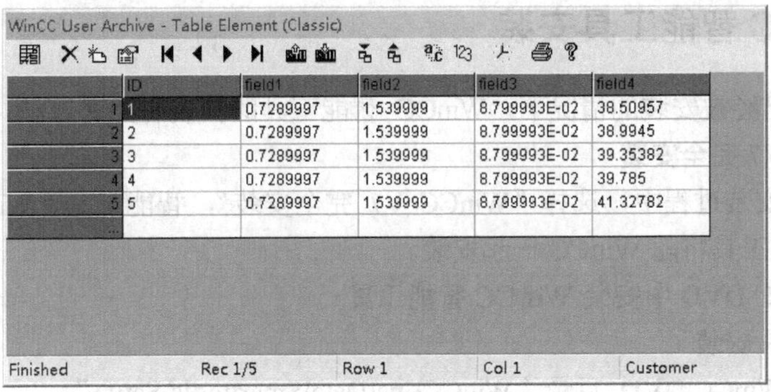

图 15-47 窗口视图

注意：使用用户归档时，需要在 WInCC 项目管理器中打开 "Computer" 属性对话框，选择 "Startup" 选项卡，勾选 "User Archive" 复选框。

15.5 习题

1. 通过实例演示用户归档的组态过程。
2. 简要说明用户归档的适用场合。
3. 组态 Web 工程的要点有哪些？

第16章 智 能 工 具

本章学习目标

了解智能工具的功能及安装方法；掌握主要智能工具的应用方法；学会根据不同项目需求选用适当的智能工具。

16.1 WinCC 智能工具简介

在使用 WinCC 进行工作时，智能工具是一套非常有用的程序集合。它主要包括下列工具：变量导出/导入、变量模拟器、动态向导编辑器、WinCC 文档查看器、WinCC 交叉索引助手、WinCC 通信组态器、WinCC 组态工具和 WinCC 归档组态工具。

16.2 WinCC 智能工具安装

在 WinCC 已经被安装的情况下，WinCC 智能工具的安装有两种方法：

1. WinCC V7 完全安装

在 WinCC 安装过程中，选择"WinCC V7 完全安装"，智能工具、WinCC 组态工具和 WinCC 归档组态工具将随 WinCC 一起安装。

2. 从 WinCC DVD 中安装 WinCC 智能工具

（1）智能工具安装

1）切换到 WinCC DVD 目录"WinCC\InstData\Smarttools\Setup"。

2）双击 setup.exe。

3）从"组件"对话框中选择要安装的智能工具。

4）单击"继续"按钮。

（2）WinCC 组态工具安装

1）切换到 WinCC DVD 目录"WinCC\InstData\ConfigurationTool\Setup"。

2）双击 setup.exe。

3）按步骤说明安装。

（3）WinCC 归档组态工具安装

1）切换到 WinCC DVD 目录"WinCC\InstData\ArchiveTool\Setup"。

2）双击 setup.exe。

3）按步骤说明安装。

注意：安装 WinCC 组态工具和 WinCC 归档组态工具时，要确保系统已经安装

Microsoft Excel 软件。

16.3 变量导出/导入工具

1. 变量导出/导入工具的说明

"TAG Export Import"工具是以 WinCC API 为基础的独立的应用程序,可以用来将项目的所有 WinCC 变量导出到 ASCII 文件,再将其导入到另外一个项目。在此过程中,生成三个文件:[名称]_cex.csv,用于逻辑连接;[名称]_dex.csv,用于结构描述;[名称]_vex.csv,用于变量描述。在导入期间,这三个文件将依次被自动读入。

2. 变量导出/导入工具的使用

通过选择"SIMATIC"→"WinCC"→"Tools"→"Tag Export Import"选项启动变量导出/导入应用程序,如图 16-1 所示。

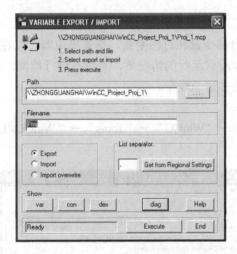

图 16-1 "VARIABLE EXPORT/IMPORT"工具

（1）变量导出步骤

1）启动 WinCC 并打开想要从其中导出变量的项目,启动"TAG Export Import"工具。

2）选择要导出到其中的文件的路径和名称,文件名不能以文件类型的扩展名开头。

3）选择"Export"模式。

4）确认消息框中的信息后单击"Execute"按钮。

5）一直等到状态栏中显示"End Export/Import"。

6）使用相应的按钮"var"（变量）、"con"（连接）、"dex"（结构）和"diag"（记录册）,可以查看创建的文件。

注意:空组不导出,文件名称中决不能包含下划线,因为文件生成时,系统会给文件名自动添加下划线。

（2）变量导入步骤

1）首先启动 WinCC 并打开想要导入变量到其中的项目。

2）保证将要导入连接到项目中的所有通道驱动程序必须都可用。必要时，将缺少的驱动程序添加到项目中。

3）启动"TAG Export Import"工具。

4）选择想要从中导入的文件的路径和名称。文件名开头只要是不具有扩展名就行。

5）选择"Import"或"Import Overwrite"模式。在"Import Overwrite"模式中，对目标项目中已存在的变量使用相同名称的导入变量进行重写。在"Import"模式中，一条消息将写到日志文件中，目标项目中的变量保持不变。

6）确认消息框中的信息后单击"Execute"按钮。

7）一直等到状态栏中显示"结束导出/导入"。

8）在 WinCC 变量管理器中查看创建的数据。

16.4 变量模拟器

1．变量模拟器说明

变量模拟器用来模拟内部变量和过程变量。变量模拟器可以在不连接过程外围设备或者连接了过程外围设备但过程没有运行的情况下，对组态进行检测。变量值的刷新时间为 1s，变量模拟器可以组态的变量多达 300 个。

2．变量模拟器的使用

通过选择"SIMATIC"→"WinCC"→"Tools"→"WinCC Tag Simulator"启动变量模拟器，如图 16-2 所示。

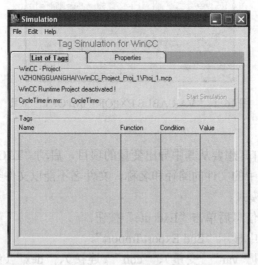

图 16-2　变量模拟器

（1）模拟器的函数

模拟器为组态器提供了 6 种不同的函数，这些函数可以给已组态的对象提供实际值。每个变量都可以分配到这 6 种函数中的一种，见表 16-1。

（2）添加/删除变量

单击菜单命令"Edit/New Tag"，可以将变量添加到模拟器中。从模拟器的变量列表中选择要删除的变量，单击菜单命令"Edit/Delete Tag"即可删除，无需使用确认对话框。

表 16-1　变量模拟器中的函数

函数名称	函数说明	函数参数分配
Sine	非线性周期性函数	振幅：数值范围设置 偏移量：数值范围零点设置 振荡周期：周期设置
Oscillation	用于模拟参考变量的跳转	设定值：定义瞬间反应后的保留值 过冲：指定当衰减设置为零时偏离设定值多少值 振荡周期：定义时间间隔，到达时间间隔后，振动将再次开始
Random	为用户提供随机产生的数值	上限：指定随机数的最大值 下限：指定随机数的最小值
Inc	向上计数器，达到最大值后又从最小值开始	起始值：指定向上计数器的开始值 停止值：指定向上计数器的结束值
Dec	向下计数器，达到最小值后又从最大值开始	起始值：指定向下计数器的开始值 停止值：指定向下计数器的结束值
Slider	允许用户设置固定值的滚动条	最小值：滚动条设置固定值范围的下限 最大值：滚动条设置固定值范围的上限

（3）激活/取消激活变量

通过选中模拟器中变量属性中的"Active"复选框激活该变量，该变量的值即可由模拟器计算并传到 WinCC 项目中。

（4）显示变量

在变量模拟器中切换到"List of Tags"可见变量的基本属性。

（5）装载/保存模拟数据

选择菜单命令"File/Save"或"File/Save as"进行保存模拟数据，使它们在重新启动模拟器时可用。已保存的模拟组态可以使用菜单命令"File/Open"装载。

3．变量模拟器的应用

变量模拟器的应用主要在以下两方面：

（1）对组态进行检测

变量模拟器可以在不连接过程外围设备或连接了过程外围设备但过程没有运行的情况下，对组态进行检测。在没有已连接的过程时，可能只模拟内部变量；对于已连接的过程外围设备，过程变量的值将由变量模拟器直接提供，可以使用户用原有的硬件对 HMI 系统进行功能测试。

（2）执行项目演示

HMI 系统的展示经常没有系统连接，在这些情况下，模拟器将控制内部变量。

16.5　动态向导编辑器

1．动态向导编辑器说明

动态向导编辑器是一个用于创建自己的动态向导的工具。动态向导为图形编辑器带来了附加的功能，它有助于用户频繁处理再次发生的组态顺序，这将减少组态工作和发生组态错误的风险。动态向导还包含许多动态向导函数，提供了大量的动态向导函数，用户可以创建自己的函数来进一步扩充这些函数。

2. 动态向导编辑器的使用

通过选择"SIMATIC"→"WinCC"→"Tools"→"Dynamic Wizard Editor"启动动态向导编辑器，如图 16-3 所示。

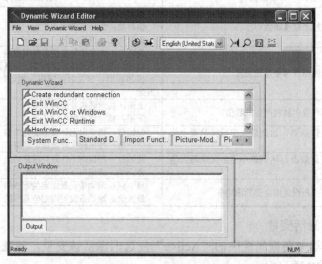

图 16-3　动态向导编辑器

（1）动态向导编辑器的结构

菜单栏：包含动态向导编辑器的功能。菜单栏总是可见的。

工具栏：提供常用功能的快捷选择，在需要时可以显示出来并且可以被移动到屏幕上的任何地方。

编辑窗口：当动态向导函数打开进行编辑时或创建新的动态向导时，编辑窗口才可见。每一个函数将在其自身的编辑窗口中打开，可同时打开多个编辑窗口。

输出窗口：需要时可以显示输出窗口。它包含"创建 CWD"、"读向导脚本"和"编译脚本"函数的结果。

状态栏：提供有关键盘设置的信息和给出在编辑窗口文本光标位置的信息。需要时显示状态栏。

动态向导：允许使用 C 动作使对象动态化。执行向导时，就可以指定预组态的 C 动作和触发事件，并将它们存储在对象的属性中。

（2）动态向导函数的结构

1）集成头文件和 DLL。

2）与语言相关的定义。

3）向导标记。

4）属性列表。

5）系统接口。

6）全局变量。

7）选项列表。

8）触发器列表。

9）参数分配的显示。

（3）动态向导函数的类型

1）参数输入的函数向导。

2）生成动态的函数向导。

3）WinCC 函数向导。

4）进程函数向导。

5）Windows 函数向导。

（4）动态电动机实例

1）创建电动机的动态向导函数。

① 打开一个 WinCC 项目。

② 打开在 Windows 资源管理器中目录"Siemens\WinCC\documents\english"下的 Winzip 文件"Motor.zip"。

③ 解压缩"Motor.wnf"文件至目录"..\WinCC\wscripts\wscripts.enu"下。

④ 解压缩"Motor_dyn.pdl"文件至当前打开 WinCC 项目的"GraCs"目录下。

⑤ 启动动态向导编辑器，在动态向导编辑器的"File"菜单中，将"Motor.wnf"文件打开。

⑥ 单击工具栏中的 图标，编译脚本。

2）插入脚本"Motor.wnf"。

① 单击工具栏中的 图标。

② 选择"Motor.wnf"文件，单击"打开"。

③ 单击工具栏中的 图标以创建新数据库。

3）创建结构和结构变量。

① 从结构类型关联菜单中选择"New Structure Type"。

② 重命名结构为"MotorStruc"，单击"New Element"，创建数据类型为 BIT 的内部变量"Active"。

③ 单击"New Element"，创建数据类型为 BIT 的内部变量"Hand"。

④ 单击"New Element"，创建数据类型为 BIT 的内部变量"Error"，单击"OK"按钮，关闭对话框。

⑤ 在浏览框架中，单击变量管理器图标前的加号，从内部变量关联菜单中选择"New Element"，创建数据类型为"MotorStruc"的 WinCC 变量"STR_Course_wiz1"。

⑥ 再创建一个"TEXT8"数据类型的内部变量"T08i_course_wiz_selected"。

4）指定自定义对象"电动机动态化"。

① 打开图形编辑器并打开"Motor_dyn.pdl"文件。

② 在图形编辑器中选择"view"→"Toolbars"打开动态向导工具，选择电动机自定义对象，在动态向导"Example"选项卡中双击"Adding Dynamics to A Motor"。

③ 在"Welcome to the Dynamic Wizard"对话框中，单击"Next"按钮。

④ 在"Set Options"对话框中，单击浏览按钮。打开变量选择对话框，选择"STR_Course_wiz1"作为结构变量，单击"Next"按钮。

⑤ "Finished!"对话框打开，单击"Finish"按钮，关闭对话框。

⑥ 保存该画面，启动图形编辑器运行系统。

⑦ 按钮可以用来模拟所选择电动机的变量值。

16.6 WinCC 文档查看器

1. WinCC 文档查看器说明

WinCC 报表系统的打印作业可以传递到另外一个文件中。对于较大量的数据，将为每一个报表页面创建一个文件，打印输出被传递给一个和多个.emf 文件，WinCC 文档查看器可以显示和打印这些.emf 文件。

2. WinCC 文档查看器的使用

通过选择 "SIMATIC" → "WinCC" → "Tools" → "WinCC Documentation Viewer" 启动 WinCC 文档查看器，如图 16-4 所示。

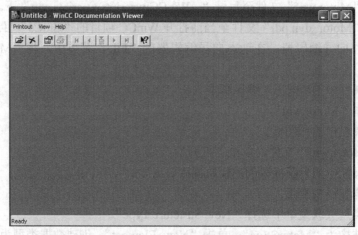

图 16-4　WinCC 文档查看器

（1）创建 emf 文件步骤

1）在 WinCC 编辑器中，选择 "File" → "Project Documentation Setup" 打开项目文档设置。

2）在 "Print Job Properties" 对话框中，单击 "Printer Setup" 标签。

3）在 "Printer Setup" 标签中，激活 "文件（*.emf）" 复选框。如果不想同时输出到打印机，取消激活 "Printer" 复选框。

4）在 "Tray" 域中，补充输入存储此文件的路径名，单击 "OK" 按钮，关闭对话框。

5）选择菜单 "File" → "Print Project Documentation" 打印项目文档条目。打印输出被传递给一个和多个.emf 文件，文件名为 Page <nnnnn>.emf 并存储在路径中，这里 <nnnnn> 代表连续的五位数字。

（2）注意事项

1）如果在启动 WinCC 文档阅读器时，一个 WinCC 项目已经被激活，那么只有该项目的.emf 文件可以显示和打印出来。

2）如果启动阅读器时 WinCC 已打开但未激活，那么可以用阅读器打开和打印所有的.emf 文件。

16.7 WinCC 交叉索引助手

1. WinCC 交叉索引助手说明

WinCC 交叉索引助手是一个在脚本中搜索画面名称和变量脚本并补充相关脚本的工具，以便使 WinCC 组件交叉索引查找画面名称和变量，并将它们在交叉索引列表中列出。

2. WinCC 交叉索引助手的使用

通过选择"SIMATIC"→"WinCC"→"Tools"→"Cross Reference Assistant"启动 WinCC 交叉引用助手，如图 16-5 所示。

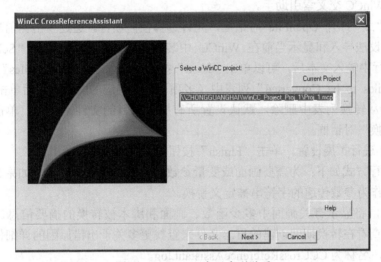

图 16-5　WinCC 交叉索引助手

（1）编写脚本

为搜索和替换在 C 动作中使用的变量和画面名称，在脚本的开始处，必须分两段分别声明所有变量和画面名。段的结构如下：

```
// WINCC:TAGNAME_SECTION_START
// syntax: #define TagNameInAction DMTagName
// next TagID : 1
#define ApcVarName1 "VarName1"
// WINCC:TAGNAME_SECTION_END
// WINCC:PICNAME_SECTION_START
// syntax: #define PicNameInAction PictureName
// next PicID : 1
#define ApcPictureName1 "PictureName1"
#define ApcPictureName2 "PictureName2"
#define ApcPictureName3 "PictureName3"
// WINCC:PICNAME_SECTION_END
```

启动读或写变量的标准功能必须通过定义的变量和画面进行。

```
GetTagDWord (ApcVarName1);
```

OpenPicture(ApcBildname1);
SetPictureName(ApcPictureName2, "PictureWindow1",ApcPictureName3);

如果不遵守组态规则，则不能创建交叉索引表，因为不能分辨脚本中变量和画面的引用。借助于 WinCC 交叉索引助手，在脚本管理器中所知的所有函数调用由以上描述的格式替换。只有项目函数、画面和动作被转换。

WinCC 交叉索引助手的运行系统环境是 WinCC。如果 WinCC 不运行或要转换的项目没有装载，则 WinCC 由 WinCC 交叉索引助手启动，或载入项目。

（2）WinCC 交叉索引助手操作步骤

1）打开 WinCC 交叉索引助手。

2）单击 "…" 打开 OpenFile 对话框，允许选择任何项目。通过单击当前项目，WinCC 交叉索引助手设法导入和显示当前在 WinCC 中装载的项目，在所提示的 "Select a WinCC Project" 输入行中输入文本后，可以单击 "Next" 按钮，进入 "Select the Files" 对话框。

3）在 "Files to be Converted" 列表中（多项）选择相应的文件，然后单击 "Remove" 按钮，将文件从转换列表中删除，默认设置所有属于项目的文件被转换。单击 "Next" 按钮，进入 "转换" 对话框。

4）如果不进行扩展设置，单击 "Finish" 按钮即可开始转换。

转换的执行方式如下：为需要画面或变量参数的函数调用检查脚本。如果在脚本中发现这样的函数，作为参数传递的字符串被定义替换。

转换完成，将显示有关画面中多少函数、画面和脚本被转换的摘要信息。如果出现错误，可以通过查看在转换期间创建的日志文件来查找更多关于出错原因的详细信息。此文件在项目目录中，名称为 CCCrossReferenceAssistant.log。

16.8 WinCC 通信组态器

1．WinCC 通信组态器说明

WinCC 通信组态器是可用简单的方式设置用于网络环境的 WinCC 通信参数的一种工具。

2．WinCC 通信组态器的使用

通过选择 "SIMATIC" → "WinCC" → "Tools" → "Communication Configurator" 启动 WinCC 通信组态器，如图 16-6 所示，其选项参数说明见表 16-2。

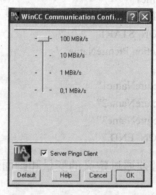

图 16-6 WinCC 通信组态器

表 16-2　WinCC 通信组态器参数含义

域/选项	描　　述
100Mbit/s	用于传输速率为 100Mbit/s 的以太网局域网（默认设置）
10Mbit/s	用于传输速率为 10Mbit/s 的以太网局域网
1Mbit/s	用于传输速率为 1Mbit/s 的以太网局域网
0.1Mbit/s	用于传输速率为 0.1Mbit/s 的以太网局域网，适合于 ISDN（MultiLink）、ISDN 和调制解调器
"Server Ping Client"	通过服务器来检查与客户机的连接
"Default" 按钮	将设定值设置为默认值 "以太网局域网 100Mbit/s"

若没有传输速率为 100MBit/s 的以太网局域网，则应使用 WinCC 通信组态器，甚至在高负载所导致的连接偶尔不稳定情况时（比如未连接到数据服务器、I/O 域没有显示值），也推荐使用组态器。

WinCC 通信用标准参数组态，所以它对于通信出错反应非常灵敏，以便向用户快速报告发生的所有故障，确保在客户机的情况下冗余服务器短暂的 "错误结束" 时间。

在具有低传送率或高网络/CPU 负载的网络上，WinCC 逻辑网络连接的稳定性受出错敏感特性的影响，所以在设备状态监视的低水平机制下无法达到预期的反馈时间。

通信组态器使通信参数适应已存在的情况，以便保证出错灵敏性和连接稳定性之间具有最佳的协调。

通信组态器只修改 WinCC 通信的设置，而不修改操作系统通信连接的参数设置。

16.9　WinCC 组态工具

1. WinCC 组态工具说明

WinCC 组态工具可以创建新的 WinCC 项目并且可以从一开始就使用 Excel 组态项目，还可以在现有的 WinCC 项目中读取并在 Excel 中处理。组态在特殊类型的 Excel 文件夹（又称为 WinCC 项目文件夹）中执行，该文件夹包含各种类型的电子表格，它们用于组态指定类型的 WinCC 对象。WinCC 组态工具可用于组态来自数据管理器、报警记录、变量记录和文本库的数据。

2. WinCC 组态工具的使用

安装好 WinCC 组态工具并启动 Microsoft Excel 后，从图 16-7 可以看出其菜单栏和工具栏增加了新的条目 WinCC，WinCC 工具栏按钮的含义见表 16-3。

图 16-7　Microsoft Excel 新增 WinCC

表 16-3　WinCC 工具栏按钮

图　标	名　称	功　能
	创建项目文件夹	打开"新建项目文件夹"向导，创建新项目文件夹
	改变语言	打开"改变语言"对话框
	帮助	打开 WinCC 组态工具在线帮助
	创建 WinCC 项目	打开"新建 WinCC 项目"向导，用于从存在的项目文件夹创建新 WinCC 项目，文件夹链接到新 WinCC 项目
	建立项目连接	仅在激活的项目文件夹已分配到 WinCC 项目并且 WinCC 项目未激活的情况下，该条目才可用于选择
	添加表	打开"添加表"对话框，用于添加新表到项目文件夹
	写入至 WinCC	打开"写"对话框，可以将项目文件夹中的所有数据写到 WinCC

（1）创建项目文件夹

在 Excel 中单击 WinCC 工具栏中的 按钮，打开"New project folder"向导，如图 16-8 所示，有三个选择项目：

1）No connection：将创建不分配给任何 WinCC 项目的项目文件夹。

2）Establish connection to new project：创建新项目文件夹，创建新的 WinCC 项目并将其分配给项目文件夹。

3）Establish connection to existing project：创建新项目文件夹，文件夹分配给现有的 WinCC 项目，读取 WinCC 项目数据。

选择需要的项目按照提示进行操作即可。

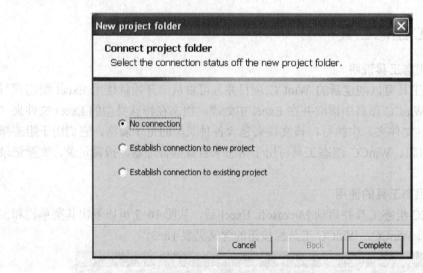

图 16-8　"New project folder"向导

（2）工作表

完成创建新的项目文件夹，将为每个所需的表格类型创建一个副本，如图 16-9 所示。"Project properties"表单见表 16-4。对于每个要组态的对象，在表格中都有一行可用。彩色行是标题，灰色单元格为参数标题，与所有单元格相关的数据区位于参数标题下面。根据需要，数据区之外的单元格可以使用。

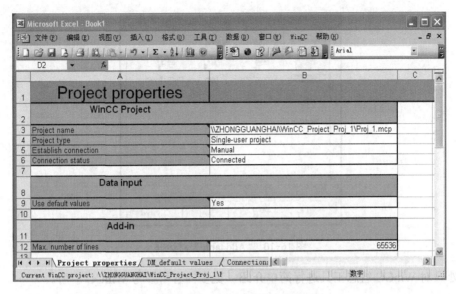

图 16-9　WinCC 项目属性工作表单

表 16-4　"Project properties"表单

WinCC Project	项目名称	所连接 WinCC 项目的路径和项目文件
	项目类型	项目类型
	建立连接	可以在"手动"和"立即打开"之间进行选择
	连接状态	指示关联的 WinCC 项目是否打开
Data input	使用默认值	可以定义是否使用默认值
Add-in	最大行数	这用于定义行数,其后应在读出数据时创建新表
Create message	删除现有的消息	在此处指定为所选变量生成变量表消息时是否删除已经存在的消息
	显示对话框	在此处定义是否要使用该对话框生成变量表消息
Create limit value monitoring	删除现有的限制值	在此处定义在从变量表生成限制值时是否删除所选变量的现有限制值
	显示对话框	在此处定义对话框是否应该用于从变量表中创建限制值
Create archive tags	删除现有的归档变量	在此处定义在从变量表中创建归档变量时是否删除所选变量的现有归档变量
	显示对话框	指定对话框是否用于从变量表中创建归档变量
Alarm logging	检查使用的位	在此处定义 WinCC 组态工具是否检查报警记录中的变量位组合
	提示显示修改所有使用的状态文本的请求	此选项用于定义在对消息类别中的状态文本进行修改之后,是否显示提示请求修改所有完全相同的状态文本
	提示显示修改所有使用的消息文本的请求	此选项用于定义在对消息文本进行修改之后,是否显示提示请求修改所有完全相同的消息文本
	删除不使用的文本	此选项用于定义在从报警记录系统中删除对象时,不使用的文本是否从文本库中自动删除
	在删除单个消息时删除限制值	此选项用于定义在删除设置的单个消息时,限制值是否也要删除或者是否应该设置默认消息号
Comments	显示注释	在此处定义注释是否显示在"项目属性"表单上

单击工具栏""按钮,打开"Add table"对话框,如图 16-10 所示,可以选择添加各种类型的表格到项目文件夹中。

图 16-10 "Add table" 对话框

此处只对 WinCC 组态工具进行简单介绍，更多内容可参考 WinCC 手册。

16.10　WinCC 归档组态工具

1．WinCC 归档组态工具说明

WinCC 归档组态工具是 Excel 加载项。该工具使得用户可以简单、高效地组态批量数据，以用于归档 WinCC 过程值。它允许处理变量记录编辑器不充分支持的数量结构。

2．WinCC 归档组态工具的使用

安装好 WinCC 归档组态工具后，启动 Microsoft Excel，可以看出其菜单栏增加了新的条目 WinCC Archive，如图 16-11 所示。

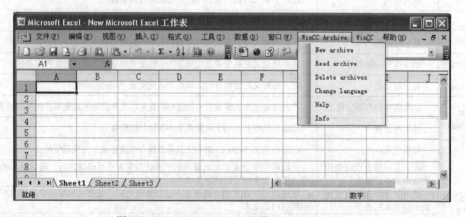

图 16-11　Microsoft Excel 新增 WinCC Archive

（1）使用 Excel 插件 WinCC 归档步骤

1）启动 Excel。从 Excel 菜单的 "WinCC Archive" 条目中选择 "New archive"，结果如图 16-11 所示。

2）定义要创建的归档的基本属性，包括归档名称和归档类型。

3）新建的 Excel 表如图 16-12 所示，包含下列表格列表：

"Archive"：定义归档属性的表格。

"Archive tags（1）"：组态二进制和模拟归档变量的表格。

"Archive tags（2）"：组态过程控制的归档变量的表格。

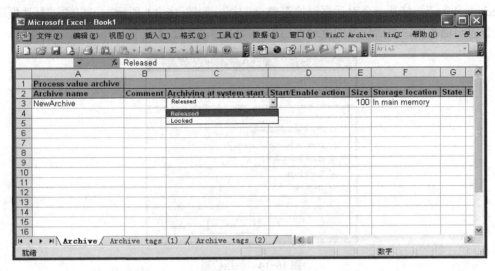

图 16-12　归档表格

4）在"Archive"表格中定义归档属性，可以灵活修改归档属性。

5）切换至"Archive tags（1）"表格。在该表格中最多可以组态 65634 个二进制和模拟归档变量。如果 WinCC 项目已经打开，可以进一步打开一个对话框。在"Archive tags（1）"表格中选择 WinCC 变量，通过双击"Tag"列的数据区来打开该对话框，如图 16-13 所示。

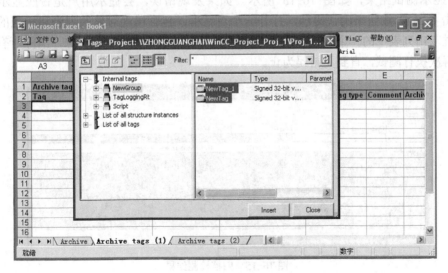

图 16-13　插入 WinCC 变量

6）在 Excel 表格中选择将插入所选变量名称的单元格。单击变量对话框"Insert"按钮，所选变量的名称被插入到 Excel 表格中。单击"Close"按钮，则关闭对话框。

7）在"Archive tag name"列中指定新归档变量的名称。这些名称在归档中必须唯一。在"Archive tag Type"列中定义新归档变量的正确类型并且定义新归档变量的其他属性。

8）在 Excel 表格中输入数据时不进行任何检查。选择 Excel 菜单 "WinCC Archive"→"Check archive"。打开一个对话框以检查整个归档，如图 16-14 所示，可以通过复选框限制要检查的归档属性，激活相关的复选框后单击"OK"按钮。

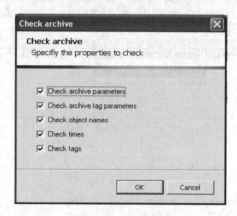

图 16-14　归档检测

注意： *如果尚未在变量记录编辑器中为 WinCC 项目进行任何组态，则必需的周期时间仍然不可用。它们显示在变量记录编辑器中，但是仅在组态数据发生改变后才存储到数据库中。要触发变量记录编辑器来存储周期时间，只需将周期时间"500ms"重命名为"_500ms"并保存项目。当然，随后还可以将周期时间名重置为原来的值。*

9）显示测试结果，如图 16-15 所示。如果发现错误，会提示用户是否应显示错误列表。单击"Yes"按钮来确认提示，打开一个对话框，包含错误对象的列表和相应的错误原因，通过双击列表中的一个条目，系统直接跳至 Excel 表格中的错误对象，清除所有发现的错误并再次执行测试，直到无错误为止。

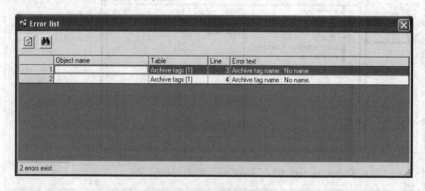

图 16-15　归档检测结果

10）选择菜单命令"WinCC 归档"→"Create archive"，打开一个对话框以创建整个归档，如图 16-16 所示。单击"确定（OK）"按钮，如果已经存在与要创建归档相同名称的归档，必须将其删除，在 WinCC 项目中创建归档后关闭 Excel 表。

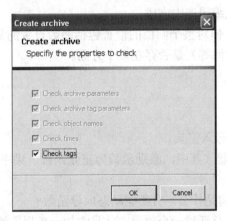

图 16-16　创建归档

注意： 如果无法在变量记录编辑器中打开新创建的归档，将归档读回 Excel 表格中。选择菜单命令 "WinCC 归档" → "Read archive"，打开一个对话框，其中包含 WinCC 项目中所有可用归档的列表，选择要读取的归档并单击 "确定（OK）" 按钮，这样，数据就从所选归档读入该表中。然后，可以修改归档的属性或单个归档变量的属性。而且还可以有选择地将所作的修改传送至 WinCC 项目，选择已修改的相关对象。通过单击鼠标右键来打开上下文菜单并选择菜单命令 "WinCC-Write Selection"。在写归档变量之前，要进行归档检测。

（2）归档组态工具比较

表 16-5 给出了 WinCC 归档组态工具与变量记录编辑器和 WinCC 组态工具的对比。

表 16-5　归档组态工具比较

比较项目	变量记录编辑器	WinCC 组态工具	WinCC 归档组态工具
目的	归档系统的标准接口	整个 WinCC 项目的易于使用的接口	用于归档极大数量结构的高性能接口
组态归档系统	归档系统完全可组态	除了归档组态（高速和低速变量记录）之外，归档系统完全可组态	可以分别组态一个归档
建议的数量结构	最多执行 100~200 个归档变量	最多执行 10000~30000 个归档变量	从大约 10000 个归档变量开始执行
数据输入	通过属性对话框和表格界面进行数据输入，使用有所限制	以表格形式进行数据输入，具有全面的支持（默认值、组合框、对话框和办公助手）	以表格形式进行数据输入，具有有限的支持
检查数据	输入期间检查数据	输入期间检查数据	写入 WinCC 项目之前先检查数据，可以取消激活各种检查
可扩充性	无	可以通过 VBA 宏进行扩充	可以通过 VBA 宏进行扩充

WinCC 归档组态工具提供了创建新归档的可能性，可以读出已存在的归档并进行编辑。如果必须进行大量的修改，建议删除已存在的归档并重新创建一个完整的归档。此外，可以有选择地将一些小的修改写到 WinCC 项目中。

归档在 Excel 表格中进行组态。Excel 表由一个归档表和一个或多个归档变量表组成，归档表用于组态归档的常规属性，归档变量表用于组态归档变量及其属性。

WinCC 归档不能完全替代变量记录编辑器，定时器组态和归档组态（高速和低速变量记录）仍然必须在变量记录编辑器中完成。

输入期间不检查数据，但对整个归档的检查包括参数设置的常规纠正、所用名字的唯一性和所定义对象（变量、时间等）是否存在多个方面。

16.11 习题

1．实际演示变量导出/导入工具。

2．实际演示变量模拟器（其中，激励函数为正弦函数，频率为 0.05Hz，振幅为 100，偏移量为 0）。

3．动态向导函数的结构是什么，有哪些动态向导函数？

4．使用 WinCC 组态工具新建一个项目，并且添加一条报警消息。

5．使用 WinCC 归档组态工具创建一个过程值归档。

第 17 章　WinCC 工程应用实例

本章学习目标

　　了解本章工程实例应用背景；理解控制系统工程设计思想和方法，理解人机交互系统在控制系统工程中的地位与作用；学习并掌握 WinCC 过程画面的组态、动态报表、控件等的使用。

　　本章以电厂废水处理系统为背景，讲解 WinCC 工程应用实例。

17.1　被控对象的分析与描述

　　电厂的废水处理系统主要完成废水的收集和净化，然后将净化过的水输送到工业母水管循环使用，关键技术是净化器中废水的净化处理，整个系统结构示意图如图 17-1 所示。图中省略了阀门和风机。一体化净化器中共有四个净化器，每个净化器均连接一个废水净化泵。箭头的指向代表废水的流向。在每个水泵的前后都各有一个阀门，可以通过调节这个手动阀门的开度来控制水的流量，以适应水泵的控制。主要工艺流程如图 17-2 所示。

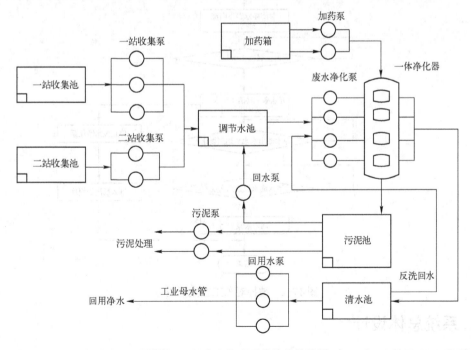

图 17-1　废水处理系统整体结构图

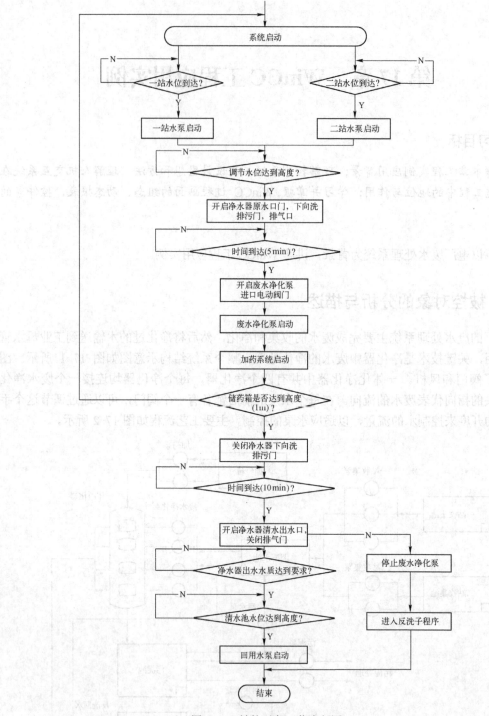

图 17-2　被控对象工艺流程图

17.2　系统总体设计

　　电厂废水处理控制系统采用西门子 S7-300 PLC 作为控制器，数据通信采用 PROFIBUS

现场总线技术完成现场数据的采集和设备监控功能。系统总体结构如图 17-3 所示。

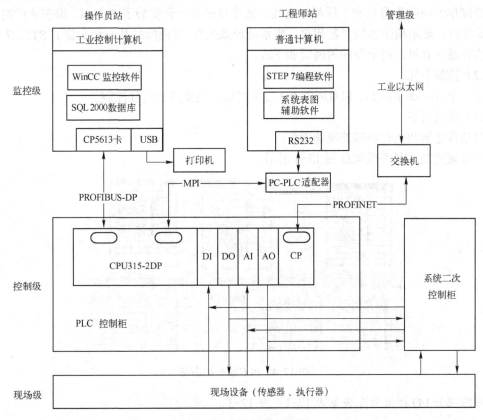

图 17-3　系统总体结构图

S7-300 作为控制系统的核心，通过输入信号模块采集现场的开关量和模拟量信号，通过输出信号模块输出控制信号，控制现场设备，并通过 PROFIBUS 总线完成与上位机监控系统的通信，上位机需安装 CP5611 通信卡。PLC 安装在工业控制柜中，以保护控制电路，隔离现场的信号干扰。可以使用 PROFINET 总线连接通信模块和交换机，通过工业以太网将数据传送到管理级。

工程师站一般使用普通 PC，通过 MPI 连接控制系统，利用编程软件和表图辅助软件对控制系统进行维护。

操作员站利用 WinCC 组态软件实现整个系统的监控功能。使用可靠性较高的工业控制计算机，以保证监控系统的稳定性，在项目中采用研华科技的 610H 工业控制计算机。此外，该站还连接打印机完成报表的打印输出。

系统二次控制柜为强电柜，将 PLC 主控制柜的控制信号进行放大，转化为强电控制信号，以控制现场的强电设备。

由于现场的传感器和执行器较多，控制系统输入和输出点数较多、系统规模较大。系统设计时，硬件选型与设计工作量较大，比较复杂，是本系统设计时的难点和核心。

17.2.1　系统硬件设计

系统硬件由三部分组成：监控单元、控制单元和现场设备。

（1）监控单元

控制单元由操作员站和工程师站组成。操作员站是一台安装了 WinCC 组态软件的工业控制计算机，显示用于监控"霍州电厂废水处理系统"。工程师站是一台安装了 STEP 7 编程软件的普通计算机，用于程序的编辑和下载。

（2）控制单元

由一个 S7-300 的 CPU 和对应的 I/O 模块组成，主要用于过程控制。

（3）现场设备

包括传感器和执行器等的现场设备。

PLC 硬件组态最终效果如图 17-4 所示。

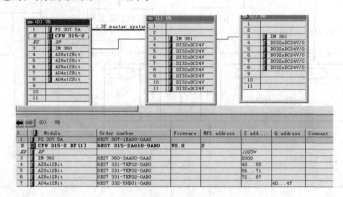

图 17-4 PLC 硬件组态图

系统部分 I/O 地址分配表见表 17-1～表 17-3。

表 17-1 数字量输入地址（部分）

位号	类型	编号	内容	设备	备注
DI －1A				J1	
0.0	DI	01HZE01 102.on	运行	一站集水泵 a	
0.1	DI	01HZE01 102.fault	故障	一站集水泵 a	
0.2	DI	01HZE01 102.h/m	手动/自动	一站集水泵 a	
0.3	DI	01HZE01 202.on	运行	一站集水泵 b	
0.4	DI	01HZE01 202.fault	故障	一站集水泵 b	
0.5	DI	01HZE01 202.h/m	手动/自动	一站集水泵 b	1 站收集池
0.6	DI	01HZE01 302.on	运行	一站集水泵 c	
0.7					
DI －1B					
1.0	DI	01HZE01 302.fault	故障	一站集水泵 c	
1.1	DI	01HZE01 302.h/m	手动/自动	一站集水泵 c	
1.2	DI	01HZE02 102.on	运行	二站集水泵 a	
1.3	DI	01HZE02 102.fault	故障	二站集水泵 a	
1.4	DI	01HZE02 102.h/m	手动/自动	二站集水泵 a	
1.5	DI	01HZE02 202.on	运行	二站集水泵 b	2 站收集池
1.6	DI	01HZE02 202.fault	故障	二站集水泵 b	
1.7					

位号	类型	编号	内容	设备	备注
		DI－1C			2 站收集池
2.0	DI	01HZE02 202.h/m	手动/自动	二站集水泵 b	
2.1	DI	01HZE04 102.on	运行	回用水泵 a	
2.2	DI	01HZE04 102.fault	故障	回用水泵 a	
2.3	DI	01HZE04 102.h/m	手动/自动	回用水泵 a	
2.4	DI	01HZE04 202.on	运行	回用水泵 b	
2.5	DI	01HZE04 202.fault	故障	回用水泵 b	
2.6	DI	01HZE04 202.h/m	手动/自动	回用水泵 b	清水池
2.7					
		DI－1D			
3.0	DI	01HZE04 302.on	运行	回用水泵 c	
3.1	DI	01HZE04 302.fault	故障	回用水泵 c	
3.2	DI	01HZE04 302.h/m	手动/自动	回用水泵 c	
3.3	DI	01HZE05 102.on	运行	泥浆泵 a	
3.4	DI	01HZE05 102.fault	故障	泥浆泵 a	
3.5	DI	01HZE05 102.h/m	手动/自动	泥浆泵 a	
3.6	DI	01HZE05 202.on	运行	泥浆泵 b	污泥池
3.7					泥浆泵 a、b
		DI－2A	J2		
4.0	DI	01HZE05 202.fault	故障	泥浆泵 b	
4.1	DI	01HZE05 202.h/m	手动/自动	泥浆泵 b	
4.2	DI	01HZE10 102.on	运行	回水泵	污泥池
4.3	DI	01HZE10 102.fault	故障	回水泵	回水泵

表 17-2 数字量输出地址（部分）

位号	类型	编号	内容	设备		备注
		DO－9A	J9			
0.0	DO	01HZE01 101.on	开	一站集水泵 a	R1	1#收集变频
0.1	DO	01HZE01 101.off	关	一站集水泵 a	R2	
0.2	DO	01HZE01 201.on	开	一站集水泵 b	R3	
0.3	DO	01HZE01 201.off	关	一站集水泵 b	R4	
0.4	DO	01HZE01 301.on	开	一站集水泵 c	R5	1#收集不变频
0.5	DO	01HZE01 301.off	关	一站集水泵 c	R6	
0.6	DO	01HZE02 101.on	开	二站集水泵 a	R7	
0.7	DO	J9B-016	复位	一站集水泵 a	R8	
		DO－9B				2#收集不变频
1.0	DO	01HZE02 101.off	关	二站集水泵 a	R9	
1.1	DO	01HZE02 201.on	开	二站集水泵 b	R10	
1.2	DO	01HZE02 201.off	关	二站集水泵 b	R11	
1.3	DO	01HZE03 101.on	开	废水净化泵 a	R12	
1.4	DO	01HZE03 101.off	关	废水净化泵 a	R13	
1.5	DO	01HZE03 201.on	开	废水净化泵 b	R14	净化部分 1#~4#
1.6	DO	01HZE03 201.off	关	废水净化泵 b	R15	
1.7					R16	

位号	类型	编号	内容	设备		备注
			DO－9C			
2.0	DO	01HZE03 301.on	开	废水净化泵 c	R17	
2.1	DO	01HZE03 301.off	关	废水净化泵 c	R18	净化部分 1#~4#
2.2	DO	01HZE03 401.on	开	废水净化泵 d	R19	
2.3	DO	01HZE03 401.off	关	废水净化泵 d	R20	
2.4	DO	01HZE04 101.on	开	回用水泵 a	R21	
2.5	DO	01HZE04 101.off	关	回用水泵 a	R22	
2.6	DO	01HZE04 201.on	开	回用水泵 b	R23	
2.7	DO	J9B-056	复位	回用水泵 a	R24	清水部分 1#~3#
			DO－9D			
3.0	DO	01HZE04 201.off	关	回用水泵 b	R25	
3.1	DO	01HZE04 301.on	开	回用水泵 c	R26	
3.2	DO	01HZE04 301.off	关	回用水泵 c	R27	
3.3	DO	01HZE05 101.on	开	泥浆泵 a	R28	
3.4	DO	01HZE05 101.off	关	泥浆泵 a	R29	
3.5	DO	01HZE05 201.on	开	泥浆泵 b	R30	污泥池部分 1# 2#
3.6	DO	01HZE05 201.off	关	泥浆泵 b	R31	
3.7						
			DO－10A	J10		
4.0	DO	01HZE06 101.on	开	罗茨风机 a	R33	
4.1	DO	01HZE06 101.off	关	罗茨风机 a	R34	罗茨风机 1# 2#
4.2	DO	01HZE06 201.on	开	罗茨风机 b	R35	
4.3	DO	01HZE06 201.off	关	罗茨风机 b	R36	

表 17-3　模拟量输入和输出地址

位号	类型	编号	内容	设备	备注
			AI－14	J14	
PIW40	AI	01HZE07 PWT101	液位	一站集水池	
PIW42	AI	01HZE07 PWT401	液位	清水池	
PIW44	AI	01HZE07 PWT501	液位	污泥池	
PIW46	AI				
PIW48	AI				
PIW50	AI	01HZE07 PWT301	液位	二站集水池	
PIW52	AI	01HZE07 PWT201	液位	过渡水池	
PIW54	AI				共用部分
			AI－15	J14	
PIW56	AI	01HZE07 PWT601	液位	溶药箱	
PIW58	AI	01HZE07 PWT701	液位	储药箱	
PIW60	AI	01HZE11 FT101	流量	共用	
PIW62	AI				
PIW64	AI				

位号	类型	编号	内容	设备	备注
AI－15		J14			
PIW66	AI	01HZE12 NT101	浊度	#1 净水器	
PIW68	AI	01HZE25 PDT101	压差	#1 净水器	
PIW70	AI	01HZE12 NT201	浊度	#2 净水器	
AI－16		J14			
PIW72	AI	01HZE25 PDT201	压差	#2 净水器	#1-#4 净水器 浊度、压差
PIW74	AI				
PIW76	AI	01HZE12 NT301	浊度	#3 净水器	
PIW78	AI	01HZE25 PDT301	压差	#3 净水器	
PIW80	AI				
PIW82	AI	01HZE12 NT401	浊度	#4 净水器	
PIW84	AI	01HZE25 PDT401	压差	#4 净水器	
PIW86	AI				
AQ－17		J14			
PQW40	AQ	01HZE01 101.FCC	变频控制	一站收集水泵	
PQW42	AQ	01HZE04 101.FCC	变频控制	回用水泵	
PQW44	AQ	01HZE09 301.FCC	变频控制	加药计量泵 a	
PQW46	AQ	01HZE09 401.FCC	变频控制	加药计量泵 b	变频输出
PQW48	AQ				
PQW50	AQ				
PQW52	AQ				
PQW54	AQ				

系统具体的硬件设计请参见《西门子 S7-300/400 PLC 工程应用技术》和《电气控制与 S7-300 PLC 工程应用技术》。

17.2.2 系统软件设计

1. 控制软件设计

（1）系统程序结构设计

根据工艺，设计的控制系统程序结构如图 17-5 所示。所使用的组织块包括 OB1、OB100 和 OB35。OB100 系统启动时，运行一次完成系统初始化的功能。OB35 为周期中断，周期为 2s，调用 FB41，FB41 为 PID 连续控制功能块，计算变频器 PID 控制量。

OB1 为主程序。OB1 主要包括集水池、调节水池、净化器、加药系统、清水池以及污泥池 6 个部分的控制程序。水泵的控制与相关水池的液位和工艺流程相关。OB1 还包括数据采样，故障处理和报警，模拟量滤波，模拟量输入和输出规格化，净化器的正洗、反洗和停止等一系列子程序。

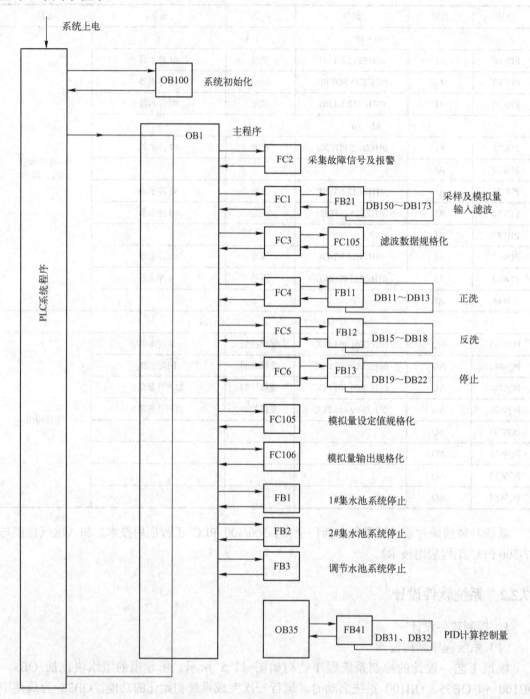

图 17-5 控制系统程序结构图

（2）系统软件资源分配

由于所使用系统软件资源较多，这里只列出总体分配表，见表 17-4。

表 17-4 控制系统软件资源分配表

资　源	描　述
OB1	主程序
OB35	周期中断，采样及 PID 计算控制量
OB100	上电启动初始化
FB1～FB3	停止
FB11	净水器正洗
FB12	净水器反洗
FB13	净水器停止
FB21	模拟量输入滤波，结果存到 DB101
FB41	PID 计算控制量，结果存到 DB3
FC1	初始化数据区，采集输入数字量和模拟量，调用 FB21 对模拟量进行滤波处理，数字量存储到 DB100，滤波后的模拟量存到 DB101
FC2	采集故障信号，存储到 DB5，供监控系统调用，进行报警
FC3	调用 FC105，将滤波后的模拟量输入的规格化，存到 MD130/MD134
FC105	主程序中直接调用 FC105，进行模拟量设定值的规格化
FC106	将 FB41 计算得到的模拟量输出规格化
DB1	参数值，监控界面给出的各模拟量参数的设定值；不用上电初始化
DB2	参数值中间量，复制 DB1 的值，在程序中用到的是 DB2 的值；需要上电初始化
DB3	模拟量值，把 DB101 中的整型转换成实际物理量；需要上电初始化
DB4	界面手动操作，调试时监控界面中手动给出的信号量；需要上电初始化和手自动切换初始化
DB5	故障信号，采集到的数字量的故障信号；需要上电初始化
DB6	数字量输出缓冲，经过 DB6 输出到 Q 映像区；需要上电初始化
DB11～DB14	对应四个净化器的正洗背景数据块
DB15～DB18	对应四个净化器的反洗背景数据块
DB19～DB22	对应四个净化器的停止背景数据块
DB25	模拟量设备的初始值设定
DB31	1#集水池 PID 控制
DB32	清水池 PID 控制
DB50～DB90	计数器
DB91	1#集水池系统停止
DB92	2#集水池系统停止
DB93	清水池系统停止
DB100	数字量输入映像区信号；需要上电初始化
DB101	模拟量输入映像区信号；需要上电初始化
DB150～DB173	采样 24 通道对应的数据块

（3）控制程序

下面对控制程序中的一些主要程序作详细介绍。

1）一站集水池。一站集水池控制程序流程如图 17-6 所示。

启动信号包括整个系统总启动，也可每个系统单独启动。系统的状态分为运行状态、停止状态和空闲状态，分别为 1、2、0。重启信号包括一站水位低于下限、调节水池水位过高信号、接收非变频水泵故障信号以及启动超时信号。停止信号包括变频水泵故障、其他水泵故障、停止命令以及手动。停止信号将复位启动功能步。

2）二站集水池。二站集水池控制程序流程如图 17-7 所示。

启动信号包括整个系统总启动，也可每个系统单独启动。系统的状态分为运行状态和停止状态。重启信号包括二站水位低于下限、调节水池水位过高信号及接收非变频水泵故障信号。停止信号包括其他水泵故障（两个同时出问题）、手动及停止命令。停止信号将复位启动功能步。

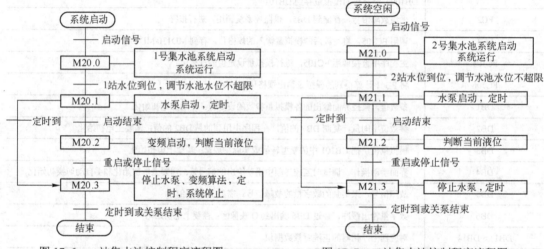

图 17-6　一站集水池控制程序流程图　　　　图 17-7　二站集水池控制程序流程图

3）调节水池。程序流程如图 17-8 所示。

调节水池有两个入口（一站和二站集水池）、一个出口（输入净化器）。调节水池的液位高度直接关系到整个系统的启动和停止。只有当调节水池超过启动线（2.5m），有足够的水量了，废水净化器才会启动。

4）清水池。程序流程如图 17-9 所示。

启动信号包括整个系统总启动，也可每个系统单独启动。系统的状态分为运行状态和停止状态。重启信号包括清水池水位低于下限、接收非变频水泵故障信号。停止信号包括其他水泵故障（两个同时出问题）、变频水泵故障及停止命令。停止信号将复位启动功能步。

5）加药系统。加药系统为净化器中正洗过程中提供清洗药剂，其加药由人工完成，药剂的输出是由正洗程序控制的。在药剂输出时，其加药箱的液位要达到 1m，否则程序会等待直到液位达到 1m，同时程序中发出报警信号告诉上位机的人机界面，提示人工加药。输药泵的运行速度和流量比例参数为 0.1。程序流程如图 17-10 所示。

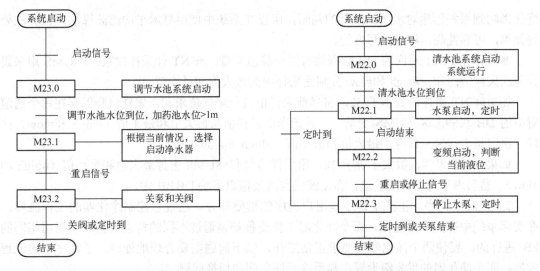

图 17-8　调节水池控制程序流程图　　　　图 17-9　清水池控制程序流程图

6）模拟量处理程序。整个模拟量处理过程包括模拟量输入的采样、算数平均值滤波、模拟量输入规格化、PID 计算控制量、模拟量输出规格化以及模拟量输出。以 1#集水站的模拟量处理为例，处理过程如图 17-11 所示。

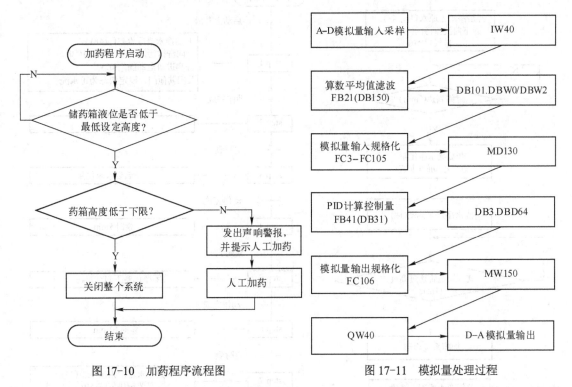

图 17-10　加药程序流程图　　　　图 17-11　模拟量处理过程

有些模拟量不需要进行 PID 计算控制量和滤波，则在 OB1 中直接调用 FC105 进行模拟量输入规格化，供程序使用。

在废水处理控制系统中，由于数据处理速度和精度要求不高，只是为了防止信号的瞬间变化影响到系统程序对水质、浊度的判断，所以在系统中使用算术平均滤波算法，该算法处理简单，可靠性高，程序编写方便。

滤波程序 FB21 对应的 DB 数据块有四个静态变量：#CNT 计采样次数；#SUMS 用来累计每次采样值的和；#high 和#low 分别是采样中的最大值和最小值。

如果#CNT 采样次数小于 32，将当前采样值进行采样值求和，采样值和保存在每个通道对应的 DB 块静态区#SUMS 变量中，并把当前采样值与最大值和最小值（#high 和#low）比较，决定是否代替原保存的最大值和最小值（#high 和#low）。

如果#CNT 采样次数大于等于 32，用采样值总和#SUMS 去掉最大值和最小值（#high 和#low），然后求平均得到滤波值，存滤波值到滤波值数据块 DB101 中。

7）正洗子程序。正洗子程序是用户程序的重要部分，通过它控制净化器的工作流程。在实际系统中有四个净化器，每个净化器工作流程都是通过不同的背景数据块来调用相同的 FB 进行的。要使四个净化器按要求正常工作，以下问题需要合理地处理：子程序中的流程控制；四个净化器的优先级设置；和反洗程序之间的切换问题。

正洗子程序流程图如图 17-12 所示。只要调节水池的液位达到高度，程序就会自动进入正洗流程。

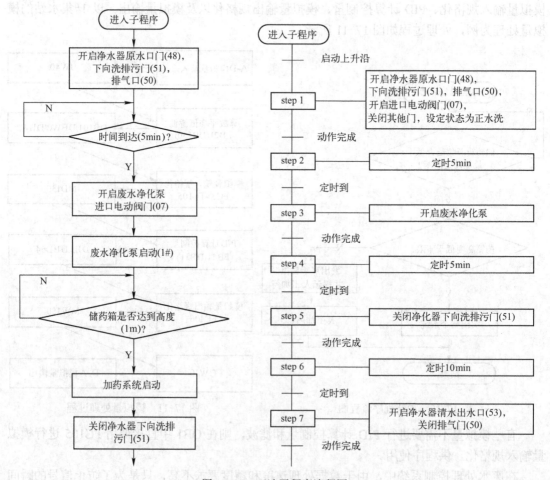

图 17-12 正洗子程序流程图

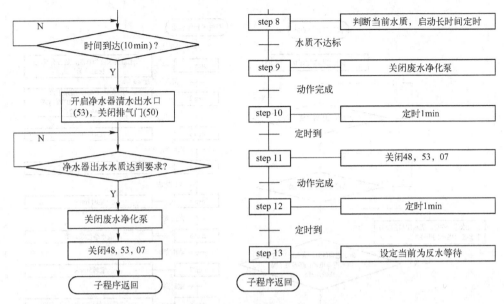

图 17-12 正洗子程序流程图（续）

系统中总共有四个净化器，程序设计成可以启动 1～4 任意个数的净化器，并且可以设置净化器启动的优先级顺序，每个净化器分别用数字 1、2、3、4 来表示，数字越小表示该净化器优先级越高。比如四个净化器分别设置优先级 2、3、1、4，那么当启动两个净化器的时候，第三个和第一个由于优先级在前面，所以就先启动了。当第三个净化器进入反洗后，那么第二个净化器由于优先级比第四个高，所以就由它启动来补充净化器的个数。图 17-13 是 1#净化器的优先级判断（判断优先级 1 的一个分支）。

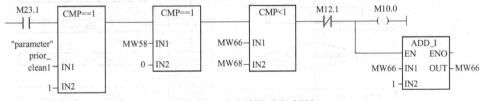

图 17-13 程序优先级判断

MW58：净化器 1 状态。0：空闲；1：正洗；2：反洗等待；3：反洗；4：停止。

MW66：当前正洗净水器个数。

MW68：应该开启的净水器个数。

"parameter".prior_clean1：一号净化器优先级。

设置的优先级先和 1 比较，如果是，就判断它是否处于空闲状态、净化器启动个数是否没有满足，如果符合条件就启动净化器（M10.0 置 1）。如果不是就和优先级 2 判断，直到 4 都判断完。然后就开始 2#净化器的判断，直到全部完成。

8）反洗子程序。进入反洗子程序后直到运行结束之前是不允许其他净化器运行反洗程序的，如果其他的净化器也达到了反洗条件，程序中它们进入反洗排队等待，也就是说，在同一时刻只有一台净化器在反洗，这样既保证了正洗净化器的个数，又保证了清水池反洗用水不至于被消耗光。反洗完成后的净化器不会启动，而是作为队列在正洗等待中排列，直到优先级轮到它。整个反洗程序流程如图 17-14 所示。

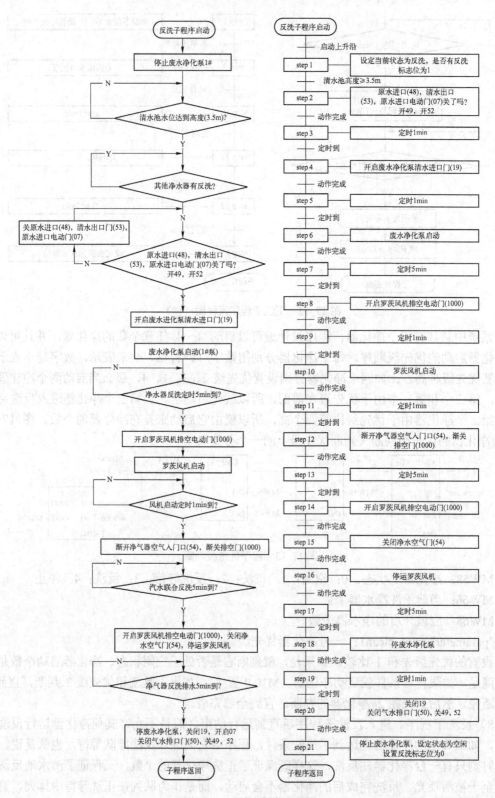

图 17-14 反洗程序流程图

17.3 监控软件设计

使用 WinCC 监控程序来设计监控。根据项目对于监控系统的要求，监控界面总体框架如图 17-15 所示。经过设计，整个监控系统组成如图 17-15 所示。

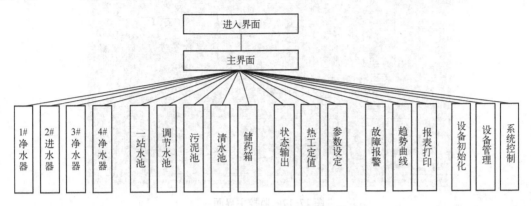

图 17-15 监控系统总体框架图

监控系统的进入界面如图 17-16 所示。需要输入正确的口令和密码才能进入监控主界面。

图 17-16 进入界面

主界面包含整个系统，在这里可以看到整个系统的运行情况，观察到各监测点的数据量，监测到各净化器的运行状态及故障报警信息。监控主界面如图 17-17 所示。

子界面如图 17-18 所示。子界面中有 10 个现场设备监控界面，与主界面的相应部分基本类似，这里仅以 1#、4#净水器系统界面为例。

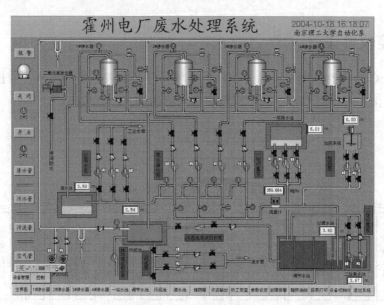

图 17-17 监控主界面

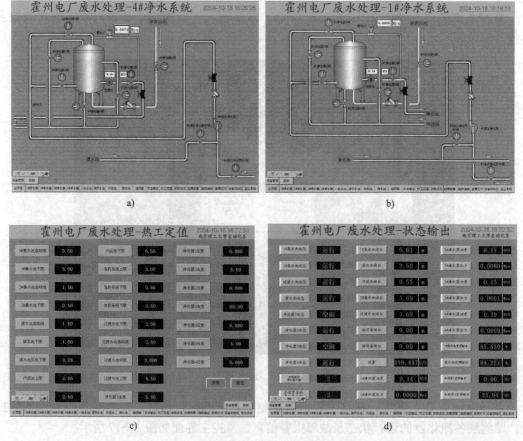

图 17-18 其他监控画面

a) 1#净水器系统监控界面　b) 4#净水器系统界面　c) 状态输出界面　d) 热工定值界面

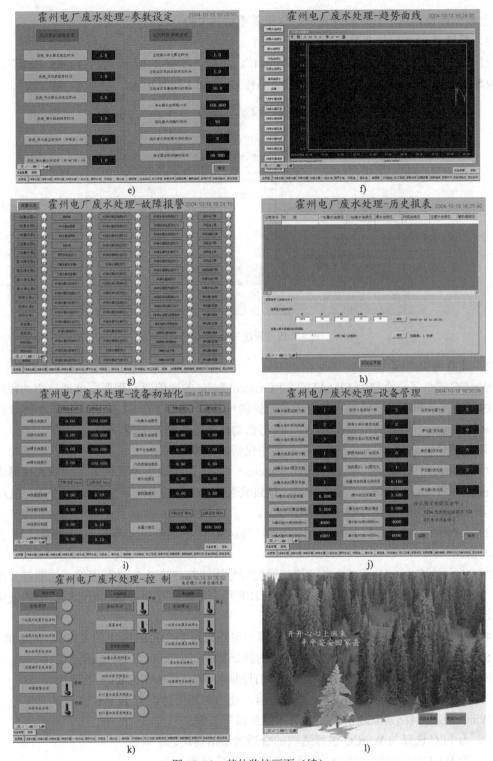

图 17-18　其他监控画面（续）

e) 参数设定界面　f) 趋势曲线界面　g) 故障报警界面　h) 报表打印界面

i) 设备初始化界面　j) 设备管理界面　k) 系统控制界面　l) 退出系统界面

监控软件设计属于系统软件设计，这里着重讲解监控系统的具体设计。

1．新建"wastwater"WinCC 项目

打开 WinCC，新建"Single-User Project"，填写"Project Name"、"Project Path"以及"New Subfolder"（该 WinCC 项目的文件夹名称），如图 17-19 所示。

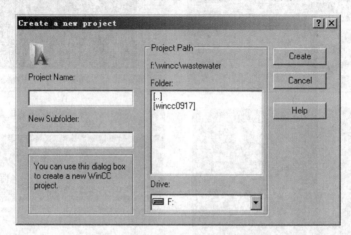

图 17-19　新建 WinCC 项目

2．建立通信连接

WinCC 提供了一个称为 SIMATIC S7 Protocol Suite 的通信驱动程序。此通信驱动程序支持多种网络协议和类型，通过它的通道单元提供与各种 SIMATIC S7-300 和 S7-400 PLC 的通信。具体选择通道单元的类型要看 WinCC 与自动化系统的连接类型。

SIMATIC S7 Protocol Suite 通信驱动程序包括如下通道单元：

1）Industrial Ethernet 和 Industrial Ethernet（Ⅱ）两个通道单元皆为工业以太网通道单元。它使用 SIMATIC NET 工业以太网，通过安装在 PC 上的通信卡与 SIMATIC S7 PLC 进行通信，使用的通信协议为 ISO 传输层协议。

2）MPI 用于编程设备上的外部 MPI 端口或 PC 上的通信处理器在 MPI 网络上与 PLC 进行通信。

3）Named Connections（命名连接）通过符号连接与 STEP 7 进行通信。这些符号连接是使用 STEP 7 组态的，并且当与 S7-400 的 H/F 冗余系统进行高可靠性通信时，必须使用此命名连接。

4）PROFIBUS 和 PROFIBUS（Ⅱ）实现与现场总线 PROFIBUS 上的 S7 PLC 的通信。

5）Solt PLC 实现与 SIMATIC 基于 PC 的控制器 WinAC Solt 412/416 的通信。

6）Soft PLC 实现与 SIMATIC 基于 PC 的控制器 WinAC BASIS/RTX 的通信。

7）TCP/IP 也是通过工业以太网进行通信，使用的通信协议为 TCP/IP。

WinCC 要与网络建立通信连接，必须做到以下工作：

1）为 PLC 选择与 WinCC 进行通信的合适的通信模块。

2）为 WinCC 所在的站的 PC 选择合适的通信处理器。

3）在 WinCC 项目上选择通道单元。

对于 WinCC 与 SIMATIC S7 PLC 的通信，首先要确定 PLC 上通信口的类型，不同型号的 CPU 上集成有不同的接口类型，对于 S7-300/400 类型的 CPU 至少会集成一个 MPI/DP 口，有的 CPU 上还集成了第二个 DP 口，有的还集成了工业以太网。此外，PLC 上还可选择 PROFIBUS 或工业以太网的通信处理器。其次，要确定 WinCC 所在的 PC 与自动化系统连接的网络类型。WinCC 的操作员站既可与现场控制设备在同一网络上，也可在单独的控制网络上。连接的网络类型决定了在 WinCC 项目中的通道单元类型。

PC 上的通信卡有工业以太网卡和 PROFIBUS 网卡，插槽有 ISA 插槽、PCI 插槽和 PC-MCIA 槽。此外，通信卡有 Hardnet 和 Softnet 两种类型。其中 Hardnet 通信卡有自己的微处理器，可减轻系统 CPU 上的负荷，可以同时使用两种以上的通信协议（多协议操作）；Softnet 通信卡没有自己的微处理器，同一时间只能使用一种通信协议通信处理器类型见表 17-5。

表 17-5　通信处理器类型

通信卡型号	插槽型号	类型	通信网络
CP5412	ISA	Hardnet	PROFIBUS/MPI
CP5611	PCI	Softnet	PROFIBUS/MPI
CP5613	PCI	Hardnet	PROFIBUS/MPI
CP5611	PCMCIA	Softnet	PROFIBUS/MPI
CP1413	ISA	Hardnet	工业以太网
CP1412	ISA	Hardnet	工业以太网
CP1613	PCI	Hardnet	工业以太网
CP1612	PCI	Softnet	工业以太网
CP1512	PCMCIA	Softnet	工业以太网

表 17-6 列出了当 WinCC 与 PLC 进行通信时，PLC 上使用的通信模块和 PC 上的通信卡。

表 17-6　WinCC 通道单元、通信模块和通信卡

WinCC 通道单元	通信网络	SIMATIC S7 类型	CPU 或通信模块	PC 通信卡
MPI	MPI	S7-300	CPU 31X,CP342-5,CP343-5	MPI 卡 CP5611 CP5511 CP5613
		S7-400	CPU41XCP443-5	
PROFIBUS	PROFIBUS	S7-300	CPU 31X,CP342-5,CP343-5	CP5412 CP5511 CP5611 CP5613
		S7-400	CPU41X CP443-5	
工业以太网和 TCP/IP	工业以太网或 TCP/IP	S7-200	CP 243-1	CP1612
		S7-300	CP343-1	CP1613
		S7-400	CP443-1	CP1512
Soft PLC	内部连接	WinAC Basis/RTX	不需要	不需要
Slot PLC	内部连接	WinAC Solt	不需要	不需要

步骤一：添加通信驱动程序

打开该 WinCC 项目，然后添加通信驱动程序，如图 17-20 所示。

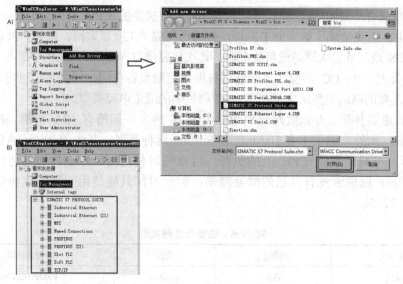

图 17-20　添加通信驱动程序

步骤二：创建一个过程连接

过程如图 17-21 和图 17-22 所示。

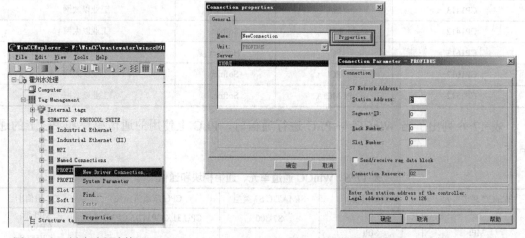

图 17-21　创建过程连接（1）　　　　　　　　　图 17-22　创建过程连接（2）

创建过程连接完毕后，如图 17-23 所示。

图 17-23　创建过程连接完毕

3. 定义过程变量

将变量分组，新建组，如图 17-24 所示。在组中分别新建变量，创建过程如图 17-25 所示。

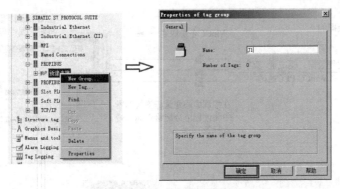

图 17-24　创建组

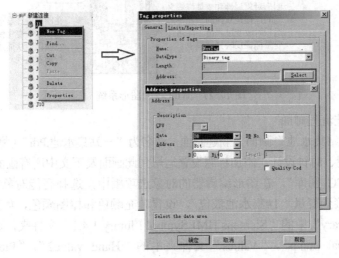

图 17-25　创建过程变量

创建过程变量完毕后，如图 17-26 所示。

图 17-26　创建过程变量完毕

4．组态监控画面

WinCC 的图形系统如图 17-27 所示。

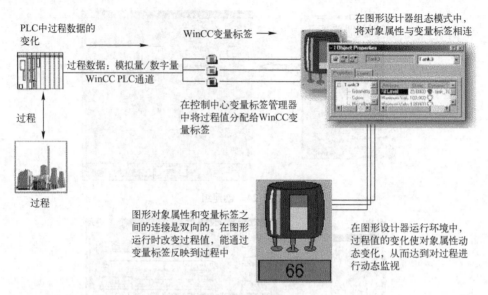

图 17-27　WinCC 的图形系统

（1）组态工艺流程画面

1）组态"一站集水池"画面。新建画面，命名为"一站集水池.Pdl"（将第 6 章画面设计实例中的背景设置、时钟设计、添加标题设置运用到此画面及下文中所有画面，下文将不再赘述）。打开"WinCC 图库"，在图形编辑器的对象选项板中，选择智能对象中的"Bar"并拖入画面中，并连接到变量"1#集水池液位"，设置填充颜色和棒图颜色，如图 17-28 所示。选择"Global Library"中的"Siemens HMI Symbol Library 1.4.1"文件夹，选择"Pumps"文件夹中的"Vertical pump"，"Values"文件夹中的"Hand value2"，"Pipes"文件夹中的"Short horizontal pipe"、"Short vertical pipe"及"90°Curve"，"Arrows"文件夹中的"Straight arrow"，将它们拖动到绘图区，并调整大小、颜色及位置，从"Standard Objects"中选择"Static Text"添加到画面中，对各个管道、阀门、泵进行说明。完整的工艺流程画面设计过程如图 17-29 所示。

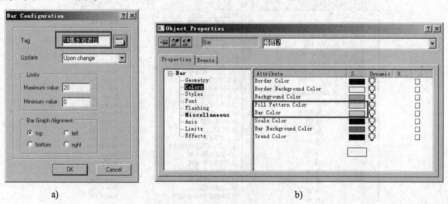

a)　　　　　　　　　　　　　　　　b)

图 17-28　棒图配置和属性设置

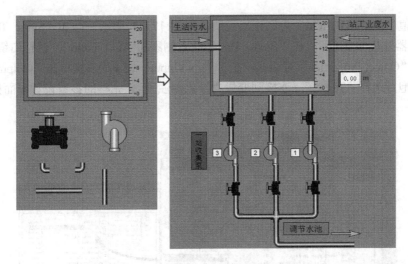

图 17-29 组态"一站集水池"画面

2）组态"净水器"画面。新建画面，命名为"1#高效净水器.Pdl"，打开图形编辑器，打开"WinCC 图库"，选择"Global Library"中的"Siemens HMI Symbol Library 1.4.1"文件夹，选择"Tanks"文件夹中的"Tank36"，"Pipes"文件夹中的"Short horizontal pipe"、"Short vertical pipe"及"90°Curve"，"Pumps"文件夹中的"Vertical pump"，"Values"文件夹中的"Check value"、"Hand value"及"3-D Rotary actuated"，"Sensors"文件夹中的"Pressure transmitter"，"Arrows"文件夹中的"Straight arrow"，将它们拖动到绘图区，并调整大小、颜色及位置，如图 17-30 所示。从"Standard Objects"中选择"Static Text"添加到画面中，对各个管道、阀门、泵进行说明。从"Smart Objects"中选择"I/O Field"，并连接到变量，以便能够显示压差和浊度的当前值。完整的工艺流程画面如图 17-18 所示。

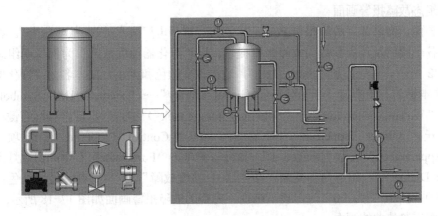

图 17-30 组态工艺流程

（2）组态参数设置画面

新建画面，命名为"参数设置.Pdl"，标题为"霍州电厂废水处理-参数设置"。在此画面需要设置净水器浊度、压力的设定值以及浊度仪、压力控制器的上下限。以组态显示"净水器浊度设定值"的"I/O Field"为例作出说明。如图 17-31 所示,添加"Static Text",文本名为"净水器浊度设定值",在"Static Text"的右侧添加"I/O Field",鼠标右键单击"I/O Field"打开"Object Properties"对话框,在"Output/Input"选项列右键单击"Output Value"右侧的白色灯泡,选择"Tag...",连接到变量"净化器浊度"。完整的参数设置画面如图 17-18所示。

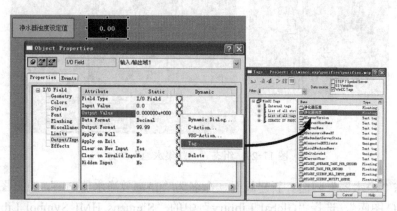

图 17-31 组态参数设置 I/O 域

(3) 组态操作控制画面

新建画面,命名为"控制.Pdl",标题为"霍州电厂废水处理-操作控制"。画面需要设置四组按钮:启动按钮、手动按钮、变频复位按钮和停止按钮。启动按钮包括全部启动、废水收集系统启动、清水回收系统启动、过渡调节系统启动、故障报警启动和加药系统启动。手动启动包括全部启动和屏幕锁定。变频复位按钮包括集水泵变频复位、回用水泵变频复位和计量加药泵变频复位。停止按钮包括全部停止、废水收集系统停止、清水回收系统停止及过渡调节系统停止。在图中添加静态文本和按钮,并进行相应组态。完整画面如图 17-18 所示。

(4) 组态故障报警画面

新建画面,命名为"故障报警.Pdl",标题为"霍州电厂废水处理-故障报警"。在此画面需要设置各个阀门及过程参数的故障报警提示。以"净化器浊度故障"为例说明组态方式,如图 17-32 所示。首先添加"Static Text",适当改变颜色和大小,文本名为"净化器浊度故障"。在文本框的右侧添加一个库对象("Global Library"→"Siemens HMI Symbol Library 1.4.1"→"Water&Wastewater"→"Spherical storage tank")作为指示灯。鼠标右键单击指示灯,打开"Object Properties"对话框,在"Control Properties"选项列,将"SymbolApperarance"改为"Shaded_1",鼠标右键单击"ForeColor"右侧的白色灯泡,选择"Dynamic Dialog...",组态为当变量"净化器 1 浊度故障"为"1"时,显示红色;当变量"净化器1浊度故障"为"0"时,显示绿色。完整的故障报警画面如图 17-18 所示。

(5) 组态趋势曲线画面

新建画面,命名为"趋势曲线-清水池液位.Pdl",将标题文本改为"霍州电厂废水处理-趋势曲线"。在图形编辑器的"Object Pacetle"上,选择"ActiveX controls"选项卡上的 WinCC OnlineTrend Control,将控件拖入画面中。在趋势图属性面板中组态时间轴和数值轴的坐标,将趋势与归档变量 ShuiChuLi 相连接。如图 17-33 所示。

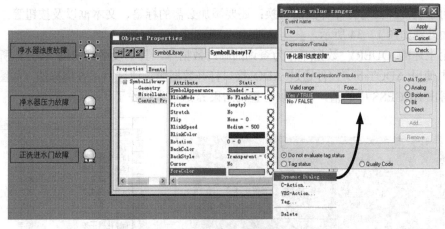

图 17-32　组态故障报警指示灯

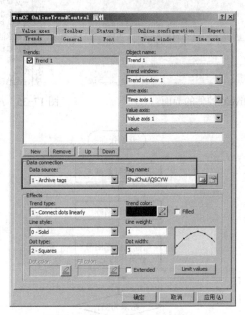

图 17-33　组态趋势图属性

5. WinCC 动态报表

在实际项目中虽然 WinCC 提供了变量趋势显示和报表功能，满足了简单的归档数据访问要求，但不能完成该废水处理工程项目提出的复杂数据处理要求（如进行有条件的查询和打印）。

ActiveX 是基于 COM（Component Object Model）的可视化控件结构的商标名称，它是一种封装技术，提供封装 COM 组件并将其置入应用程序的一种方法。经过实践证明，应用 ActiveX 技术实现 WinCC 归档数据复杂查询解决该工程问题是可行的。根据用户对控制系统有条件查询和打印的要求，运用 Delphi 设计 ActiveX 控件，然后在 WinCC 中调用该控件，最终实现 WinCC 不能完成的复杂归档数据访问任务。

使用 Delphi 来设计 ActiveX 控件。首先在 Delphi 7 里面新建 ActiveX 控件工程，由于新建的控件是包含窗口的，故控件采用继承 form，将控件命名为 WinCCDataReport，然后在界面上添加 DBGrid 控件，用于显示从 WinCC 归档数据库中分拣出来的数据；添加 TabControl

控件，用于查询界面与打印界面的切换；还要添加必需的标签、文本框以及按钮等。最后设计的界面外观如图 17-34 所示。

使用上述的 QUERY 数据库作为查询的临时数据库，其字段格式如图 17-35 所示。在 Delphi 中使用 ADOTable 控件通过 ADO 接口打开数据源，通过以下查询算法（如图 17-36 所示）得出 ACCESS 中的值，便可以对查询结果 rs 进一步操作了。

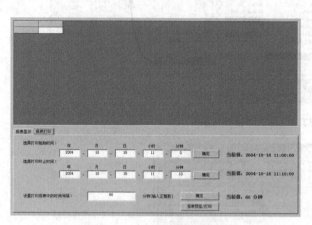

图 17-34 ActiveX 控件的界面

字段名称	数据类型
序号	文本
时间	文本
1#净化器压差	数字
1#净化器浊度	数字
2#净化器压差	数字
2#净化器浊度	数字
3#净化器压差	数字
3#净化器浊度	数字
4#净化器压差	数字
4#净化器浊度	数字
一站集水池夜位	数字
二站集水池夜位	数字
清水池夜位	数字
过渡水池夜位	数字
储药箱夜位	数字
溶药箱液位	数字
流量	数字
污泥池夜位	数字

图 17-35 ACCESS 数据库中的字段结构

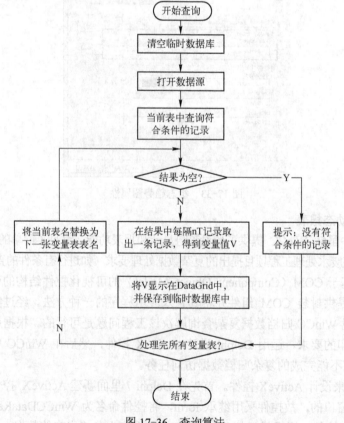

图 17-36 查询算法

340

经过程序处理，在 ACCESS 临时数据库里面得到目的数据，选择第三方的软件设计报表系统，只需在报表设计阶段设置数据库的路径和需要显示、打印的字段即可，极大地方便了设计开发工作。将后台数据库关联到已经设计好的 ACCESS 数据库中后，即可设计出一个符合要求的报表。最后用 delphi 生成 ActiveX 控件。在 WinCC 中对该控件进行注册，即可使用。实时报表结果如图 17-37 所示，所设计的内容达到了客户预期的要求。

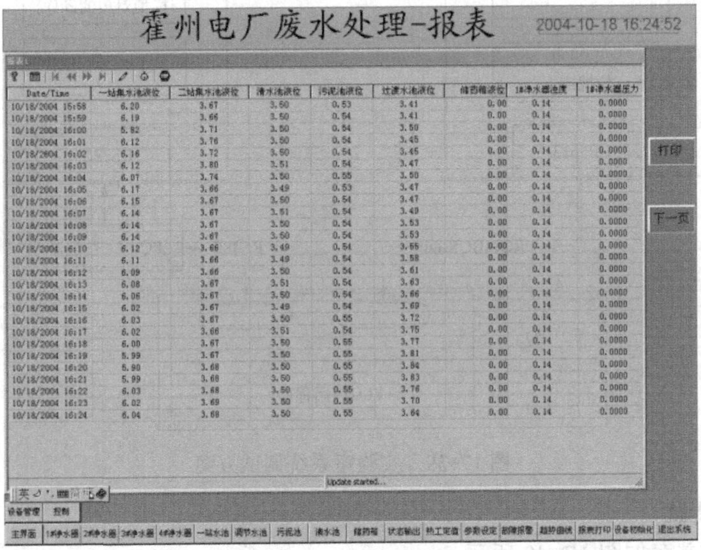

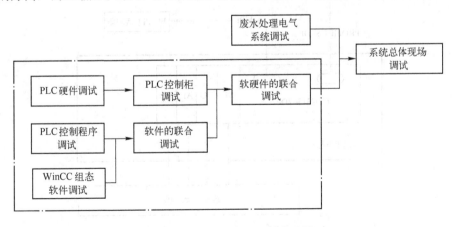

图 17-37 动态报表

17.4 系统调试

系统调试整体方案如图 17-38 所示。在现场调试之前要进行实验室模拟调试。在设计时期的调试是非常重要的，不仅可以在设计初期发现问题解决问题，而且可以把各个部件联合调试。这样如果在现场发现问题，就排除了系统内部的错误，就可以集中在外部解决，不仅找到了解决的方向，而且缩短了时间，所涉及的人员也大大减少，有利于系统的提前完成。

图 17-38 系统调试的整体构成图

1. 实验室模拟调试

利用实验室的资源，设计实验室调试方案，方案如图 17-39 所示。

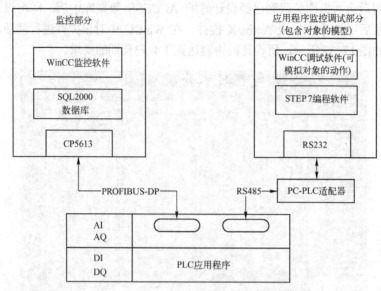

图 17-39 实验室系统调试方案

2. 控制柜调试

控制柜调试方案如图 17-40 所示。

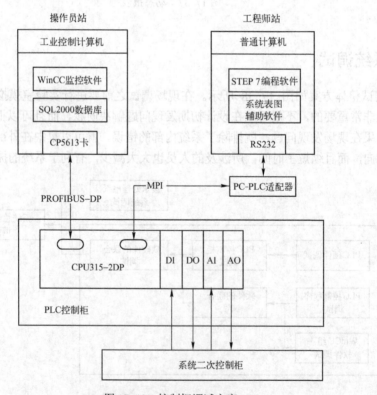

图 17-40 控制柜调试方案

3．现场调试

经过实验室的调试后，该系统的软、硬件故障和逻辑问题已基本排除，剩下的工作是到现场进行安装和调试。但在现场调试过程中会暴露出不可预料的硬件和软件问题，这时应冷静分析找到解决办法，直到系统完全符合要求。

PLC 控制程序软件的调试：在程序编写完成后进行调试，这一部分已经在前面介绍过，利用 STEP 7 套件中的 PLCSIM 仿真软件和 WINCC 调试界面相结合来进行逻辑程序的调试。

PLC 硬件的调试：在 PLC 硬件安装完毕而没有进入 PLC 控制柜安装前进行调试。调试的目的主要是检查 PLC 的 I/O 模块有没有存在坏通道；三个导轨直接的模块能否很好地连接；PLC 的 PROFIBUS 现场总线能否进行通信。在 STEP 7 里把正确的硬件组态下载到 CPU 中，然后分别在 PLC 硬件中手动给出数字量和模拟量的值，在 STEP 7 中在线监控检查得到的值和实际值是否一致，然后在 STEP 7 中强制 PLC 输入输出口，在硬件模块上通过看指示灯和用万用表测量来检测数字量和模拟量模块的好坏。然后利用 PROFIBUS 线连接 CPU 和计算机上的 CP5611 板块，通过其中的驱动程序在线检测通信是否正常，速率是否能够达到。

PLC 控制柜的现场调试：经过上面两步调试，就可以正式地把 PLC 安装到控制柜中，由于控制柜一般是在特定的厂家生产的，而且内部接线繁杂，很容易出现问题。对于控制柜的调试主要包括以下四点：检查接线有无错误；是否与设计原理图对应；能否正常地提供电源及其保护；PLC 能否正常工作，能否正确反映 PLC 的输入和输出。其中第四点是最重要的。PLC 控制柜的调试和 PLC 硬件调试非常相似，只是把由手动给的输入信号由控制柜来给出。输出信号输出到控制柜中通过观看指示灯来判断。由于没有现场设备模拟量还是一样的调试，区别是通过控制柜的连线进行。最后还要测试控制柜的报警灯、风扇等。在这里 PLC 模块的接线是最容易出错的，因为每个 PLC 模块的接线不同，厂家可能以前没有接过，所以会出现少接地线或 24V 线。

上位机监控软件调试：此环节主要是完成 WinCC 软件和 PLC 的通信调试、监控软件的监控界面及控制功能调试。监控软件的调试需要 PLC 控制器还有被控对象的一起配合，由于不在现场没有被控对象，为此模拟仿真被控对象。CPU 315-2DP 具有两个通信口，和上位机监控界面连接时使用 DP 口用 PROFIBUS 和 CP 5611 通信，下载 PLC 程序时使用 MPI 口通过 MPI 电缆和 STEP 7 相连接。为此可以通过另一个 MPI 软件来仿真模拟对象的运行，为此 WinCC 也是最好的选择，它具有 MPI 通信方便和良好的人机界面功能。这样使用两台 PC 和一个 PLC 就组成了一个完整的现场运行系统。

整个控制系统的联合调试（包括软、硬件）：整个控制系统的联合调试就是通过仿真模拟对象给出信号，来观察整个 PLC 程序运行的情况、WinCC 的监控情况以及控制柜的情况。

控制柜和电气柜的联合调试：这一步是整个系统中最重要的，也是最复杂的调试。它的顺利成功使得现场的工作完成了一大半。在这一步的主要工作就是调试信号线，检查两个柜子之间的线的连接。如果在调试中发现接线错误，有两种修改的方案：一是改线；二是改 PLC I/O 口的配置，显然第二种方式简单，此时前面用到的模板化自定义 PLC 地址就起到作用了，只要重新分配一下地址就可以解决问题。这样接线不用改，程序中的地址也不用改。

整体和现场的最终调试：主要检测现场产生的问题及解决问题。

17.5　技术文档整理

系统调试完成交付时，应提供给用户完整的技术文档，以方便用户的使用、系统的维护和改进。技术文档应包括以下几个方面：

1）系统的操作说明。

2）系统结构图和电气图样，包括控制柜、PLC 外部接线等。

3）带注释的 PLC 程序。

17.6　习题

1. 总结系统监控软件设计的一般流程。

2. 列举几种常用的 WinCC 控件，并说明它们实现的功能。

附录 实验指导书

附录 A 基础实验

实验一 系统组态与项目创建实验

1. 实验目的

1）熟悉 WinCC 软件的基本界面和项目管理器。

2）掌握根据工程要求选择适当的系统组态模式，并在不同的组态模式下用项目管理器组态不同的 WinCC 项目。

3）掌握工程分析方法。

2. 被控对象分析

SIMATIC WinCC 项目的组态包括两种方式：

1）独立组态方式：将 AS 站和 OS 站分别进行组态。

2）集成组态方式：采用 STEP 7 的全集成自动化框架来管理 WinCC 工程。

要求使用以上两种方法分别组态一个单用户项目。

蒸发器广泛应用于过程工业中的浓缩、提纯等工艺，其示意图如附图 A-1 所示。

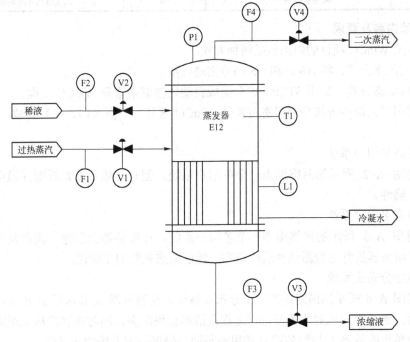

附图 A-1 蒸发器

蒸发器的工作流程大致可描述为：待浓缩的稀液由蒸发器上部进入蒸发器 E12，吸收过热蒸汽提供的热量，稀液中的水分变成二次蒸汽从蒸发器顶部排出，浓缩液从蒸发器底部排出。浓缩液浓度无法实时测量。稀液流量为 F2，稀液流量管线上设调节阀 V2。浓缩液流量为 F3，浓缩液流量管线上设调节阀 V3。二次蒸汽流量为 F4，二次蒸汽流量管线上设调节阀 V4。满足工艺要求的过热蒸汽由蒸发器中部通入蒸发器夹套，过热蒸汽压力为 3.8MPa，温度为 450℃，流量为 F1，过热蒸汽管线上设调节阀 V1。经过换热后的过热蒸汽变为冷凝水排出。蒸发器为真空操作，蒸发器压力为 P1，蒸发器温度为 T1，蒸发器液位为 L1。

被控对象的设备列表、检测点列表和操作点列表分别见附表 A-1～附表 A-3。

附表 A-1　设备列表

设 备 编 号	说　　明
E12	蒸发器

附表 A-2　检测仪表

位　号	检测点说明	单　位	位　号	检测点说明	单　位
F1	过热蒸汽流量	kg/h	L1	蒸发器液位	%
F2	稀液流量	kg/h	P1	蒸发器压力	MPa
F3	浓缩液流量	kg/h	T1	蒸发器温度	℃
F4	二次蒸汽流量	kg/h			

附表 A-3　执行机构

位号	执行机构说明	位号	执行机构说明
V1	过热蒸汽管线调节阀	V3	浓缩液管线调节阀
V2	稀液管线调节阀	V4	二次蒸汽管线调节阀

3. 实验内容及要求

SIMATIC WinCC 项目的组态包括两种方式：

1）独立组态方式：将 AS 站和 OS 站分别进行组态。

2）集成组态方式：采用 STEP 7 的全集成自动化框架来管理 WinCC 工程。

要求使用以上两种方法分别组态蒸发器 WinCC 项目，下面（1）、（2）必做，（3）、（4）选做。

（1）组态单用户系统

根据附图 A-2 所示的网络组态一个单用户系统，创建一幅蒸发器画面并激活，验证组态系统的正确性。

（2）组态多用户系统

根据附图 A-3 所示的网络组态一个多用户系统，在服务器上创建一幅蒸发器画面，通过客户机对服务器进行远程激活和远程组态，验证组态系统的正确性。

（3）组态分布式系统

根据附图 A-4 所示的网络组态一个分布式系统，在服务器 A 和服务器 B 上各创建一幅蒸发器画面，通过客户机对服务器进行远程激活和远程组态，同时在客户机上组态自己的客户机项目和显示服务器 A 与服务器 B 的组态画面，验证组态系统的正确性。

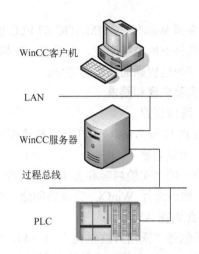

附图 A-2 单用户系统简易网络结构图　　　　附图 A-3 多用户系统简易网络结构图

（4）组态冗余系统

根据附图 A-5 所示的网络组态一个冗余系统，在 WinCC 服务器上创建一幅组态画面和服务器数据包，设置时间同步并激活冗余。用项目复制器将 WinCC 服务器项目复制到 WinCC 冗余服务器，先后激活 WinCC 服务器和 WinCC 冗余服务器，验证组态系统的正确性。

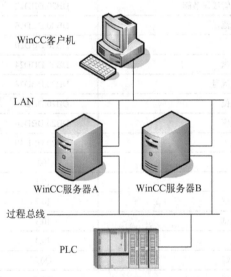

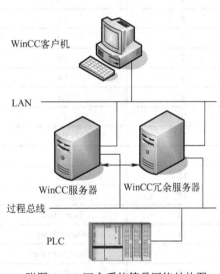

附图 A-4 分布式系统简易网络结构图　　　　附图 A-5 冗余系统简易网络结构图

4. 实验报告

1）要说明蒸发器组态的实验设计与分析过程，并画出实验步骤流程图。

2）简要说明实验中遇到的问题和解决办法，以及对工程分析方法的理解。

实验二　通信设置、变量创建与组态监控画面实验

1. 实验目的

1）通过实验加深对 WinCC 通信结构的理解和认识。

2）掌握 WinCC 与 SIMATIC S7 PLC 的通信设置方法。

3）掌握不同类型变量、变量组、结构类型的创建和编辑方法。

4）掌握过程画面的组态方法。

2．实验内容和要求

（1）通信设置

观察 PLC 与 WinCC 所在计算机连接的网络类型，根据网络类型进行正确的通信设置。

（2）变量创建

实验一的"实验内容和要求"中已经介绍了蒸发器的工艺流程，在此基础上进行系统资源分配，然后进行 WinCC 变量的创建。WinCC 外部变量与 PLC 中变量地址对照表见附表 A-4（参照附图 A-1）。

要求创建"阀门开度输出"（1～4）、"过程量输入"（5～11）、"报警"（17～24）、"参数设置"（25～40）变量组，并针对序号为 17～24、25～40 的变量创建结构变量。

附表 A-4　WinCC 外部变量与 PLC 中变量地址对照表

序　号	外部变量名	名　称　说　明	变　量　地　址
1	V1	过热蒸汽管线调节阀	DB20.DBD0
2	V2	稀液管线调节阀	DB20.DBD4
3	V3	浓缩液管线调节阀	DB20.DBD8
4	V4	二次蒸汽管线调节阀	DB20.DBD12
5	F1	过热蒸汽流量	DB20.DBD16
6	F2	稀液流量	DB20.DBD20
7	F3	浓缩液流量	DB20.DBD24
8	F4	二次蒸汽流量	DB20.DBD28
9	L1	蒸发器液位	DB20.DBD32
10	T1	蒸发器温度	DB20.DBD36
11	P1	蒸发器压力	DB20.DBD40
12	Start	系统启动	I0.0
13	Stop	停止	I0.1
14	Light_Test	报警灯测试	I0.2
15	Beep_Test	蜂鸣器测试	I0.3
16	Alarm_Reset	报警复位	I0.4
17	Light_Indicator	报警指示灯	Q0.0
18	Beep_Indicator	报警蜂鸣器	Q0.1
19	Start/Stop_Indicator	启停指示灯	Q0.2
20	F1_H	过热蒸汽流量高限报警指示灯	M0.0
21	F1_L	过热蒸汽流量低限报警指示灯	M0.1
22	F2_H	稀释流量高限报警指示灯	M1.0
23	F2_L	稀释流量低限报警指示灯	M1.1
24	L1_H	蒸发器液位高限报警指示灯	M2.0
25	L1_L	蒸发器液位低限报警指示灯	M2.1
26	T1_H	蒸发器温度高限报警指示灯	M3.0

序　号	外部变量名	名　称　说　明	变量地址
27	T1_L	蒸发器温度低限报警指示灯	M3.1
28	F3_M_A	浓缩液流量控制器手/自动切换	M4.0
29	F4_M_A	二次蒸汽流量控制器手/自动切换	M4.1
30	L1_M_A	蒸发器液位控制器手/自动切换	M4.2
31	T1_M_A	蒸发器温度控制器手/自动切换	M4.3
32	F3_SP	浓缩液流量设定值	DB1.DBD0
33	F3_P	浓缩液流量控制器比例常数	DB1.DBD4
34	F3_I	浓缩液流量控制器积分常数	DB1.DBD8
35	F3_D	浓缩液流量控制器微分常数	DB1.DBD12
36	F3_MAN_OP	浓缩液流量控制器手动值	DB1.DBD16
37	F4_SP	二次蒸汽流量设定值	DB2.DBD0
38	F4_P	二次蒸汽流量控制器比例常数	DB2.DBD4
39	F4_I	二次蒸汽流量控制器积分常数	DB2.DBD8
40	F4_D	二次蒸汽流量控制器微分常数	DB2.DBD12
41	F4_MAN_OP	二次蒸汽流量控制器手动值	DB2.DBD16
42	L1_SP	蒸发器液位设定值	DB3.DBD0
43	L1_P	蒸发器液位控制器比例常数	DB3.DBD4
44	L1_I	蒸发器液位控制器积分常数	DB3.DBD8
45	L1_D	蒸发器液位控制器微分常数	DB3.DBD12
46	L1_MAN_OP	蒸发器液位控制器手动值	DB3.DBD16
47	T1_SP	蒸发器温度设定值	DB4.DBD0
48	T1_P	蒸发器温度控制器比例常数	DB4.DBD4
49	T1_I	蒸发器温度控制器积分常数	DB4.DBD8
50	T1_D	蒸发器温度控制器微分常数	DB4.DBD12
51	T1_MAN_OP	蒸发器温度控制器手动值	DB4.DBD16

（3）组态监控画面

要求组态三个过程画面，分别为工艺流程画面、操作画面和系统参数画面，并激活系统，进行运行测试。各过程画面的设计的具体要求如下：

1）工艺流程画面：参照附图 A-1，能够形象地显示出整个系统的工艺流程及各种过程数据，如流量、液位以及温度等。

2）操作界面：置有各种按钮及指示灯，能够进行启动、停止等基本操作。

3）系统参数画面：列有系统各控制器的控制参数及相对应的控制量设定值，能够在此界面进行控制参数的整定。

3. 实验报告

1）给出通信设置和变量创建的相关截图及其说明。

2）给出画面运行界面截图及其说明。

3）给出实验体会及实验中遇到的问题和解决办法。

实验三　过程值归档实验

1. 实验目的

1）通过实验加深对过程值归档流程的理解。

2）掌握在 WinCC 的"变量记录"中组态过程值归档的步骤。

3）通过实验体会不同过程值归档方法在不同情况下的选用情况。

4）掌握在 WinCC 画面中组态趋势控件和表格控件进行过程归档值的输出。

2．实验内容和要求

本实验要求对蒸发器的输入模拟量进行归档，即附表 A-1 序号为 1～5 的变量。

（1）定时器组态

新建 5 个定时器，分别用于流量、液位和温度，定时时间分别为 2s、10s 和 30s，定时器注意设置循环起始点，使归档负载均匀分布。

（2）归档组态

进行分析计算，设置归档尺寸和更改分段的时间，并设置归档备份目录。

（3）创建并组态归档变量

尝试用周期性连续归档、周期性选择归档、非周期性事件驱动归档以及非周期性值变化驱动归档四种不同归档方式，组态附表 A-1 序号为 1～5 的变量。

（4）归档过程值的输出

在 WinCC 画面中组态趋势控件和表格控件进行过程归档值的输出。

3．实验报告

1）给出定时器组态的截图。

2）给出归档尺寸和更改分段时间的设置界面，并说明相关数据设置理由，并给出备份文件目录下相关内容截图。

3）分别给出用不同方法进行归档的步骤和运行结果示意图。

4）给出 WinCC 画面中趋势控件和表格控件组态图，如果利用趋势控件和表格控件进行了归档数据的相关操作，给出相关界面截图。

实验四　消息报警与报表应用实验

1．实验目的

1）正确使用"报警记录"编辑器。

2）掌握报警控件的组态及报警显示方法。

3）理解布尔量报警与模拟量报警的区别。

4）在页面布局编辑器中制作一份报表并打印出来。

2．实验内容及要求

1）按照附表 A-5 在 WinCC 中组态一幅蒸发器的消息画面，包括报警记录与故障报警。

附表 A-5　WinCC 报警变量说明表

序　号	报警变量	报警变量类型	名称说明
1	F1	Analog	过热蒸汽流量
2	F2	Analog	稀释流量
3	L1	Analog	蒸发器液位
4	T1	Analog	蒸发器温度
5	F1_H	Boolean	过热蒸汽流量高限报警指示灯
6	F1_L	Boolean	过热蒸汽流量低限报警指示灯

序　号	报警变量	报警变量类型	名　称　说　明
7	F2_H	Boolean	稀释流量高限报警指示灯
8	F2_L	Boolean	稀释流量低限报警指示灯
9	L1_H	Boolean	蒸发器液位高限报警指示灯
10	L1_L	Boolean	蒸发器液位低限报警指示灯
11	T1_H	Boolean	蒸发器温度高限报警指示灯
12	T1_L	Boolean	蒸发器温度低限报警指示灯

2）组态所需要的单个消息，分别设计布尔量报警与模拟量报警。在报警记录中组态必需的消息块、消息类别和消息类型。其中消息块包括日期、时间、状态、编号、消息变量、报警变量类型、报警描述和错误点，消息类型为错误，消息类别为报警。报警设置消息到达显示为红色，消息离开为黄色，消息确认为绿色，文字显示为黑色。

3）在图形编辑器中将 WinCC 报警控件链接到图形编辑器画面，并更改控件的属性。在消息列表中选中日期、时间、状态、编号、消息变量、报警变量类型、报警描述和错误点。

4）将日期、时间、状态、编号、消息变量、报警变量类型、报警描述和错误点作为变量在页面布局编辑器中制作成报表并组态打印。

3．实验报告

1）列写出所有消息的参数设计表。

2）将运行结果画面截图，并简要予以文字说明。

3）制作报表并组态打印作业。

4）给出实验中遇到的问题和解决方法。

实验五　用户管理与脚本应用实验

1．实验目的

1）掌握 WinCC 脚本程序的设计方法。

2）用户访问权限、画面被访问权限的设置。

3）学习构建系统登录程序与退出程序。

2．实验内容与要求

实验一～实验四已完成画面组态、变量创建与通信、过程值归档、消息报警组态以及报表的组态，要求在此基础上为系统添加登录界面、退出界面以及动态画面效果，登录与退出画面可参考附图 A-6。

a)　　　　　　　　　　　　　　b)

附图 A-6　登录与退出界面

a) 登录界面（参考）　b) 退出界面（参考）

（1）用户登录界面设计

1）用户权限设置：为用户管理系统添加权限"login"，组"用户"和组"Root"。分别在"用户"组和"Root"组中添加用户"user"和"rooter"，并分配权限。

2）组态登录画面：创建画面"cover"，添加按键"登录"，组态"登录"为切换到主界面，将其权限设置为"login"。

3）热键设置：在项目属性中为登录和登出（注销）分别分配热键〈Ctrl〉＋〈F1〉和〈Ctrl〉＋〈F2〉。

（2）用户退出界面设计

1）创建画面"logout"，添加按键"退出"及"回到主界面"。

2）为按键"退出"设置 C 动作脚本，使其正常退出运行系统。

3）设置"回到主界面"按键，单击后回到主界面。

以上实验结果可参考附图 A-6a、b。

（3）阀门颜色变化

通过"动态值范围"和 ANSI C 脚本，使得阀门在开启（ON）时显示绿色；关闭（OFF）时显示灰色。

实验结束后，查看登录、退出及颜色变化功能是否正常。

3．实验报告

1）根据对通信的理解完成实验，并叙述实验操作步骤。

2）回答下列问题：

① WinCC 的全局脚本有哪几种？区别是什么？

② 用户管理的权限设置有哪几种？各应用于什么场合？

③ 实现控件颜色的动态变化还有哪些方法？

实验六　数据库与数据归档应用实验

1．实验目的

1）熟悉 Microsoft SQL Server 2005 数据库，熟悉归档数据库名称和归档路径，熟悉 SQL Server 管理器访问非压缩归档数据。

2）掌握 CSV 格式保存归档数据。

3）掌握 WinCC 数据库直接访问的方法。

2．实验内容与要求

1）实验三和实验四分别实现了组态过程变量归档和报警消息归档，在此基础上，打开项目根目录，查看以下数据文件（例如项目名称为 WinCCTest）：WinCCTest.Mdf、WinCCTest.Mdf、WinCCTest.Mdf、WinCCTest.Mdf，它们分别是组态数据库文件、运行数据库文件、报警记录中消息归档数据文件以及变量记录中过程值归档数据文件。

单击"开始"→"程序"→"Microsoft SQL Server 2005"→"SQL Server Management Studio"，打开 SQL Server 管理器，可以直接查看非压缩的归档数据。

2）以 CSV 格式保存过程归档数据。

以蒸发器项目为背景，在 WinCC V7.0 中以 CSV 格式保存过程值归档数据 Evaporator

Pressure。

① 双击趋势控件打开趋势控件属性（趋势控件中有组态好的需要以 CSV 格式保存的归档数据）。

② 在工具栏选项中选择"Export data"选项，在趋势的工具栏中会出现 ☒ 图标（此步骤既可在组态状态下操作，也可在运行状态下操作）。

③ 在 WinCC 运行状态下，单击 ⟳ 图标，选择以 CSV 格式查看归档数据的时间范围。

④ 单击趋势的工具栏中的 ☒ 图标，打开"导出数据（Export data）"对话框，在文件名称处可以输入需要以 CSV 格式保存归档数据的文件名称，或使用默认名称。数据导出范围项可以选择 0-All 或 1-Selection。文件格式为 CSV。单击"OK"按钮就会将趋势中的在上一步选择的时间范围内的归档数据以 CSV 格式保存。

⑤ 归档数据保存为 CSV 格式文件的路径为项目目录下"Export"文件夹下的"Online TrendControl"中。

⑥ 双击 CSV 格式文件夹，可以用 Microsoft Excel 打开查看归档数据。

3）用 WinCC OLE-DB 读取过程值归档。

以蒸发器项目为背景，要求从 WinCC 运行数据库中取出变量 Evaporator Temperature 最后 10min 的值，并显示在一个 ListView 中。简要步骤如下：

① 创建一个 WinCC 变量 Evaporator Temperature。

② 创建一个过程值归档 PVArchivel，把变量和归档相连。

③ 创建 VB 工程，连接 MS Windows Common Controls 6.0 "ListView Control"，命名为 ListView1。ListView1 中的列由脚本创建。

④ 创建命令按钮，将编写好的脚本添加到按钮事件中。

⑤ 激活 WinCC 工程，启动 VB 应用程序，单击"命令"按钮。

4）用 ADO/WinCC OLE-DB 查看报警消息归档数据。

以蒸发器项目为背景，要求从报警消息归档数据中读取 10min 时间间隔的 Evaporator Liquid Level，数据带有时间标记、消息编号、状态和消息类型显示在 ListView 对象中。简要步骤如下：

① 在报警记录中组态报警，激活报警记录。

② 创建 VB 工程，连接 MS Windows Common Controls 6.0 "ListView Control"，命名为 ListView1。ListView1 中的列由脚本创建。

③ 创建命令按钮，将编写好的脚本添加到按钮事件中。

④ 激活 WinCC 工程，启动 VB 应用程序，单击"命令"按钮。

3．实验报告

1）按照一定的格式书写实验报告。

2）回答如下问题：

① Microsoft SQL Server 2005 数据库的特点和优势？

② 除了实验中用到的 ADO/OLE-DB 外，还有哪些方式可以实现 WinCC 直接访问数据库？

附录 B　综合实验　连续搅拌釜式反应器（CSTR）综合应用实验

1．实验目的
1）熟悉 CSTR 的反应过程特征及工艺过程。
2）理解控制系统的工程设计方法，重点掌握组态软件设计思想及方法。
3）掌握在 WinCC 组态软件平台上进行监控软件设计和调试的方法。

2．被控对象分析
连续搅拌釜式反应（CSTR）是工业上常见的一类连续反应过程，本实验主要以其中的丙烯聚合反应为例。反应系统主要由带搅拌器的釜式反应器和若干控制阀门、管道及开关组成，如附图 B-1 所示。

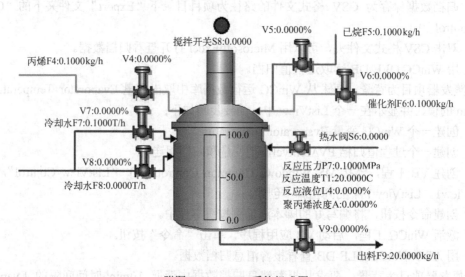

附图 B-1　CSTR 系统组成图

CSTR 反应的基本原理描述如下：液态丙烯和液态己烷以及催化剂分别以一定比例进入反应釜，加入热水诱发反应，诱发成功之后停止加热水。通过夹套或蛇管加入冷水，对放热对象进行降温，将温度控制到合理的范围。工艺流程如附图 B-2 所示。

3．实验要求及内容
系统监控界面的总体框架图如附图 B-3 所示，整个监控系统的设计要求如下：
1）设计用户登录界面，分配用户权限，用户输入正确的口令和密码才能进入监控界面。设计用户退出界面，添加"退出"和"返回"按钮，单击"退出"能够正常退出运行系统，单击"返回"能够回到监控界面。
2）设计工艺流程画面：参照附图 A-1，形象地显示出系统的工艺流程，对管道流向、阀门、检测器位置进行标注，适当添加一些过程数据的实时数值显示。
3）设计操作控制画面：添加若干按钮和指示灯，按钮分别用于控制系统的启动、停止、紧急停止以及系统复位等，指示灯用于显示系统的状态，如正常运行、紧急停止等。

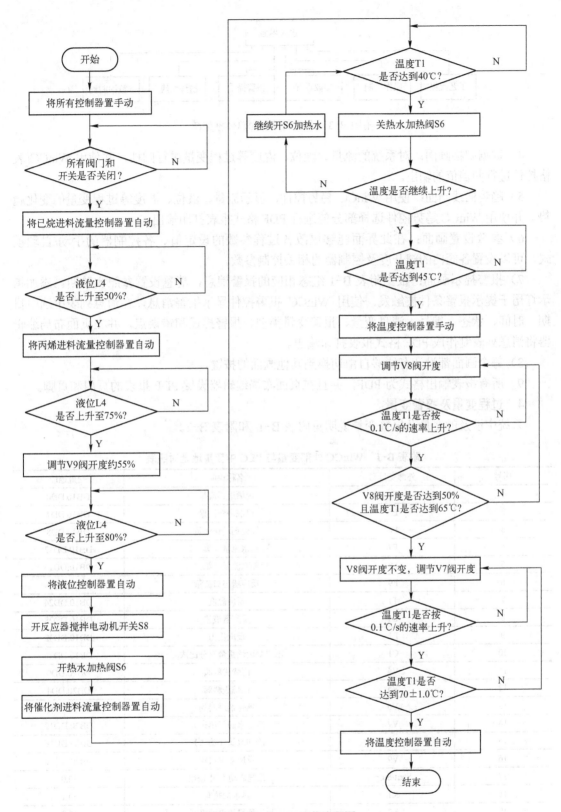

附图 B-2　CSTR 工艺流程图

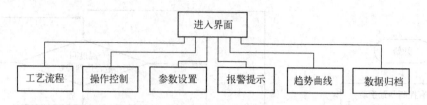

附图 B-3 系统监控界面总体框架图

4）数据归档画面：对系统的流量、液位、温度等过程变量进行归档，并使用 WinCC 表格控件进行归档值的输出。

5）趋势曲线画面：使用 WinCC 趋势控件，显示流量、液位、温度等过程变量的变化趋势，并使用 WinCC 趋势控件选择部分值进行 PDF 格式报表打印输出。

6）参数设置画面：在此界面能够更改各过程参数的设定值、各控制器的手动/自动模式，可以设置各阀门的阀开度及控制器的相关控制参数。

7）报警提示画面：根据附表 B-1 组态相应的报警消息，消息设置参照实验四。添加指示灯用于提示报警条件被触发。使用 WinCC 报警控件显示报警消息，在消息列表中选中日期、时间、状态、编号、消息变量、报警变量类型、报警描述和错误点，并在页面布局编辑器将消息列表制作成 PDF 格式报表打印输出。

8）每个画面都设计有能够自由切换到其他画面的按键。

9）所有报表输出格式为 PDF，并且在页面布局编辑器设置 PDF 报表的页眉和页脚。

4. 过程变量及报警变量

系统中涉及的变量及报警变量说明见附表 B-1 和附表 B-2。

附表 B-1　WinCC 外部变量与 PLC 中变量地址对照表

序号	外部变量名	名称说明	变量地址
1	F4	丙烯进料流量	DB10.DD0
2	F5	己烷进料流量	DB10.DD4
3	F6	催化剂进料流量	DB10.DD8
4	F7	冷却水流量（第一）	DB10.DD12
5	F8	冷却水流量（第二）	DB10.DD16
6	F9	反应器出口流量	DB10.DD20
7	T1	反应温度	DB10.DD24
8	L4	反应器液位	DB10.DD28
9	P1	反应压力	DB10.DD32
10	C1	出口聚丙烯重量百分比浓度	DB10.DD36
11	V4	丙烯进料阀	DB20.DD0
12	V5	己烷进料阀	DB20.DD4
13	V6	催化剂进料阀	DB20.DD8
14	V7	冷却水阀（第一）	DB20.DD12
15	V8	冷却水阀（第二）	DB20.DD16
16	V9	反应器出口阀	DB20.DD20
17	Start/Stop	系统启动/停止按钮	I0.0
18	K1	热水加热阀	I0.1
19	K2	反应器搅拌电动机开关	I0.2

序号	外部变量名	名称说明	变量地址
20	Light_Test	报警灯测试	I0.3
21	Beep_Test	蜂鸣器测试	I0.4
22	Alarm_Reset	报警复位	I0.5
23	Light_Indicator	报警指示灯	Q0.0
24	Beep_Indicator	报警蜂鸣器	Q0.1
25	Start/Stop_Indicator	启停指示灯	Q0.2
26	L4_H	反应器液位高限报警指示位	M0.0
27	L4_L	反应器液位低限报警指示位	M0.1
28	T1_H	反应温度高限报警指示位	M1.0
29	T1_L	反应温度低限报警指示位	M1.1
30	P1_H	反应压力高限报警指示位	M2.0
31	P1_L	反应压力低限报警指示位	M2.1
32	F4_M_A	丙烯进料流量流量控制器手/自动切换	M3.0
33	F5_M_A	己烷进料流量控制器手/自动切换	M3.1
34	F6_M_A	催化剂进料流量控制器手/自动切换	M3.2
35	L4_M_A	反应器液位控制器手/自动切换	M3.3
36	T1_M_A	反应温度控制器手/自动切换	M3.4
37	F4_SP	丙烯进料流量设定值	DB1.DD0
38	F4_P	丙烯进料流量控制器比例常数	DB1.DD4
39	F4_I	丙烯进料流量控制器积分常数	DB1.DD8
40	F4_D	丙烯进料流量控制器微分常数	DB1.DD12
41	F4_MAN_OP	丙烯进料流量控制器手动值	DB1.DD16
42	F5SP	己烷进料流量设定值	DB2.DD0
43	F5_P	己烷进料流量控制器比例常数	DB2.DD4
44	F5_I	己烷进料流量控制器积分常数	DB2.DD8
45	F5_D	己烷进料流量控制器微分常数	DB2.DD12
46	F5_MAN_OP	己烷进料流量控制器手动值	DB2.DD16
47	F6_SP	催化剂进料流量设定值	DB3.DD0
48	F6_P	催化剂进料流量控制器比例常数	DB3.DD4
49	F6_I	催化剂进料流量控制器积分常数	DB3.DD8
50	F6_D	催化剂进料流量控制器微分常数	DB3.DD12
51	F6_MAN_OP	催化剂进料流量控制器手动值	DB3.DD16
52	L4_SP	反应器液位设定值	DB4.DD0
53	L4_P	反应器液位控制器比例常数	DB4.DD4
54	L4_I	反应器液位控制器积分常数	DB4.DD8
55	L4_D	反应器液位控制器微分常数	DB4.DD12
56	L4_MAN_OP	反应器液位控制器手动值	DB4.DD16
57	T1_SP	反应温度设定值	DB5.DD0
58	T1_P	反应温度控制器比例常数	DB5.DD4
59	T1_I	反应温度控制器积分常数	DB5.DD8
60	T1_D	反应温度控制器微分常数	DB5.DD12
61	T1_MAN_OP	反应温度控制器手动值	DB5.DD16

附表 B-2　WinCC 报警变量说明表

序　号	报 警 变 量	报警变量类型	名 称 说 明
1	L4	Analog(Floating)	反应液位
2	T1	Analog(Floating)	反应温度
3	P1	Analog(Floating)	反应压力
4	L4_L	Boolean	液位低限报警

序　号	报警变量	报警变量类型	名 称 说 明
5	L4_H	Boolean	液位高限报警
6	T1_L	Boolean	温度低限报警
7	T1_H	Boolean	温度高限报警
8	P1_L	Boolean	压力低限报警
9	P1_H	Boolean	压力高限报警

5. 实验报告

1）给出各个组态画面截图并简要说明操作流程。

2）将数据归档报表、趋势曲线报表和消息报警报表的 PDF 文档各上交一张并作简要分析。

3）给出实验中遇到的问题和解决方法。

附录 C　系统设计实验　蒸汽锅炉交互系统设计

1．实验目的

1）学习和了解蒸汽锅炉的机械结构与工艺流程。

2）学习和了解监控系统总体设计方法。

3）掌握 WinCC 监控软件的使用方法。

2．实验预备知识

了解蒸汽锅炉的工艺流程；掌握 WinCC 的编程和调试；掌握 CFC 和 SFC 编程。

3．实验设备及工具

一台 PC：装有 WinCC V7.0 软件用于监控软件编程与调试，装有 PCS7 用于编程。西门子 S7-400 系列 PLC 控制器。

4．被控对象分析

在工业生产中，锅炉是发电、炼油及化工等工业部门的重要能源和热源动力设备。锅炉的种类很多，通常分为燃煤锅炉、燃油锅炉和燃气锅炉。虽然不同类型的锅炉的燃料种类和工艺条件各不相同，但蒸汽发生系统和蒸汽处理系统的工作原理是基本相同的。本实验以燃煤蒸汽锅炉为被控对象，其在生产中的作用是向相关生产装置提供符合工艺生产要求的合格蒸汽。

常见的蒸汽锅炉的组成和结构如附图 C-1 所示。

由附图 C-1 可以看出，蒸汽锅炉主要由汽锅、炉子、减温器、省煤器以及一些辅助性设备如送引风设备、除尘设备等组成。

汽锅：附图 C-1 中所示的汽包部分，它是蒸汽锅炉的主要设备，工业用蒸汽就在这里产生，由上锅筒、下锅筒和沸水管组成，水受烟气加热，在管内汽化，产生饱和蒸汽，这些饱和蒸汽自然地聚集到上锅筒中。上锅筒内所聚集的饱和蒸汽中所含的水分较多，为了得到干度大的饱和蒸汽，一般会在上锅筒中装设汽水分离设备。

炉子：附图 C-1 中所示的炉膛部分，它是燃料燃烧从而释放出热能的设备。由吹煤机将煤粉运送至炉膛，送风机将一定量的空气引至炉膛，从而满足燃烧条件。燃料在炉膛内充分燃烧，产生高温烟气，烟气再将热量传送给汽锅内的水使之汽化。

省煤器：利用烟气余热预加热锅炉给水和炉膛所需空气的设备。这样做可以充分利用废烟气的温度，既节省燃料降低了成本，又有利于环境保护。

送引风设备：附图 C-1 中所示的鼓风机部分，可提供燃料燃烧所需要的空气。送引风设备调节的目标是保证空气量随燃料量的变化而变化，为实现经济燃烧做好准备。

给水设备：由给水泵、省煤器、储水箱和给水管路等装置组成。首先对水进行软化，软化之后的水进入储水箱，再由给水泵经给水管和省煤器进入锅炉汽包。

除了上述这些设备之外，还有其他一些配套设备以及用于显示或者控制的传感器、仪器仪表等。例如，流量、温度、压力和液位等用来采集锅炉实时工作信息的传感器和变送器，以及用来显示这些值的仪表；蒸汽、水流量、温度、压力、液位指示、给燃料、送风等机械及自动调节装置，它们和锅炉的其他部分共同构成了整个蒸汽锅炉的控制系统，可以实现锅炉的自动检测、程序控制、自动保护和自动调节。

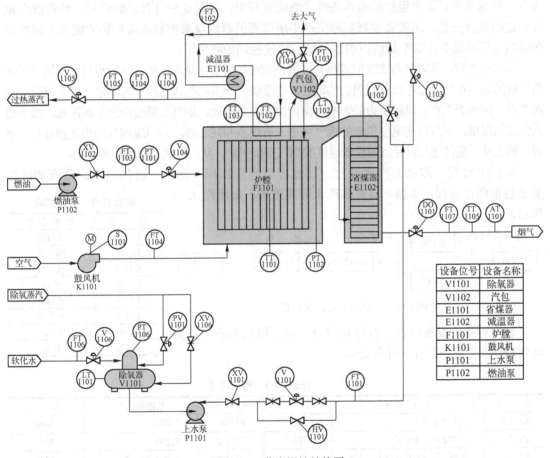

设备位号	设备名称
V1101	除氧器
V1102	汽包
E1101	省煤器
E1102	减温器
F1101	炉膛
K1101	鼓风机
P1101	上水泵
P1102	燃油泵

附图 C-1　蒸汽锅炉结构图

燃煤蒸汽锅炉的工作过程总体上包括燃烧过程和汽化过程两个重要部分。燃料在炉膛内燃烧，将化学能转换为热能；通过高温烟气将能量传递给汽锅内温度比较低的水，水被加热后生成蒸汽。从上所述可知，锅炉的工作过程共包括三个同时进行的过程：燃料燃烧过程、烟气与水之间的传热过程和水的汽化过程，如附图 C-2 所示。

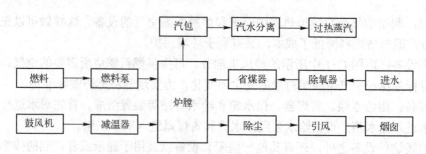

附图 C-2　蒸汽锅炉工作流程示意图

第一个过程，即燃料燃烧过程，是最基本的过程。首先将燃料送入锅炉炉膛内。要在炉膛内燃烧，除了燃料以外还需要空气，这部分空气由鼓风机提供，炉膛内的风量和燃料量必须成比例，只有这样才能高效燃烧。这样的一个完整过程就称为燃烧过程。燃烧过程的完善进行，是保证锅炉正常运行的基本条件。燃烧过程中，要保证空气量、燃料量、负荷蒸汽量有一定的比例关系，这就要根据实际生产中所需要的蒸汽量来控制送风量和燃烧量，同时还必须结合引风设备来调节炉膛内的烟气量，以便控制炉膛负压。

第二个过程，即烟气与水之间的传热过程，此过程的惯性最大，所需时间也最长。燃料燃烧所释放的热量在炉内进行极其强烈的热辐射，将燃烧所产生的热传递给管内的水，使其气化。辐射之后，炉内烟气在引风机引力的影响下向炉膛的上方移动，烟气的温度沿途不断降低，最后进入烟道的尾部，此后这些温度稍低的烟气将进入省煤器和减温器，利用废烟气的热量预加热二者内部的工质，最终使其以经济的更低温度的烟气排出锅炉，从而达到节省燃料的目的。

第三个过程，即水的汽化过程，该过程将产生目标产物——过热蒸汽。蒸汽的产生主要包括两个过程：水循环过程和汽水分离过程，如附图 C-3 所示。

附图 C-3　汽包内水的汽化过程

被控对象的设备列表、检测点列表、执行机构列表和开关阀列表分别见附表 C-1～附表 C-4。

附表 C-1　设备列表

位　号	设 备 名 称
P1101	上料泵
P1102	燃油泵
K1101	鼓风机
F1101	炉膛
E1101	减温器
E1102	省煤器
V1101	除氧器
V1102	汽包

附表 C-2　检测仪表

位　号	检测点说明	单　位	位　号	检测点说明	单　位
AT1101	烟气含氧量	%	PT1102	炉膛压力	MPa
FT1101	蒸汽锅炉上水流量	T/h	PT1103	汽包压力	MPa
FT1102	去减温器的蒸汽锅炉上水流量	T/h	PT1104	过热蒸汽压力	MPa
FT1103	燃料量	T/h	TT1101	炉膛中心火焰温度	℃
FT1104	空气量	m³/s	TT1102	汽水分离后的过热蒸汽温度	℃
FT1105	过热蒸汽流量	T/h	TT1103	进入减温器的过热蒸汽温度	℃
FT1107	烟气流量	T/h	TT1104	最终过热蒸汽温度	℃
LT1102	汽包液位	%	TT1105	烟气温度	℃

附表 C-3 执行机构

位　　号	执行机构说明
FV1101	蒸汽锅炉上水管线调节阀
FV1102	直接去省煤器的蒸汽锅炉上水管线调节阀
FV1103	去减温器的蒸汽锅炉上水管线调节阀
FV1104	燃料管线调节阀
FV1105	过热蒸汽管线调节阀
S1101	鼓风机变频器
HV1101	汽包上水管线调节阀旁路阀
DO1101	烟道挡板

附表 C-4 开关阀

位　　号	执行机构说明
XV1104	汽包顶部放空阀
XV1105	过热蒸汽出口管线截断阀
HS1101	上料泵启停开关
HS1102	燃料泵启停开关
HS1103	鼓风机启停开关
HS1104	炉膛点火按钮

经处理的软化水进入除氧器 V1101 上部的除氧头,进行热力除氧,除氧蒸汽由除氧头底部通入。除氧的目的是防止自然循环锅炉给水中溶解有氧气和二氧化碳,对自然循环锅炉造成腐蚀。热力除氧是用蒸汽将给水加热到饱和温度,将水中溶解的氧气和二氧化碳放出。在除氧器 V1101 下水箱底部也通入除氧蒸汽,进一步去除软化水中的氧气和二氧化碳。

除氧后的软化水经由上水泵 P1101 泵出,分两路,其中一路进入减温器 E1101 与过热蒸汽换热后,与另外一路混合,进入省煤器 E1102。进入减温器 E1101 的自然循环锅炉上水走管程,一方面对最终产品(过热蒸汽)的温度起到微调(减温)的作用,另一方面也能对自然循环锅炉上水起到一定的预热作用。省煤器 E1102 由多段盘管组成,燃料燃烧产生的高温烟气自上而下通过管间,与管内的自然循环锅炉上水换热,回收烟气中的余热并使自然循环锅炉上水进一步预热。

被烟气加热成饱和水的自然循环锅炉上水全部进入汽包 V1102,再经过对流管束和下降管进入自然循环锅炉水冷壁,吸收炉膛辐射热在水冷壁里变成汽水混合物,然后返回汽包 V1102 进行汽水分离。自然循环锅炉上汽包为卧式圆筒形承压容器,内部装有给水分布槽、汽水分离器等,汽水分离是上汽包的重要作用之一。分离出的饱和蒸汽再次进入炉膛 F1101 进行汽相升温,成为过热蒸汽。出炉膛的过热蒸汽进入减温器 E1101 壳程,进行温度的微调并为自然循环锅炉上水预热,最后以工艺所要求的过热蒸汽压力、过热蒸汽温度输送给下一生产单元。

燃料经由燃料泵 P1102 泵入炉膛 F1101 的燃烧器;空气经由变频鼓风机 K1101 送入燃烧器。燃料与空气在燃烧器混合燃烧,产生热量使自然循环锅炉水汽化。燃烧产生的烟气带有大量余热,对省煤器 E1102 中的自然循环锅炉上水进行预热。

蒸汽锅炉工艺流程示意图如附图 C-4 所示。

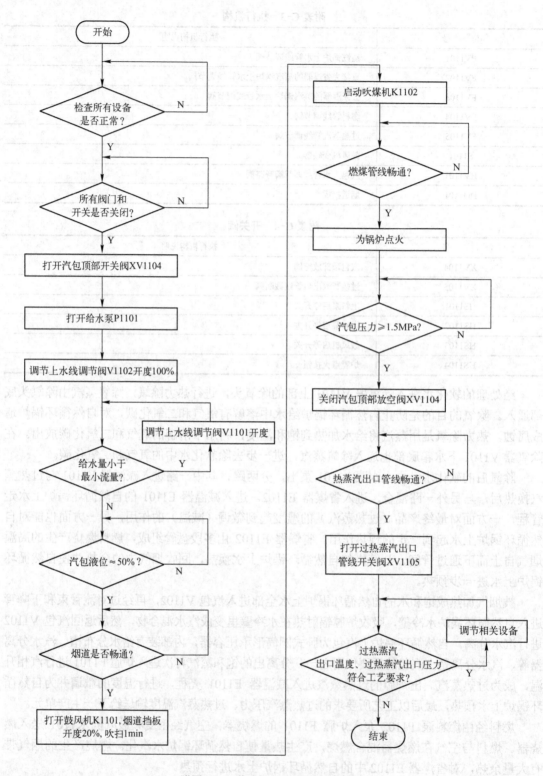

附图 C-4　蒸汽锅炉工艺流程示意图

5．实验内容及要求

要求在 PCS7 环境下利用全集成自动化方式组态项目，对 WinCC 监控程序进行设计，根据项目对于监控系统的要求，监控界面总体框架如附图 C-5 所示。

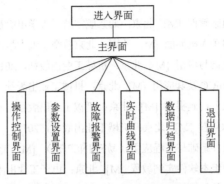

附图 C-5　监控系统总体框架图

监控系统界面的总体框架图如附图 C-5 所示，整个监控系统的设计要求如下：

1）进入界面，分配用户权限，用户输入正确的口令和密码才能进入监控界面。

2）退出界面，添加"退出"和"返回"按钮，单击"退出"能够正常退出运行系统，单击"返回"能够回到主界面。

3）主界面：包含整个燃煤蒸汽锅炉系统的组成结构，可以监控系统整体的运行状况，并实时显示系统运行参数，如流量、温度等，过程画面设计参考附图 A-1。

4）操作控制界面：添加若干按钮和指示灯，按钮分别用于控制系统的启动、停止、紧急停止以及系统复位等，指示灯用于显示系统的状态，如正常运行、紧急停止等。

5）参数设置界面：在此界面能够更改各过程参数的设定值、各控制器的手动/自动模式，可以设置各阀门的阀开度及控制器的相关控制参数。

6）故障报警界面：要设置的报警消息有蒸汽温度报警、烟气报警、汽包液位报警、过热蒸汽压力报警以及炉膛压力报警报警消息，消息设置可参照实验四。添加指示灯用于提示报警条件被触发。使用 WinCC 报警控件显示报警消息，在消息列表中选中日期、时间、状态、编号、消息变量、报警变量类型、报警描述和错误点，并在页面布局编辑器将消息列表制作成 PDF 格式报表打印输出。

7）数据归档界面：对系统的流量、液位、温度等过程变量进行归档，并使用 WinCC 表格控件进行归档值的输出。

8）实时曲线界面：使用 WinCC 趋势控件显示流量、液位以及温度等过程变量的变化趋势。

注意：要求设计切换按钮，使用户可以在上述任一界面之间自由切换。

6．实验报告

1）给出监控系统 WinCC 程序。

2）对监控画面的设计进行说明，内容包括整体设计思路、各监控画面的截图与文字说明。

3）总结实验体会及实验中遇到的问题和解决办法。

4）对本实验提出合理化建议和宝贵意见。

参 考 文 献

[1] 韩兵. 现场总线系统监控与组态软件 [M]. 北京：北京航空航天大学出版社，2008.

[2] 王宁，吴利涛. 深入浅出西门子人机界面 [M]. 北京：北京航空航天大学出版社，2009.

[3] 甄立东. 西门子 WinCC V7 基础与应用 [M]. 北京：机械工业出版社，2011.

[4] 刘华波、王雪等. 组态软件 WinCC 及其应用 [M]. 北京：机械工业出版社，2009.

[5] 向晓汉. 西门子 WinCC V7 从入门到提高 [M]. 北京：机械工业出版社，2012.

[6] 李军. WinCC 组态技巧与技术问答 [M]. 北京：机械工业出版社，2013.

[7] 张贝克，尉龙，杨宁. 组态软件基础与工程应用（易控 INSPEC） [M]. 北京：机械工业出版社，2011.

[8] 刘志峰，张军，王建华. 工控组态软件实例教程 [M]. 北京：电子工业出版社，2008.

[9] 李建伟，郭宏编. 监控组态软件的设计与开发 [M]. 北京：冶金工业出版社，2007.

[10] 姜建芳. 西门子 S7-300/400 PLC 工程应用技术 [M]. 北京：机械工业出版社，2012.

[11] 严盈富. 监控组态软件与 PLC 入门 [M]. 北京：人民邮电出版社，2006.

[12] 刘恩博，田敏，李江全，等. 组态软件数据采集与串口通信测控应用实战 [M]. 北京：人民邮电出版社，2010.

[13] 孟庆松. 监控组态软件及其应用 [M]. 北京：中国电力出版社，2012.

[14] 吴永贵. 力控组态软件应用实践 [M]. 北京：化学工业出版社，2013.

[15] 孟祥旭，李学庆. 人机交互技术:原理与应用 [M]. 北京：清华大学出版社，2004.

[16] Siemens AG. WinCC V7.0 Getting Started Online Help.2008.

[17] Siemens AG. WinCC V7.0 SP1 MDM-WinCC:Working with WinCC System Manual.2008.

[18] Siemens AG. WinCC V7.0 SP1 MDM-WinCC:通信 System Manual.2008.

[19] Siemens AG. WinCC V7.0 SP1 MDM-WinCC:General Information System Manual.2008.

[20] Siemens AG. WinCC V7.0 SP1 MDM-WinCC:组态 System Manual.2008.

[21] Siemens AG. WinCC 组态手册.1999.

[22] Siemens AG. WinCC-Examples of Integrated Engineering with STEP 7. 2009.

[23] 马国华. 监控组态软件及其应用 [M]. 北京：清华大学出版社，2001.

[24] 龚运新，方立友. 工业组态软件实用技术 [M]. 北京：清华大学出版社，2005.

[25] Siemens AG. WinCC V7.0 SP1 MDM-WinCC:Scripting(VBS,ANSI-C,VBA) System Manual.2008.

[26] Siemens AG. WinCC V7.0 System Description.2008.

[27] 姜建芳. 电气控制与 S7-300 PLC 工程应用技术 [M]. 北京：机械工业出版社，2014.

西门子工业通信网络组态编程与故障诊断

书号：28256　　　　　　定价：69.00 元

作者：廖常初　　　配套资源：DVD 光盘

推荐简言：

　　本书建立在大量实验的基础上，详细介绍了实现通信最关键的组态和编程方法，随书光盘有上百个通信例程，绝大多数例程经过硬件实验的验证。读者根据正文介绍的通信系统的组态步骤和方法，参考光盘中的例程作组态和编程练习，可以较快地掌握网络通信的实现方法。

西门子 PLC 高级应用实例精解

书号：29304　　　　　　定价：42.00 元

作者：向晓汉　　　配套资源：DVD 光盘

推荐简言：

　　本书通过实例全面讲解西门子 S7-200/S7-1200/S7-300 PLC 的高级应用。内容包括梯形图的编程方法、PLC 在过程控制中应用、PLC 在运动控制中的应用、PLC 的通信及其通信模块的应用等。书中实例都用工程实际的开发过程详细介绍，便于读者模仿学习。每个实例都有详细的软件、硬件配置清单，并配有接线图和程序。本书所附配套资源中有重点实例源程序和操作过程视频文件。

西门子 WinCC V7 基础与应用

书号：32902　　　　　　定价：44.00 元

作者：甄立东　　　配套资源：DVD 光盘

推荐简言： 本书系统地介绍了 WinCC V7.0 的功能及其组态方法。首先介绍了初级用户必须掌握的主要功能，其次介绍了高级用户需要了解的 Microsoft SQL Server 2005、冗余系统组态、全集成自动化、开发性和工厂智能选件。通过实例，详尽地展示了各种应用的设计和实现步骤以及应用。本书还对 WinCC V7.0 新增功能进行了详细讲解。

现场总线与工业以太网及其应用技术

书号：35607　　　　　　定价：58.00 元

作者：李正军　　　配套资源：电子教案

推荐简言： 本书从工程实际应用出发，全面系统地介绍了现场总线与工业以太网技术及其应用系统设计，力求所讲内容具有较强的可移植性、先进性、系统性、应用性、资料开放性，起到举一反三的作用。主要内容包括现场总线与工业以太网概论、控制网络技术、通用串行通信接口技术、PROFIBUS 现场总线、PROFIBUS-DP 通信控制器与网络接口卡等。

PLC 编程及应用 第 3 版

书号：10877　　　　　　定价：37.00 元

作者：廖常初　　　配套资源：DVD 光盘

获奖情况：全国优秀畅销书

推荐简言： 西门子公司重点推荐图书，累计销量已达 12 万册。本书以西门子公司的 **S7-200 PLC** 为例，介绍了 **PLC** 的工作原理、硬件结构、指令系统、最新版编程软件和仿真软件的使用方法；介绍了数字量控制梯形图的一整套先进完整的设计方法；介绍了 **S7-200** 的通信网络、通信功能和通信程序的设计方法等。配套光盘有 **S7-200** 编程软件和 **OPC** 服务器软件 **PC Access**、与 **S7-200** 有关的中英文用户手册和资料、应用例程等

S7-300/400 PLC 应用技术 第 3 版

书号：36379　　　　　　定价：69.00 元

作者：廖常初　　　配套资源：DVD 光盘

推荐简言： 西门子公司重点推荐图书，销量已达 8 万册。本书介绍了 S7-300/400 的硬件结构、性能指标和硬件组态的方法；指令系统、程序结构、编程软件 STEP7 的使用方法；梯形图的经验设计法、继电器电路转换法和顺序控制设计法，以及使用顺序功能图语言 S7 Graph 的设计方法。另外还介绍了 S7-300/400 的网络结构，AS-i 和工业以太网、PRODAVE 通信软件的组态、参数设置的编程的方法。配套的光盘附有大量的中英文用户手册、软件和例程，附有 STEP7 编程软件。

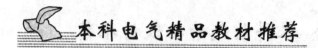

本科电气精品教材推荐

西门子工业自动化系列教材

西门子 S7-300/400PLC 编程与应用

书号：28666　　　　　定价：43.00 元

作者：刘华波　　　　配套资源：DVD 光盘

推荐简言：

　　本书由浅入深全面介绍了西门子公司广泛应用的大中型 PLC——S7-300/400 的编程与应用，注重示例，强调应用。全书共分为 14 章，分别介绍了 S7 系统概述，硬件安装与维护，编程基础，基本指令，符号功能，测试功能，数据块，结构化编程，模拟量处理与闭环控制，组织块，故障诊断，通信网络等。

西门子人机界面（触摸屏）组态与应用技术 第 2 版

书号：19896　　　　　定价：40.00 元

作者：廖常初　　　　配套资源：DVD 光盘

推荐简言： 本书介绍了人机界面与触摸屏的工作原理和应用技术，通过大量的实例，深入浅出地介绍了使用组态软件 WinCC flexible 对西门子的人机界面进行组态和模拟调试的方法，以及文本显示器 TD200 的使用方法。介绍了在控制系统中应用人机界面的工程实例和用 WinCC flexible 对人机界面的运行进行离线模拟和在线模拟的方法。随书光盘提供了大量西门子人机界面产品和组态软件的用户手册，还提供了作者编写的与教材配套的例程，读者用例程在计算机上做模拟实验。

西门子 S7-200PLC 工程应用技术教程

书号：31097　　　　　定价：55.00 元

作者：姜建芳　　　　配套资源：DVD 光盘

推荐简言：

　　本书以西门子 S7-200 PLC 为教学目标机，在讨论 PLC 理论基础上，注重理论与工程实践相结合，把 PLC 控制系统工程设计思想和方法及其工程实例融合到本书的讨论内容中，使本书具有了工程性与系统性等特点。便于读者在学习过程中理论联系实际，较好地掌握 PLC 理论基础知识和工程应用技术。

西门子 S7-1200 PLC 编程与应用

书号：34922　　　　　定价：42.00 元

作者：刘华波　　　　配套资源：DVD 光盘

推荐简言：

　　本书全面介绍了西门子公司新推出的 S7-1200 PLC 的编程与应用。全书共分为 9 章，分别介绍了 PLC 的基础知识、硬件安装与维护、编程基础、基本指令、程序设计、结构化编程、精简面板组态、通信网络、工艺功能等。

工业自动化技术

书号：35042　　　　　定价：39.00 元

作者：陈瑞阳　　　　配套资源：DVD 光盘

推荐简言： 本书内容涵盖了工业自动化的核心技术，即可编程序控制器技术、现场总线网络通信技术和人机界面监控技术。在编写形式上，将理论讲授与解决生产实际问题相联系，书中以自动化工程项目设计为依托，采用项目驱动式教学模式，按照项目设计的流程，详细阐述了 PLC 硬件选型与组态、程序设计与调试、网络配置与通信、HMI 组态与设计以及故障诊断的方法。

西门子 S7-300/400PLC 编程技术及工程应用

书号：36617　　　　　定价：38.00 元

作者：陈海霞　　　　配套资源：电子教案

推荐简言： 本书主要讲述 S7-300/400 的系统概述及 STEP 7 的使用基础；介绍了基于 IEC61131-1 的编程语言及先进的编程技术思想、组织块和系统功能块的作用、西门子通讯的种类及实现方法、工程设计步骤和工程实例。通过大量的实验案例和真实的工程实例使学习和实践能力融会贯通；通过实用编程技术的介绍，提供易于交流的平台和清晰的编程思路。随书光盘内容包括书中实例和课件。